SHUILI SHUIDIAN SHIGONG

水利水电施工

2020年第1辑

中国电力建设集团有限公司
中国水力发电工程学会施工专业委员会　主编
全国水利水电施工技术信息网

中国水利水电出版社
www.waterpub.com.cn
·北京·

图书在版编目（C I P）数据

水利水电施工. 2020年. 第1辑 / 中国电力建设集团有限公司，中国水利发电工程学会施工专业委员会，全国水利水电施工技术信息网编. -- 北京 : 中国水利水电出版社，2020.7
ISBN 978-7-5170-8725-0

Ⅰ. ①水… Ⅱ. ①中… ②中… ③全… Ⅲ. ①水利水电工程－工程施工－文集 Ⅳ. ①TV5-53

中国版本图书馆CIP数据核字(2020)第133559号

书　　名	水利水电施工　2020 年第 1 辑 SHUILI SHUIDIAN SHIGONG 2020 NIAN DI 1 JI
作　　者	中国电力建设集团有限公司 中国水力发电工程学会施工专业委员会　主编 全国水利水电施工技术信息网
出版发行	中国水利水电出版社 （北京市海淀区玉渊潭南路 1 号 D 座　100038） 网址：www.waterpub.com.cn E-mail：sales@waterpub.com.cn 电话：（010）68367658（营销中心）
经　　售	北京科水图书销售中心（零售） 电话：（010）88383994、63202643、68545874 全国各地新华书店和相关出版物销售网点
排　　版	中国水利水电出版社微机排版中心
印　　刷	清淞永业（天津）印刷有限公司
规　　格	210mm×285mm　16 开本　8.25 印张　320 千字　4 插页
版　　次	2020 年 6 月第 1 版　2020 年 6 月第 1 次印刷
印　　数	0001—2500 册
定　　价	36.00 元

安徽省滁州市琅琊山抽水蓄能电站，由中国水利水电第五工程局有限公司（以下简称水电五局）承担上水库工程施工，2017 年获国家优质工程奖

浙江省仙居抽水蓄能电站，由水电五局承担厂房建设和机组安装，获中国安装协会 2017—2018 年度“中国安装工程优质奖”

江苏省宜兴抽水蓄能电站，由水电五局承建下水库工程施工，2017 年获中国建设工程鲁班奖（国家优质工程）

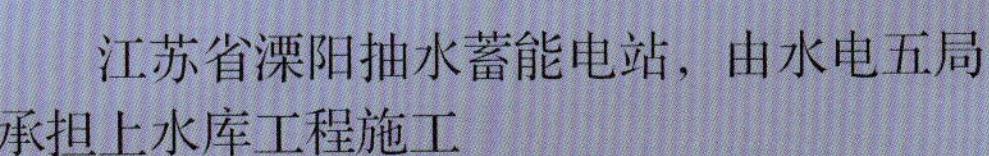

江苏省溧阳抽水蓄能电站，由水电五局承担上水库工程施工

四川省甘孜藏族自治州两河口水电站，由水电五局与中国水利水电第十二工程局有限公司联合体承担295m高大坝工程施工

四川省乐山市岷江航电枢纽工程，由水电五局参建，正在进行大江截流

四川省阿坝藏族羌族自治州毛尔盖水电站，由水电五局承担大坝填筑工程施工

新疆维吾尔自治区喀什地区阿尔塔什水利枢纽大坝工程，由水电五局承建

四川省甘孜藏族自治州长河坝水电站，由水电五局承担土石坝工程施工

四川省甘孜藏族自治州长河坝水电站，由水电五局承担 1#、2# 单机 65 万 kW 的机组安装

苏丹麦洛维大坝工程，由水电五局承建，2015 年获中国建设工程鲁班奖（国家优质工程）

乌干达卡鲁玛水电站，由水电五局承担尾水隧洞施工

四川省成都市十陵青龙湖湿地公园，由水电五局承建

四川省宁南县和云南省巧家县境内的白鹤滩水电站泄洪洞工程，由水电五局承担施工

安徽省引江济淮江水北送段亳州供水工程和江淮沟通段蜀山枢纽工程，由水电五局承建

安徽省绩溪抽水蓄能电站，由水电五局承担上水库和下水库土建施工及金属结构安装工程

四川省凉山彝族自治州锦屏二级水电站，由水电五局承担水电站调压井、引水洞群及拦河闸坝施工

河南省郑州市北三环快速化公路工程，由水电五局参建，2014年获中国钢结构金奖，2015年获“全国市政金杯示范工程奖”

四川省泸州市321国道纳溪至泸县一级公路改建工程，由水电五局以BT模式参建，2018年荣获“四川省建设工程天府杯金奖”

四川省成都至雅安段川藏铁路成雅段邓河特大桥工程，由水电五局承建

京沪高铁济南段工程，由水电五局参建，正在进行CRH2-150C综合检测列车以350km时速通过井子坡特大桥的路况检测

石家庄至济南高速铁路工程，由水电五局承担站前工程 SJZQ-2 标段施工

四川省成都市青白江区 108 国道公路转体桥工程，由水电五局承担施工

湖北省武汉市墨水湖综合整治疏浚工程，由水电五局承建

摩洛哥丹肯高速铁路工程，由水电五局参建，是非洲首条高速铁路项目

由水电五局与中国铁建重工集团股份有限公司联合研制的成都首台国产大直径土压平衡盾构机下线

本书封面、封底、插页照片均由中国水利水电第五工程局有限公司提供

《水利水电施工》编审委员会

前　言

《水利水电施工》是全国水利水电施工技术信息网的网刊，是全国水利水电施工行业内刊载水利水电工程施工前沿技术、创新科技成果、科技情报资讯和工程建设管理经验的综合性技术刊物。本刊以总结水利水电工程前沿施工技术、推广应用创新科技成果、促进科技情报交流、推动中国水电施工技术和品牌走向世界为宗旨。《水利水电施工》自2008年在北京公开出版发行以来，至2019年年底，已累计编撰发行72期（其中正刊48期，增刊和专辑24期）。刊载文章精彩纷呈，不乏上乘之作，深受行业内广大工程技术人员的欢迎和有关部门的认可。

为进一步提高《水利水电施工》刊物的质量，增强刊物的学术性、可读性、价值性，自2017年起，对刊物进行了版式调整，由杂志型调整为丛书型。调整后的刊物继承和保留了原刊物国际流行大16开本，每辑刊载精美彩页，内文黑白印刷的原貌。

本书为《水利水电施工》2020年第1辑，全书共分7个栏目，分别为：特约稿件、土石方与导截流工程、地下工程、混凝土工程、地基与基础工程、机电与金属结构工程、企业经营与项目管理，共刊载各类技术文章和管理文章29篇。

本书可供从事水利水电施工、设计以及有关建筑行业、金属结构制造行业的相关技术人员和企业管理人员学习、借鉴和参考。

编者

2020年4月

目　录

地基与基础工程

机电与金属结构工程

企业经营与项目管理

Contents

Foundation and Ground Engineering

Electromechanical and Metal Structure Engineering

Enterprise Operation and Project Management

特约稿件

中国可再生能源发展规划研究的思考

周建平/中国电力建设股份有限公司

能源是经济社会发展的重要物质基础，越来越不可或缺。2000年，世界一次能源消费总量约150亿t标准煤，2010年达到185亿t，2020年将突破225亿t，预计2050年还将超过300亿t。这说明，随着全球人口、经济的增长和电气化水平的提高，能源消费总量还将持续增长。

然而，当今以化石能源为主的能源消费习惯，已经造成全球气候变化和生态环境恶化，使经济社会发展日益受到严重制约，世界能源革命陡然而至。对于发展中的追求民族伟大复兴的人口大国——中国而言，能源供应安全事关国家现代化建设全局，能源革命更是迫在眉睫，时不我待。

解决能源发展所面临的紧迫问题，需要“两个转变”：一是在能源生产和消费结构中，要更多地开发利用非化石能源，尤其是可再生能源；二是在能源终端消费中，要更多地使用电能，而不是直接燃烧化石能源。能源生产和消费方式上的这两个根本性转变，已逐渐为大多数人所接受，在中国也基本形成共识。借助现代信息技术和能源发展战略，未来可再生能源，特别是水电、风电和太阳能发电，必将得到快速发展。

1 盘点“十三五”

“十三五”期间，水电发展规划提出：常规水电站和抽水蓄能电站各新开工6000万kW，新增投产水电6000万kW（含常规水电站和抽水蓄能电站）；到2020年，水电总装机规模达到3.8亿kW，其中，常规水电站3.4亿kW，抽水蓄能电站4000万kW；年发电量1.25万亿kW·h，在非化石能源消费中的比重保持在50%以上。

在风电发展规划中，提出要统筹规划风电开发布局，实行集中开发与分散开发并举，实现低压侧并网就近消纳；2020年风电装机规模达到2.1亿kW以上；建立市场竞价基础上固定补贴的价格机制，促进风电技术进步和成本下降。

太阳能发电规划提出扩大太阳能利用规模，不断提高太阳能在能源结构中的比重，提升太阳能技术水平，降低太阳能利用成本；建立弃光率预警考核机制，有效降低光伏电站弃光率；2020年，太阳能发电规模达到1.1亿kW以上。

生物质能发电规划要求推动沼气发电、生物质气化发电，合理布局垃圾发电，有序发展生物质直燃发电、生物质耦合发电，因地制宜发展生物质热电联产；2020年生物质能发电装机规模达到1500万kW，地热能利用规模达到7000万t标准煤以上。

即将过去的“十三五”尚剩一年时间。截至2018年年底，中国可再生能源发电装机达到7.3亿kW，占全部电力装机的38.4%。其中，水电装机3.52亿kW，风电装机1.8亿kW，光伏发电装机1.75亿kW，生物质发电装机1781万kW，分别同比增长2.5%、12.4%、34%、20.7%，如图1所示。

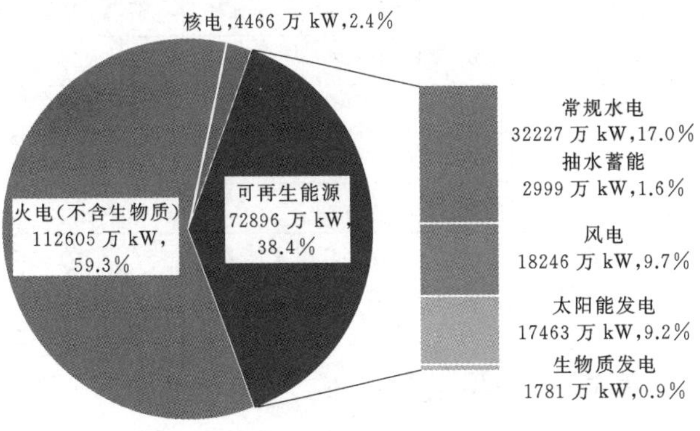

图1 2018年可再生能源电力装机容量

截至2018年年底，中国可再生能源发电量1.87万亿kW·h，占全部发电量的26.7%。其中，水电1.23万亿kW·h，风电3660亿kW·h，光伏发电1775亿kW·h，生物质发电906亿kW·h（见图2）。可见，中国可再生能源超快速发展，清洁能源的替代效应也正日益显现。

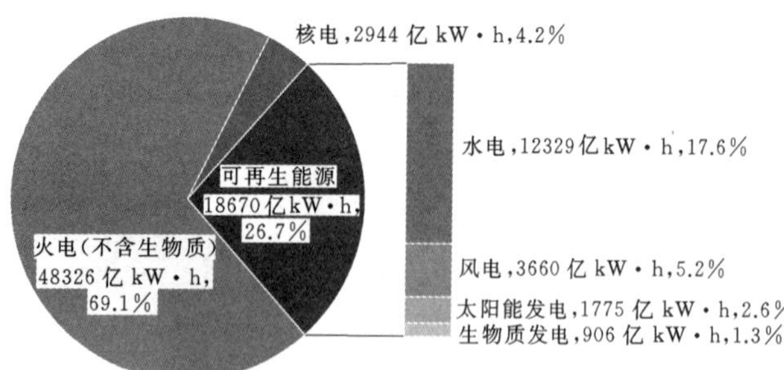

图 2　2018 年可再生能源电力发电量

截至 2018 年年底，常规水电站装机容量 32227 万 kW，在建装机容量约 4802 万 kW；2018 年核准量 252.1 万 kW，新增投产 724 万 kW。抽水蓄能电站总装机规模达到 2999 万 kW，在建总规模 4421 万 kW。2018 年全国核准建设抽水蓄能电站 700 万 kW，新增投产 130 万 kW。

可以预计，至 2020 年年底，水电（3.8 亿 kW，含抽水蓄能）、风电（2.3 亿 kW）、太阳能发电（1.9 亿 kW）、生物质发电（2000 万 kW）、地热发电（7 万 kW），均能超过“十三五”规划的装机规模和发电量目标。可再生能源规模效益快速增长；弃水、弃风、弃光现象得以缓解；风电、太阳能光伏建设成本显著降低。2018 年度全国平均上网电价见表 1。

表 1　　2018 年度全国平均上网电价

单位：元/(kW·h)

电源类型	平均上网电价	最高值	最低值	与 2017 年比较
水电	0.267	0.570	0.198	降 0.26%
风电	0.530	0.746	0.390	降 3.43%
光伏发电	0.860	1.198	0.396	降 1.71%
生物质发电	0.678			降 2.00%
煤电	0.370	0.460	0.215	增 0.95%
核电	0.395			降 1.58%
燃气发电	0.584			降 3.81%
全部	0.374			增 0.60%

注　数据来源：2019 年 11 月 5 日国家能源局发布的《2018 年度全国电力价格情况监管通报》。

2　筹划“十四五”

目标导向、问题导向和市场导向是筹划“十四五”能源发展规划的三个维度。

“十四五”期间（2021—2025 年）正是我国完成第一个百年目标，奋勇向第二个百年目标迈进的关键时期。我国的第一个百年目标是全面建成小康社会，第二个百年目标是基本建成社会主义现代化强国。能源供给的可靠性是“两个一百年”奋斗目标的关键指标。

中国能源资源的禀赋条件，一是富煤、少油、缺气；二是水能资源、风能资源和太阳能资源丰富，水能资源技术可开发量约占全球的 1/6。

中国政府签署“巴黎协定”，对国际社会承诺：2020 年、2030 年，中国非化石能源消费占一次能源消费比重分别为 15% 和 20%（这将是一项重要的边界约束条件），2030 年实现碳排放达峰。可再生能源开发利用是实现经济社会发展和 2030 年碳排放达峰承诺的重要措施。

对此，必须坚持“节约、清洁、安全”的能源发展战略方针，加快构建清洁、高效、安全、可持续的现代能源体系。

“十四五”能源发展规划要贯彻落实能源革命思想和国家能源发展战略，研究能源消费总量控制、能源安全保障、能源供应能力、能源消费结构、能源效率提升、节能降耗减排、能源弹性系数、能源科技进步等发展目标，制定各类能源品种的发展路径及其具体举措。

预测未来很难，准确预测更难，但趋势判断却十分重要，只有顺势而为才能事半功倍。从非化石能源比重替代化石能源比重、终端电力消费比重替代终端化石能源消费比重的发展趋势分析，应做到以下三点：①必须控制能源消费总量，力求使碳排放尽早达峰；②保障能源安全，维持较高的能源自给率；③提高能源效率，降低成本，实现可持续。

基于国内外机构及专家研究成果的分析，以 2020 年中国能源消费总量不超过 50 亿 t 标准煤为基准数进行测算，预计 2025 年能源消费总量不超过 58 亿 t 标准煤，2030 年不超过 62 亿 t 标准煤。其总体发展趋势是：①能耗总量增加，但增速逐年降低；②非化石能源消费比重逐年增加，而化石能源消费比重逐年降低；③鉴于电能占终端能源消费比重逐年提高，电力消费的增速要高于能源消费的增速；④人均能源消费和电力消费逐年增长，但增速递减；⑤非化石能源发电量占比逐年增加，化石能源发电量的比重逐年降低。据此推算，未来中国能源电力结构的预测见表 2。

表 2　　未来中国能源电力结构的预测

能源结构	2020 年	2025 年	2030 年	2035 年	2050 年
能源消费总量/亿 t 标准煤	49.8	58	62	68	65
非化石能源消费比重/%	15	18	20	28	50
化石能源消费比重/%	85	82	80	72	50
非化石能源装机比重/%	40	50	55	60	75
非化石能源发电量比重/%	40	45	50	55	60
电能占终端能源消费比重/%	27	30	32	35	50
非化石能源消费总量/亿 t 标准煤	7.5	10.5	12.5	19	32.5

续表

能源结构	2020 年	2025 年	2030 年	2035 年	2050 年
电力需求总量/(亿 kW・h)	72000	93600	117000	123000	134000
化石能源发电量/(亿 kW・h)	43200	51480	58500	55350	53600
核电发电量/(亿 kW・h)	4680	9180	14000	19000	26800
可再生能源发电量/(亿 kW・h)	24120	32940	44500	48650	53600

注 化石能源发电中包含煤电、原油发电和天然气发电；非化石能源发电中包含核电、水电、风电、太阳能发电、生物质发电和其他可再生能源发电，如海洋能发电等。

基于表 2 中的参数，考虑资源禀赋、装机利用小时及其他各类边界约束条件，分析计算得出 2025 年可再生能源电力装机容量和发电量占比情况，如图 3 所示。

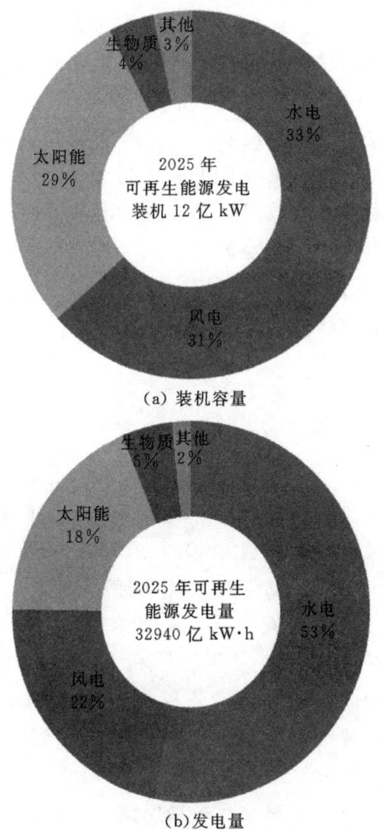

图 3 2025 年中国各类可再生能源电力装机容量和发电量测算

在 2025 年的可再生能源电力中，水电是绝对主力，33%的电力装机可贡献 53%的电量。中国水电技术可开发装机容量 6.8 亿 kW，年发电量超过 3 万亿 kW・h，迄今水电开发利用率仅 45%。

2025 年年底，常规水电装机规模达 3.9 亿 kW，年发电量 1.75 万亿 kW・h，水电开发利用程度 58%。“十四五”期间，需新增常规水电装机容量约 5000 万 kW；2030 年达 4.5 亿 kW，年发电量 2.16 万亿 kW・h。

水电开发的重点区域集中在云南、四川和西藏。应优先建设大江大河上游龙头水库电站、控制性电站和其他大型水电工程。

2025 年年底，抽水蓄能电站投产规模达 7500 万 kW，核准开工规模 5000 万 kW。“十四五”期间需新增抽水蓄能电站装机容量约 5000 万 kW；2030 年达到 1.2 亿 kW。

抽水蓄能建设的重点区域仍然是在电力负荷的中心——华东、华中和南方电网区域；在风电、太阳能发电集中开发区也需配套建设一定规模的抽水蓄能电站，实现风电、太阳能发电等可再生能源的综合利用。

2025 年年底，风电上网装机规模预计达 3.7 亿 kW，年发电量 7300 亿 kW・h。“十四五”期间，需新增风电装机容量约 1.5 亿 kW；2030 年 5.0 亿 kW，年发电量 9850 亿 kW・h。

2025 年年底，太阳能发电装机规模预计达 3.5 亿 kW，年发电量 6100 亿 kW・h。“十四五”期间，需新增太阳能发电装机约 1.4 亿 kW；2030 年达 5.6 亿 kW，年发电量 9860 亿 kW・h。

风能和太阳能发电开发的策略将是因地制宜，集中开发和分散式开发相结合。风能资源集中的“三北地区”和负荷中心的华北、华东、华南区域是风电开发的重点；在西南、西北江河流域大型水库电站附近可集中开发风电和光伏电站，实现流域水、风、光互补，借助现有远距离输电线路，实现电力打捆外送。

生物质能发电，源于对农村、城市的固体废弃物——秸秆、生活垃圾、生物沼气、家禽畜牧粪便的处理，达到减量化、无害化、资源化的目标。

固体废弃物的脏、乱、臭、有害、有毒、危险等垃圾形象，会引起视觉、听觉、味觉、嗅觉、触觉的不良反应；其占用土地、污染水体、污染大气、滋生病菌、破坏环境和景观等问题，亟待进行治理。固体废弃物的直接填埋和焚烧同样存在诸多不利于环境的影响，因而资源化利用成为新的选择。

生物质能的利用方式多种多样，如制气、制肥、制油、制热、发电等。生物质能发电利用在电力系统供应中虽然微不足道，但对于固体废弃物的资源化利用意义重大。预测 2025 年生物质能发电装机规模达 4000 万 kW 左右，“十四五”期间需新增装机 2000 万 kW。在国家财税和电价补贴政策刺激下，生物质发电或垃圾焚烧发电项目将成为行业投资热点。

3 几点认识和希望

3.1 水电开发的综合利用功能无可替代

水电在未来 10 年内仍将是可再生能源发电的主力，占比超过 50%。然而，当前水电开发受到生态、移民、成本等诸多因素影响，开发企业积极性不高，短绩效期考核机制挫伤远期收益的投资热情，因此水电开发进程大幅放缓。如此种状况持续，恐将影响“十四五”和“十五五”可再生能源发展目标。

除提供清洁能源电力外，水电开发还是一项重大公益事业，对于防范河流洪涝灾害、优化水资源配置、保障灌溉和供水、维护河流生态环境、促进地方经济社会发展等也都具有无可替代的重要作用。但是，这些效益并不能体现在开发企业的电价和投资收益上，反倒成为水电投资开发的包袱。

促进水电开发的关键是社会共识和政策指导，应鼓励开发企业与地方政府及有关利益共同体，按照共商、共建、共享原则，协同开发水能资源，实现水电开发综合利用，通过投资合理分担机制、电价形成机制、水电全额吸收消纳机制，促进水电合理有序开发建设。

在“十四五”及未来水电开发中，一是要加快战略性龙头水库工程建设，确保实现流域规划整体功能和效益；二是要因地制宜，开展水、风、光互补综合能源基地建设——利用现有通道，挖掘互补潜能，实现提质增效；三是要研究既有水电站的扩机增容，挖掘水电容量服务潜能。

3.2 替代化新能源发电举足轻重

未来在全部能源电力发电量中，水电发电量的占比基本上可维持在18%～19%，而风电、太阳能发电量之和的占比则从2020年的12%左右，上升到2025年的14%和2030年的17%。在替代化石能源发电量中，除核电外，唯有风电和太阳能发电能够担当主力角色，具有举足轻重的地位和作用。

目前而言，风电、太阳能发电机组的利用小时数偏低，受天气因素影响，出力不确定性很大。在2025年的可再生能源电力发电量中，水电机组33%的装机容量，可提供53%的电量，而风电、太阳能发电机组60%的装机容量，仅能提供40%的电量。

风电和太阳能发电进一步大规模发展的前提应该是努力摒弃政府补贴，通过采用先进技术，实施精益化管理，提升能源转换效率，降低开发成本并提升机组利用小时数。一是要增强机组、发电厂设备可靠性，提升风电、太阳能发电功率预测预报水平；二是要发挥新能源发电集群效应，挖掘其时空互补规律，平滑发电出力，增强电网友好性；三是要创新商业模式，实现新能源与其他行业的深度融合，诸如渔光互补、农光互补、牧光互补、建筑分布式光伏、局域智能电网和能源综合服务等。

3.3 推动高比例可再生能源发展离不开政策引导

在过去40年中，中国能源电力经历了电力短缺、拉闸限电、粗放发展、雾霾天气、产能过剩、上大压小、供给侧改革、“三去一降一补”和高质量发展等，波澜壮阔、起起伏伏。总结过去能源发展规划的经验和教训，坚持国家能源发展战略方针，合理规划能源产业，协同落实各类能源电力生产，方可促进能源电力工业可持续发展。

一是需要做好顶层设计，通过规划引领，体现国家意志。将高比例可再生能源发展作为能源革命主题，形成国家战略和社会共识。二是要推动体制机制创新，保障规划目标战略举措落地。推动电价形成机制改革，全面实施可再生能源配额制，落实各省和相关方义务，配套实施绿色电力证书或碳排放强制交易。三是要强化技术创新，采用先进技术，建设柔性电力系统。开展火电灵活性改造、水电扩容改造、抽水蓄能建设、新型储能设施建设、跨大区资源优化配置、能源互联网以及电力需求侧灵活响应。

4 结语

预计2025年、2030年，中国非化石能源占一次能源消费比重分别为18%和20%，非化石能源发电量占全部发电量的比重分别为40%、45%。扣除核电发电量外，可再生能源发电量的比重分别为33.5%和35.2%。

在可再生能源发电量中，2025年、2030年水电机组发电量的比重分别为57.5%和53%，风电和太阳能发电量之和的比重为35.2%和40.7%。“十四五”期间需新增水电装机容量5000万kW，需新增风电和太阳能发电装机容量近3亿kW。

中国可再生能源发展前景广阔，但各类型可再生能源的发展，要结合“源-网-荷-储”及其能源智慧管理系统，统筹规划，有序、协调发展，避免大起大落，实现可持续。

本栏目审稿人：常焕生

两河口水电站建设关键技术研究与应用

王金国/雅砻江流域水电开发有限公司

【摘　要】 两河口水电站是目前我国藏区开工建设规模和投资规模最大的基建项目，其主要工程特性指标居国内外同类工程前列。由于位于高寒高海拔地区，受高原气候条件影响，项目的设计施工及管理难度远超同类工程，面临诸多亟待解决的科学技术难题。在充分吸取已建成工程成功经验基础上，雅砻江流域水电开发有限公司通过不断创新优化提升，形成了两河口水电站建设关键技术，包括特高砾石土心墙堆石坝筑坝技术、引水发电系统大型地下洞室群施工关键技术、超高水头泄水系统设计施工关键技术、特高边坡群设计施工关键技术、大规模中硬岩防冲旋挖桩群施工技术等。这些技术在实践中取得了良好成效，确保了工程安全、质量、进度全面受控，为按期蓄水发电目标的实现奠定坚实基础；同时也将提升我国高海拔寒冷地区巨型水电工程建设水平，为国内外类似工程建设提供有益借鉴。

【关键词】 两河口水电站　高心墙堆石坝　地下洞室群　泄水系统　特高边坡　关键技术

1　工程概况

两河口水电站位于四川省甘孜藏族自治州雅江县境内的雅砻江干流上，为雅砻江中、下游的“龙头”水库，电站开发任务以发电为主，兼顾防洪。电站采用坝式开发，坝顶高程 2875.00m，水库正常蓄水位高程 2865.00m，水库总库容为 107.67 亿 m^3，消落深度为 80m，调节库容 65.6 亿 m^3，具有多年调节能力。电站装机容量 3000MW，多年平均年发电量 110 亿 kW・h。

两河口水电站枢纽建筑物由砾石土心墙堆石坝、洞式溢洪道、深孔泄洪洞、放空洞、漩流竖井泄洪洞、地下发电厂房、引水及尾水建筑物等组成，采用“拦河砾石土心墙堆石坝＋右岸引水发电系统＋左岸泄洪、放空系统＋左、右岸导流洞”的工程枢纽总体布置格局。

两河口水电站于 2014 年 9 月核准，2014 年 10 月正式开工建设，2015 年 11 月大江截流，2016 年 11 月大坝心墙开始填筑；计划 2020 年 10 月初期导流洞下闸蓄水，2021 年 8 月首批机组开始发电，2023 年 5 月工程竣工。

2　工程特点与难点

两河口水电站是目前我国藏区开工建设规模和投资规模最大的基建项目，项目主要工程特性指标居国内外同类工程前列：拥有目前世界第三高土石坝（295m）、世界水电最大规模高边坡群（最高边坡 684m）、世界最高电站进水塔（115m）、世界最高泄洪流速（最大流速 53.76m/s）。此外，由于项目位于高海拔寒冷地区，受高原气候条件影响，设计施工及管理难度远超同类工程，也面临诸多亟待解决的科学技术难题[1]。项目主要特点与难点如下：

（1）高海拔寒冷地区：两河口坝址海拔接近 3000m，空气含氧量仅为内陆低海拔地区的 70％左右，季节和昼夜温差大，日温差可达 20℃左右，属浅季节冻土—短时冻土区。另外，由于气候复杂多变，人工和机械设备降效明显，大坝心墙在雨季和冬季可施工时间短。

（2）地震设防烈度高：两河口水电站地震设防地震动峰值加速度为 287.8gal。

（3）高土石坝工程：两河口大坝为砾石土心墙堆石坝，最大坝高 295m，总填筑量约 4300 万 m^3，均居世界前列；且坝址河谷狭窄，大坝长高比仅为2.27；心墙土料场分散，心墙料需要分别掺砾，心墙土料填筑量约450万m^3。

（4）泄洪工程河谷窄、水头高、泄量大：最大水头达260m级，总泄洪功率超过2万MW，洞式溢洪道设计最高流速53.76m/s，超过已建工程及国内研究成果的最大值。

（5）地下厂房区域地应力高：地下厂房洞室群赋存于坝区右岸山体，水平埋深350～700m，垂直埋深400～450m，最大地应力为30.44MPa，平均强度应力比为2.08，为国内高地应力区地下厂房之一。

（6）特高边坡群：坝址为高山峡谷地形，边坡陡峻，300m以上的工程高边坡共7个，最高边坡684m，次高边坡585m，分别为世界水电第二、第三高边坡，复杂地质条件下特高边坡群建设难度大。

3 工程关键技术

两河口水电站工程建设条件复杂，疑难问题突出。为顺利解决工程建设中的一系列技术难题，雅砻江流域水电开发有限公司（以下简称“雅砻江公司”）积极利用社会专家智力资源，邀请行业内经验丰富的院士、大师、专家学者等建立了完善的咨询工作机制及技术质量管理体系，增强了对重大技术、质量问题的超前统筹与把控能力。同时，雅砻江公司在充分吸取已建成工程成功经验和教训的基础上，在“精细化管理、科学化管理、智能化管理”方面狠下工夫，并在具体实践中形成了一系列建设关键技术，主要包括特高砾石土心墙堆石坝筑坝技术、引水发电系统大型地下洞室群施工关键技术、超高水头泄水系统设计施工关键技术、特高边坡群设计施工关键技术、大规模中硬岩防冲旋挖桩群施工技术等。

3.1 特高砾石土心墙堆石坝筑坝技术

两河口水电站最大坝高295m，为高海拔寒冷地区建设的首座300m级超高砾石土心墙堆石坝，国内外尚缺乏可以借鉴的成熟经验。国内已建成的类似工程为坝高261.5m的糯扎渡水电站[2]，但其与两河口大坝在坝高、土料场选择与土料性质、场地条件、地形地质条件、外部气候环境等方面仍有较大差异。两河口水电站特高土石坝建设突破了现有规程规范及已有工程经验的范畴，在建设过程中面临诸多挑战和困难，而其成功建设也必将推动我国土石坝筑坝技术迈向一个新高度。

3.1.1 水电工程建筑信息模型（Hydro-BIM）技术

随着现代计算机图形图像技术和三维设计软件的发展，包括三维动画、三维效果图、三维虚拟现实和仿真分析等三维可视化技术也逐渐应用到水电工程中[3-4]。水电工程建筑信息模型（Hydro-BIM）是建立智能化的水电工程建筑物信息模型（包括大坝、料场、公路、隧洞等），并将其物理和功能特性进行数字化共享，通过创建、整理和交换共享模型及其附属智能化、结构化数据，链接整个生命周期各阶段，从而实现全生命周期的相互协作。

针对大型水电工程的Hydro-BIM设计优化关键技术，包括图形数据库技术（几何数据与空间索引支持、模型数据协同编辑支持、数据缓存与动态加载支持）、参数化建模技术、实体布尔运算技术、大数据可视化显示技术、大场景数据高效组织与渲染技术等，同时要基于一定数据标准，实现不同专业和业务模型之间的数据交换。

雅砻江公司委托主体设计单位建立了两河口水电站工程三维数字化设计系统，依托现代Hydro-BIM技术，有效减少设计、施工中的“错、漏、碰、缺”，并基于数字模型开展了一系列施工仿真分析，在保证大坝质量前提下，通过动态优化大坝信息模型，开展坝体分区的优化调整，并反馈指导料源使用规划，减少弃料。图1为两河口水电站三维可视化模型。

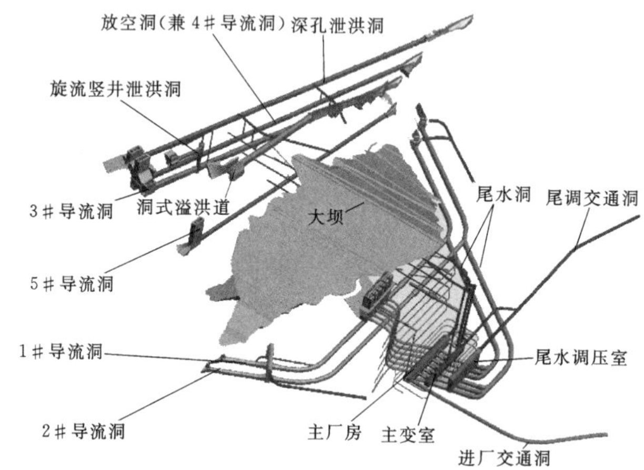

图1 两河口水电站三维可视化模型

3.1.2 大坝施工智能监控技术

数字大坝实现了对大坝施工质量、进度等方面信息的实时采集和动态处理，有效减少人力投入，实现了施工信息的全过程、实时、在线分析，以及施工信息的集成和共享，为建设者进行施工决策和施工过程控制提供了强大科学手段[5]。近几年来，随着物联网、人工智能、大数据、云计算的不断发展，筑坝技术开始向智能化建设发展，利用人工智能将设计控制信息与施工中实时监控感知信息进行智能分析，实现施工过程自动决策控制，可以极大提高大规模复杂工程的设计、施工及后期运行管理的工作效率和智能化水平[6]。

两河口智能大坝系统在充分总结数字监控系统建设运行经验的基础上，充分应用人工智能、图像识别、实时感知等技术，实现了大坝施工过程实时动态智能仿真及大坝碾压机群智能无人碾压作业，建立了新型的大坝工程建设智能管理体系，是水利水电工程智能建设技术的新突破，对降低人工劳动强度、提高施工效率和保证工程质量等发挥了重要作用。

(1) 智能仿真分析。智能仿真分析是采用支持向量机、粒子群算法、神经网络、遗传算法等智能算法，对碾压规划、运输路径方案等进行智能分析和优化，主要包括仓面流水单元施工方案优选、仓面施工实时智能仿真、路径智能规划、仓面施工三维可视化仿真等，实现了碾压机集群路径规划、智能转场路径导引、智能加油路径规划和碾压机集群动态路径分配，并对仿真计算结果进行同步实时动态展示。

(2) 智能反馈控制。智能反馈控制是按照优化的施工仿真方案，以人工智能控制现场设备施工，从而替代人工作业。为了实现对现场施工设备的智能反馈控制，需要对原人工操作系统进行升级改造，使施工设备在复杂环境下能够以自主的方式完成各种动作。通过智能化仿真成果提供的方案，将基础数据指令发送至机械设备，实现自动作业与反馈控制。同时，由于现场复杂的环境对施工机械的运行产生一定影响，需要对机械设备的动作状态进行实时自动纠偏，从而确保反馈控制的精准性。图 2 为碾压机集群协同作业控制方案。

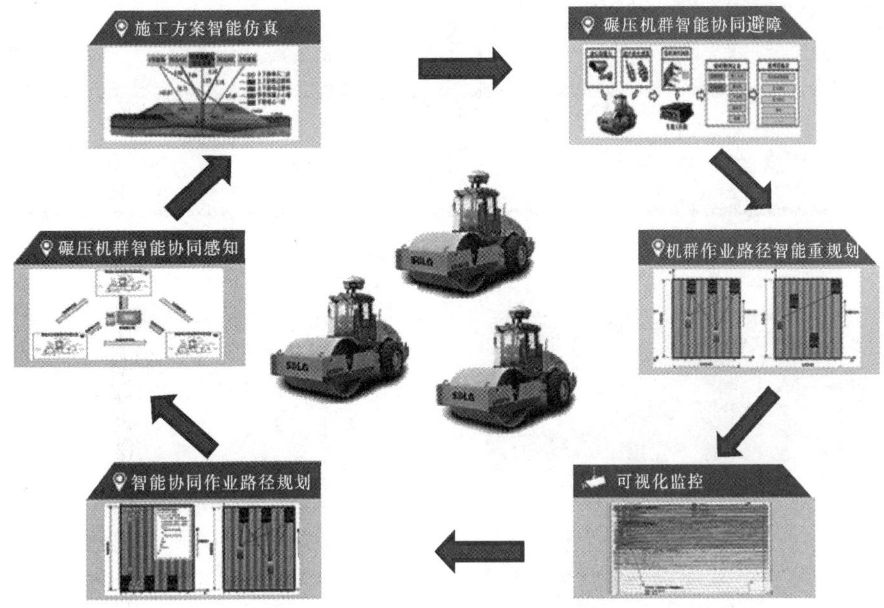

图 2　碾压机集群协同作业控制方案

3.1.3　高寒高海拔地区大坝心墙土料冬季施工技术

两河口水电站地处青藏高原东侧边缘地带，属川西高原气候区，多年平均气温为 10.9℃，极端最高温度为 35.9℃，极端最低气温为－15.9℃。每年 11 月至次年 2 月为该地区的冬季，日照时间短，气候寒冷干燥，浅表层土体冻融作用明显，对土料工程性质及施工质量、进度管控造成不利影响[7]。冻土问题历来是冬季工程建设一大难题，尤其在高砾石土心墙堆石坝建设中尚无成熟经验可借鉴。

雅砻江公司组织相关单位积极开展冬季土料冻融机理及防控体系研究，历经 3 个冬季的不懈努力，基本掌握了土料冻融规律及不同次数冻融后的基本物理参数、土体渗透及力学性质变化规律[8]；建立了冻融数学模型，研发了冻融特征预测软件（见图 3），建立了大面积填筑面冻融土快速综合判别体系；发明了新型保温材料及快速收放机械。现场形成了固化施工工艺，浅冻期主要采取松土过夜的防护措施，深冻期采取“松铺土＋覆盖保温材料”的防护措施。

冬季施工心墙土料的压实度、渗透性等试验检查成果表明，两河口大坝心墙冬季施工技术、设备工艺体系可以保证大坝质量要求，在提高冬季施工效率等方面也有很好的作用，为坝体全断面填筑至 200 年一遇防洪度汛高程及两河口水电站按期蓄水发电目标的实现奠定了坚实基础。同时，两河口水电站大坝心墙冬季施工所取得的研究成果，为今后“低纬度、高海拔、季节性、浅表层、日循环”类似冬季条件下的土心墙坝施工提供了经验。

3.2　引水发电系统大型地下洞室群施工关键技术

两河口水电站引水发电系统布置于右岸山体中，为大型地下洞室群结构，规模巨大，纵横交错，且赋存于高地应力区，节理裂隙和断层相对发育，围岩稳定问题是洞室群布置和开挖支护设计与施工的关键问题[9]。在设计施工过程中，根据现场揭示的地质条件及时开展地质鉴定，动态优化调整开挖支护参数，推行标准施工作业方法，持续开展地下厂房洞室群围岩稳定反馈分析，确保了两河口地下洞室群安全稳定施工。图 4 为地下厂房开挖阶段全景。

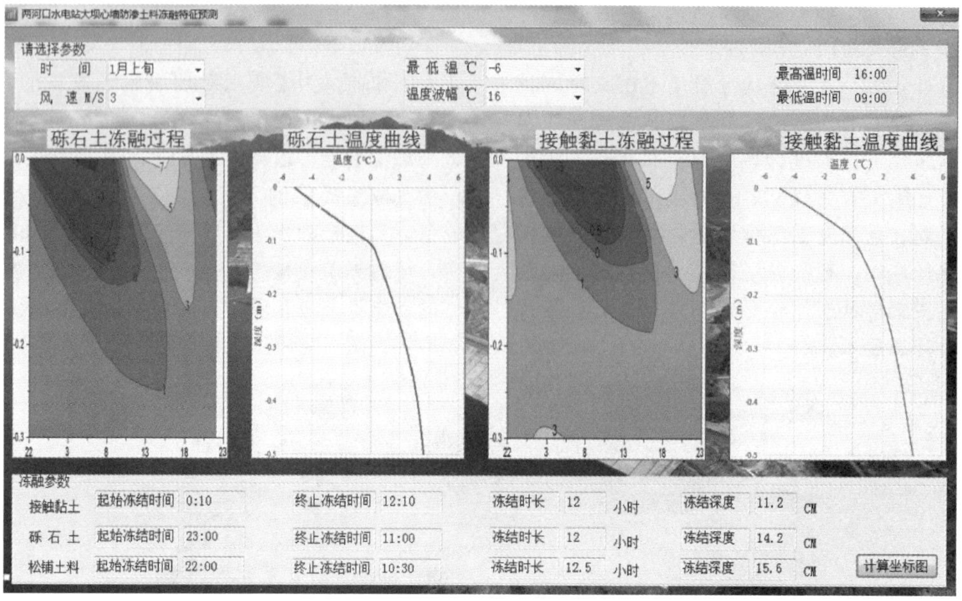

图3 心墙土料冻融预测系统

图4 地下厂房开挖阶段全景

（1）高地应力砂板岩区岩锚梁精细化开挖技术。两河口水电站地下厂房处于高地应力砂板岩区，厂区第一主应力与厂房轴线大角度相交，应力集中释放破坏岩体问题突出，且存在优势裂隙发育不利于块体稳定等地质问题，导致厂房岩锚梁开挖施工难度大、成型质量难控制。开挖中严格遵循“薄层开挖、随层支护”原则，通过1∶1精细化爆破试验优选爆破参数并严控爆破钻孔质量，严格遵循“先固后挖”原则，根据地下厂房洞室群围岩稳定监测与反馈分析成果进行支护参数动态调整，采取预加固措施等严格控制围岩变形，确保了岩锚梁开挖优质成型[10]。岩锚梁精细开挖技术在砂板岩区的施工控制措施可以为同类工程提供参考。

（2）施工期围岩稳定反馈分析。在深入分析洞室群施工期地质条件、监测信息资料等基础上，对主厂房、主变室和尾调室变形监测资料进行分析，选取有代表性的多点位移计监测数据，确定了反映围岩宏观变形的监测位移信息和岩体力学参数。

在参数敏感性分析基础上，建立了监测位移信息与待反演力学参数间的支持向量回归机（SVR）映射模型。采用基于支持向量回归机（SVR）与粒子群-差分演化（PSO－DE）优化算法的程序得到了反演参数，并将反演获得的岩体力学参数和其他力学参数进行数值计算[11]，实测应力值与计算应力值正负符号完全一致，量值基本接近，说明反演的地应力场符合实测地应力场的分布规律，可以用于开挖支护模拟分析，为指导现场施工发挥有效作用。

3.3 超高水头泄水系统设计施工关键技术

两河口水电站最大泄洪水头约260m，最大泄洪功率约为2.1万MW，最大泄洪流速约53.76m/s，泄洪水头及泄洪流速均为世界第一。泄洪消能同时具有高海拔、高流速、运行水头及流量范围大、泄水建筑物集中布置、河谷狭窄、出流归槽条件差、下游河道抗冲能力低、工程区岸坡高陡、沟谷发育、覆盖层深厚等特点。上述条件对洞身掺气减蚀、溢洪道跨沟结构设计、出口挑坎体型选择、下游河道防冲防淘、下游岸坡雾化防护等均带来了极大挑战，直接关系到枢纽的安全运行[12-13]。

（1）高水头泄洪消能技术。为解决超高水头泄洪消能这个关键技术问题，参建各方周密策划、集思统筹、扎实细致地组织开展了枢纽泄洪消能及雾化等一系列深化研究，在大量试验研究和综合分析论证基础上，验证了泄水建筑物总体布置、泄流能力、进口流态等，综合比选确定了各泄水建筑物进口、洞身及出口挑坎体型。

（2）超高流速抗冲耐磨混凝土设计施工技术。超高速水流下泄洪建筑物衬砌混凝土极易遭受冲蚀破坏[14-15]。针对抗冲耐磨混凝土配合比设计设立了施工期专项科研并开展了大量生产性试验、温控仿真分析研究工作，科学拟定了两河口抗冲磨混凝土的配合比设计方案及浇筑施工方案。通过严格控制成品砂悬浮碳颗粒含量、优化配合比、边墙顶拱分开浇筑、加强温控、掺入硅粉改进混凝土工作性能等综合措施，确保了抗冲磨混凝土施工质量。

3.4 特高边坡群设计施工关键技术

高边坡群施工控制是水电工程建设成败的关键技术问题之一，直接影响和制约着水电工程建设[16]。两河口电站坝址区地形高陡，倾倒变形发育，高边坡众多，其中200～300m级高边坡多达7个，300m及以上高边坡5个（最高边坡684m，次高边坡585m，分别为世界水电第二、第三高边坡），为世界水电最大规模高边坡群（见图5）。两河口高边坡群底部建基面结构复杂，工程量大，交叉干扰严重，技术难题突出，主要采取以下措施：

图5 两河口特高边坡群

（1）针对上下重叠相邻特高边坡群同时施工的技术难题，进行优化调整各部位施工顺序、增加三维立体综合防护设施、控制爆破方向和下渣方向施工技术研究，达到施工安全、快速的目的[17]。

（2）针对规模大、开挖、支护工程量大、工期紧的特高边坡施工的技术难题，进行高密度超深锚索、大规模特高边坡快速施工技术研究，达到施工优质、快速的目的。

（3）针对不易成孔地段超深锚索（杆）孔钻孔的技术难题，进行同心钻跟管直径、壁厚等技术研究，达到快速钻孔、加快施工的目的。

（4）针对高海拔大温差地区冬季锚索（杆）施工技术难题，进行冬季保温施工技术研究，达到保证施工质量，连续施工的目的。

（5）针对高边坡施工安全隐患大、翻渣扬尘、设备利用率低、临时用地小等技术难题，进行上下重叠相邻特高边坡群综合防护技术、远程爆破警戒系统、自动旋喷雾化降尘技术、集中机站小风损远程供风系统等技术研究，满足施工安全、环境保护、节能降耗的要求。

通过采取上述综合措施，解决了立体交叉作业的施工干扰，保证了施工安全，节约了施工时间，为两河口水电站关键线路项目的顺利实施提供了有利条件。

3.5 大规模中硬岩防冲旋挖桩群施工技术

防冲桩施工项目是泄洪消能区及雾化区防护工程的重点项目，也是目前国内规模最大的中硬岩防冲旋挖桩群项目，包括左岸旋挖桩962根，右岸旋挖桩876根，且桩基全部咬合，总钻孔量为26142m。

旋挖钻机具有成孔速度快、适应地层能力强、机动性强、使用方便、维修简单等特点，适用于各种中等密实土、碎石土、中硬岩层的成孔作业[18]。进场后，积极组织工艺性试验，通过原位生产性试验取得的各项参数，针对不同岩层类别对多种钻具、截齿进行比选、分析工效，为设备选型及资源配备奠定基础。针对工期紧、任务重、岩层坚硬难以钻进等难题，主要采取了以下施工技术：

（1）自动脉冲加压破岩技术，通过给岩层施加符合岩石破碎机理的周期脉冲压力，大幅提高入岩效率，并最终实现“自动入岩”。

（2）采用五级减振技术，实现了全方位、多维度吸收钻机施工振动频率，确保钻机高稳定性钻进。

（3）针对岩层坚硬难以钻进等难题，采取了加密先导孔探明地质情况，针对砂岩硬度定制特殊高强度的截齿，在保证质量和抗冲功能的前提下对桩长进行优化等措施。

通过采取上述措施，并在施工过程中严格控制质量，及时整改闭合过程管控中发现的质量问题和质量缺陷，确保了工程质量处于较好受控状态。图6为正在施工的左岸旋挖桩工程。

图6 左岸旋挖桩施工

4 结语

两河口水电站是我国水电开发向高寒高海拔地区发展的代表工程，其所处自然环境恶劣，同时由于工程规模巨大，多项关键指标居国内外同类型工程前列，给电站建设带来极大挑战。为破解难题，两河口建设管理局组织参建各方积极开展设计、施工技术创新和质量管理提升，形成了与两河口水电站特点、重点、难点相适应的关键技术体系。本文深入分析总结了目前取得了主要成果，包括特高砾石土心墙堆石坝筑坝技术、引水发电系统大型地下洞室群施工关键技术、超高水头泄水系统设计施工关键技术、特高边坡群设计施工关键技术、大规模中硬岩防冲旋挖桩群施工技术等。

上述关键技术实现了大型水电工程建设技术突破，应用在实践中取得了良好成效，为两河口水电站大坝工程、引水发电系统工程、泄洪建筑物系统工程、消能雾化防护工程建设奠定了坚实的技术基础，确保了工程安全、质量、进度全面受控，并在节约投资方面取得了一定效果；同时，为未来我国类似工程建设提供了有益借鉴，也将推动我国高寒高海拔地区巨型水电站建设迈向一个新高度。

参考文献

[1] 陈云华. 雅砻江水电开发与可持续发展 [A]//中国国家发展和改革委员会，联合国经济与社会事务所，世界银行. 联合国水电与可持续发展研讨会文集. 2004：10.

[2] 马洪琪. 我国坝工技术的发展与创新 [J]. 水力发电学报，2014，33 (6)：1-10.

[3] 赵继伟，魏群，张国新. 水利工程信息模型的构建及其应用 [J]. 水利水电技术，2016，47 (4)：29-33.

[4] 孙少楠，张慧君. BIM 技术在水利工程中的应用研究 [J]. 工程管理学报，2016，30 (2)：103-108.

[5] 崔博，胡连兴，刘东海. 高心墙堆石坝填筑施工过程实时监控系统研发与应用 [J]. 中国工程科学，2011，13 (12)：91-96.

[6] 钟登华，时梦楠，崔博，等. 大坝智能建设研究进展 [J]. 水利学报，2019，50 (1)：38-52.

[7] 马巍，王大雁. 冻土力学 [M]. 北京：科学出版社，2014.

[8] 穆彦虎，朱忻怡，岳攀，等. 寒区大坝心墙土料冬季冻融与防控监测 [J]. 冰川冻土，2018，40 (4)：120-127.

[9] 王义昌，卢文波，陈明，等. 高地应力区洞室围岩开裂问题研究进展 [J]. 水利水电科技进展，2015，35 (2)：85-94.

[10] 王媛，张东明，李宏璧，等. 高地应力砂板岩区岩锚梁精细化开挖技术研究 [J]. 成都大学学报 (自然科学版)，2017，36 (3)：315-318.

[11] 吴忠广，吴顺川. 深埋硬岩隧道围岩参数概率反演方法 [J]. 工程科学学报，2019，41 (1)：78-87.

[12] 戴会超，许唯临. 高水头大流量泄洪建筑物的泄洪安全研究 [J]. 水力发电，2009，35 (1)：14-17.

[13] 练继建，刘丹，刘昉. 中国高坝枢纽泄洪雾化研究进展与前沿 [J]. 水利学报，2019，50 (3)：283-293.

[14] 涂天驰. 超高性能混凝土的抗冲磨性能研究 [D]. 广州：华南理工大学，2018.

[15] 甘文忠，张曾，王永峰. 长河坝水电站泄洪洞高标号抗冲磨硅粉混凝土温控施工技术 [J]. 水力发电，2016，42 (10)：83-86.

[16] 宋胜武，冯学敏，向柏宇，等. 西南水电高陡岩石边坡工程关键技术研究 [J]. 岩石力学与工程学报，2011，30 (1)：1-22.

[17] 胡英国，卢文波，陈明，等. 不同开挖方式下岩石高边坡损伤演化过程比较 [J]. 岩石力学与工程学报，2013，32 (6)：1176-1184.

[18] 祝振生. 硬岩深大基坑围护桩快速成孔施工 [J]. 隧道建设，2012，32 (S2)：136-140.

高心墙堆石坝坝体流变三维有限元分析

王青龙　朱先文/中国电建集团成都勘测设计研究院有限公司

【摘　要】土石坝坝高的不断突破，对坝体设计提出了更高要求。对于如何准确分析坝体的应力变形，合理评估坝体的长期变形是一个关键技术问题。本文结合两河口心墙堆石坝工程实例，采用大型高压三轴仪对两河口堆石料进行了流变特性试验，以堆石料流变试验 ε-t 曲线为依据，在沈珠江“三参数”经验流变模型的基础上，对流变模型的部分表达式进行了改进，采用三维有限元法对大坝进行数值模拟。数值分析表明，无论是在初期蓄水期还是在大坝的运行期，堆石料的流变对坝体变形的影响突出。因此，在评价大坝长期变形时，堆石料的流变是不容忽视的。

【关键词】心墙堆石坝　流变变形　流变模型　三维有限元分析

1　引言

近年来，我国高土质心墙堆石坝迅速发展，坝高已从 200m 级突破到 300m 级。随着坝高的增加，坝体的设计要求更高，其中如何准确分析坝体的应力变形、合理评估坝体的长期变形是一个十分重要的问题。据现有的监测资料可知，当坝体填筑施工完成后，堆石坝的坝体变形一般会持续较长的时间（几年、十几年，甚至更长）。例如澳大利亚塞沙那（Cethana）坝、我国已竣工的天生桥一级、水布垭等，大坝在建成蓄水多年后，其变形并未结束，而且在一定时期内仍有发展。变形随时间变化而变化的现象被称为流变，高心墙堆石坝的坝体 90%左右为堆石料组成，由此推断大坝的长期变形很大一部分是由堆石料的流变产生的。因此，可根据堆石料的流变特性来预判坝体长期变形。

本文依托坝高 295m 的两河口堆石坝工程，采用大型高压三轴仪对堆石料进行流变特性试验，分析了流变规律，以堆石料流变试验 ε-t 曲线为依据，在沈珠江“三参数”经验流变模型的基础上，对流变模型的部分表达式进行了改进，采用三维有限元法对大坝进行数值模拟。

2　依托工程概况

两河口水电站为雅砻江中、下游的“龙头”水库，电站位于四川省甘孜藏族自治州雅江县境内的雅砻江干流上。电站采用坝式开发，拦河大坝采用土心墙堆石坝型，水库正常蓄水位 2865.00m，相应库容 101.54 亿 m^3，电站装机容量 3000MW，最大坝高为 295m，大坝总填筑方量为 4230 万 m^3，其中堆石料为 3770 万 m^3。两河口大坝典型横断面分区见图 1。

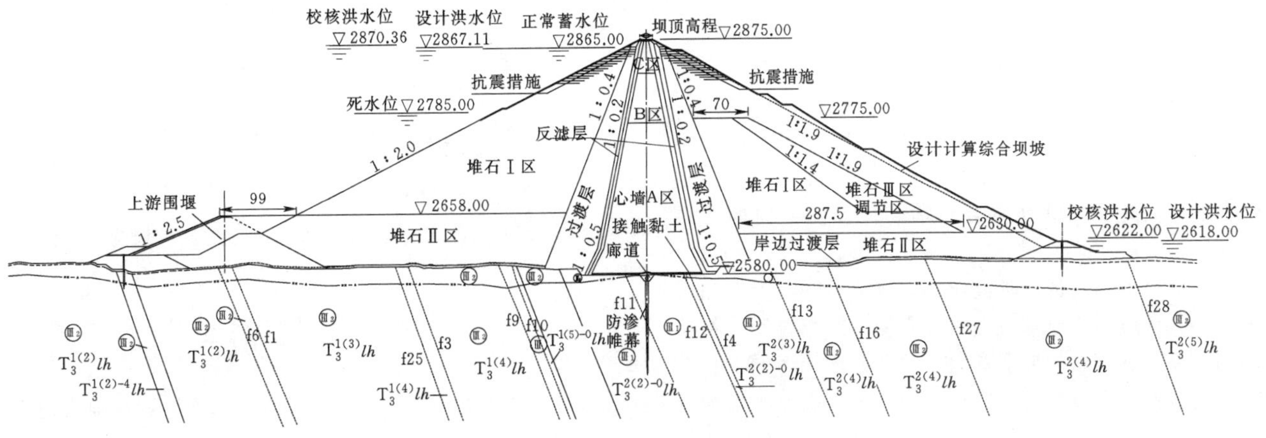

图 1　两河口大坝典型横断面分区

3 堆石料流变试验

本文基于中国水利水电科学研究院提供的三轴流变试验成果资料，研究了两河口堆石料的流变特性，采用高压大型三轴仪对两河口混合堆石料开展围压为0.5MPa、1.5MPa、2.0MPa、3.0MPa以及每级围压相应的轴向荷载根据偏应力水平（以下简称“应力水平”）为0.2、0.4、0.6、0.8的三轴流变试验，加载试验采用单级加载的方式。图2和图3分别给出了在不同应力水平及围压条件下混合料轴向流变和体积流变与时间的关系曲线。

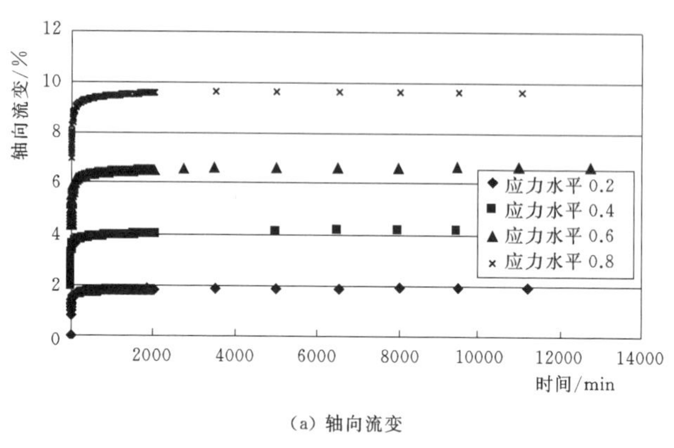

(a) 轴向流变

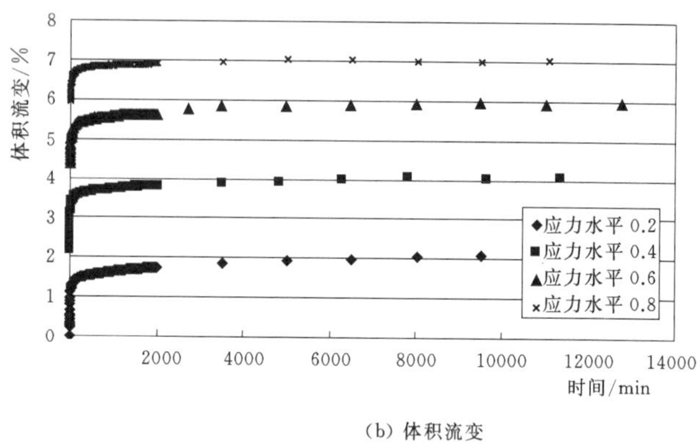

(b) 体积流变

图2 不同应力水平条件下混合料应变与时间关系曲线（围压1.5MPa）

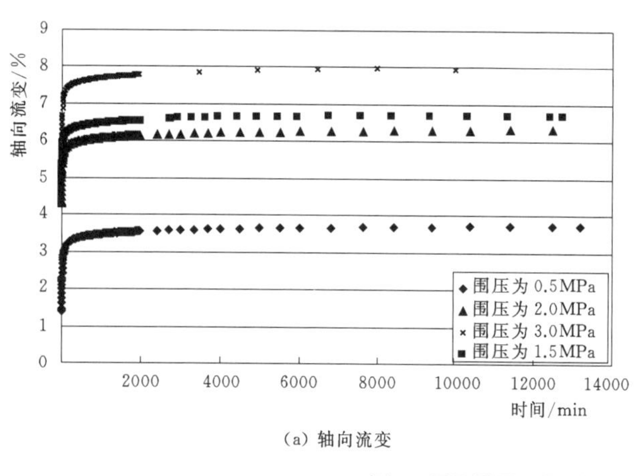

(a) 轴向流变

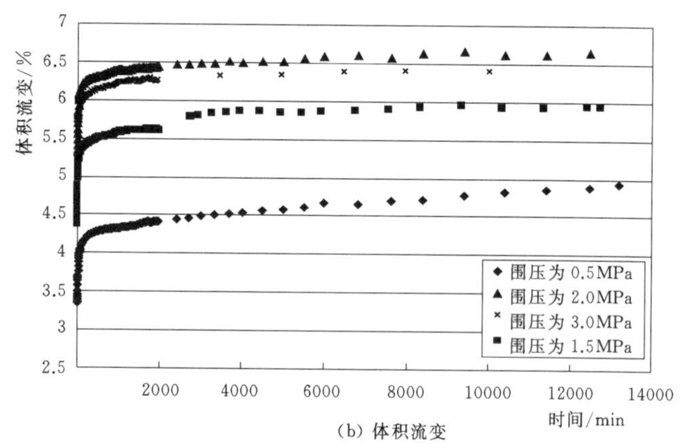

(b) 体积流变

图3 不同围压下混合料应变与时间关系曲线（应力水平0.6）

试验表明，在轴向荷载施加后的较短时间内，试样的轴向变形和体积变形迅速增加，而后进入流变变形阶段，试样体积变形速率变缓并逐渐趋于稳定。三轴流变试验测出试样的变形包括试样的瞬时变形和流变变形两部分，根据相关资料决定试验开始1h为流变开始时间，1h前的变形称为瞬时变形，从而减去瞬时变形便可得流变变形，就可以计算出试样的剪切流变量。图4为整理出的不同应力水平下混合料剪切流变与时间的关系曲线。

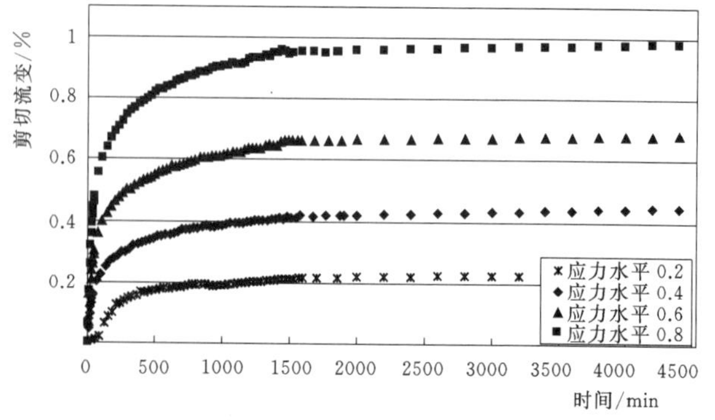

图4 不同应力水平下混合料剪切流变与时间关系曲线（围压3.0MPa）

由混合堆石料的三轴流变试验成果可知，围压和应力水平（剪应力）对堆石料的流变变形影响显著。在相同围压下，堆石料的变形随应力水平的增加而增加；在相同的应力水平条件下，堆石料的变形随围压的增加有增大的趋势。低围压（低应力水平）下，堆石料的流变量较小，而在高围压（高应力水平）下堆石料则表现出较为明显的流变特性。

4 变形模型及参数

土石坝的变形可分为瞬时变形和流变变形，对于坝体三维流变数值分析，计算坝体瞬时变形采用常用的非线性弹性模型（邓肯-张模型），进行坝体流变变形分析采用指数型衰减的 Merchant 模型。

4.1 瞬时变形模型及参数

本文计算坝体瞬时变形本构模型以邓肯-张双曲线模型中的 $E-v$ 模型，其模型参数有 R_f、K、n、G、F、D、K_{ur} 共 7 个。计算中三维有限元计算采用参数见表 1。

表 1　大坝 $E-v$ 模型计算参数表

材　料	ϕ /(°)	C /kPa	ρ /(g/cm³)	ϕ_0	$\Delta\phi$	K	K_{ur}	n	R_f	G	F	D
反滤料 1	41	40	2.20	52	11	850	1700	0.3	0.78	0.34	0.02	4
反滤料 2	40	40	2.15	51	10	950	1900	0.25	0.78	0.25	0.01	5
过渡料-上游砂岩	40	25.0	2.17	51	10	950	1900	0.25	0.78	0.27	0.02	5.4
过渡料-下游板岩	39	15.0	2.13	49	8	900	1500	0.15	0.75	0.24	0.01	5
堆石Ⅰ区	42	40	2.23	49	6	1100	2000	0.27	0.76	0.34	0.01	4
堆石Ⅱ区	39	35	2.20	48	7	900	1500	0.25	0.74	0.32	0.01	3.5
堆石Ⅲ区	38	40	2.18	46	6	800	1000	0.25	0.8	0.32	0.01	3.8
心墙料（A 区）	31	40	2.16	43	11	650	1300	0.36	0.72	0.36	0.02	3
心墙料（B 区）	30	45	2.13	42	10	600	1100	0.3	0.76	0.38	0.015	2
心墙料（C 区）	20	60	2.0	35	13	500	900	0.28	0.9	0.44	0.01	0.8
接触黏土	16	50	1.95	33	15	200	300	0.32	0.92	0.36	0.01	1

4.2 流变模型及参数

沈珠江指出鉴于土石坝的变形大都在建成若干年后停止，因此选用随时间衰减的蠕变模型较为适宜。假定常应力下的变形过程线是某一逐渐停止的衰减曲线，最常见的衰减曲线是

$$\varepsilon(t)=\varepsilon_i+\varepsilon_f(1-e^{-ct}) \tag{1}$$

式中：$\varepsilon_i=\sigma/E_1$，为瞬时应变量；$\varepsilon_f=\sigma/E_2$，为随时间发展的最终应变量，根据流变变形分为体积变形和剪切变形，即 ε_f 应分成两部分 ε_{vf} 和 ε_{sf}，它们的最简单表达式可以写成：

$$\varepsilon_{vf}=b\frac{\sigma_3}{P_a} \tag{2}$$

$$\varepsilon_{sf}=d\frac{S}{1-S} \tag{3}$$

以上就是沈珠江建议的“b、c、d”三参数模型，具体计算时，流变作为初应变计入。

根据混合堆石料三轴流变试验成果的 $\varepsilon-t$ 曲线，可知最终的体积流变量与围压呈对数关系，与应力水平呈线性关系，因此将沈珠江的三参数模型中体积应变式（2）修正为

$$\varepsilon_{vf}=b\ln\left(1+\frac{\sigma_3}{10P_a}\right)+kS \tag{4}$$

改进后流变模型共有 c、b、d、k 四个参数。

根据流变试验成果，运用“最小二乘法”原理求得坝料流变数学模型参数。据此确定的计算参数见表 2。

表 2　改进后流变模型计算参数　%

材　料	c	d	b	k
Ⅰ区、Ⅱ区和Ⅲ区堆石料	0.1824	0.6	0.2875	0.6455
过渡料、反滤料	0.1695	0.7	0.278	0.674
心墙料	0.1000	0.9	0.400	0.500

注　限于未进行心墙料的长期变形试验，其参数根据堆石料推断得出。

5 坝体流变三维有限元分析

本文对两河口心墙堆石坝进行三维有限元分析，限于篇幅，仅对水库蓄水后的三种工况进行计算和分析。

工况Ⅰ：水库从施工、蓄水（第一次满蓄），不计入流变的三维有限元数值计算。

工况Ⅱ：水库从施工、蓄水（第一次满蓄）计入流变的三维有限元数值计算。

工况Ⅲ：水库从施工、蓄水、运行期（运行 10 年）计入流变的三维有限元数值计算。

两河口大坝的三维有限元网格模型见图 5。

采用三种计算工况进行三维有限元数值分析，得出不同计算工况的计算成果，见表 3。

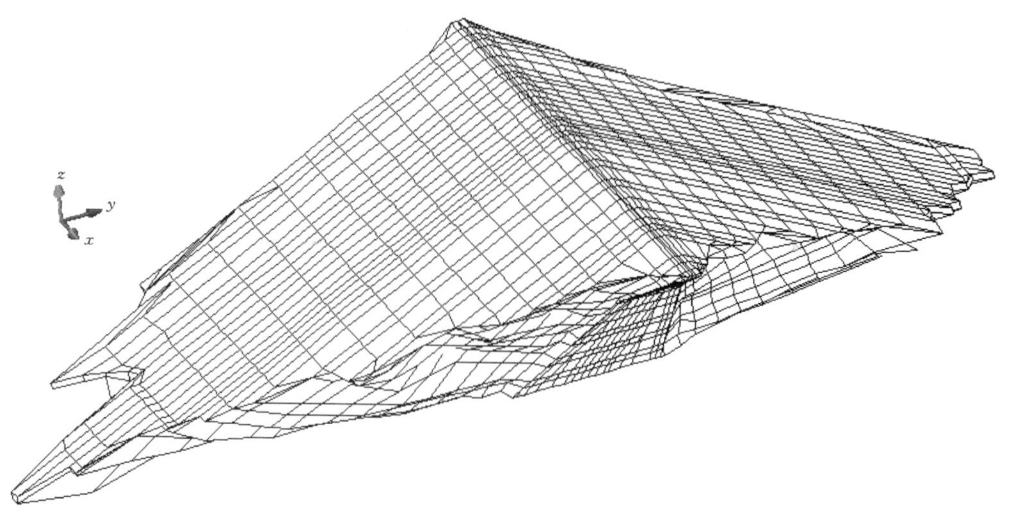

图 5 两河口大坝三维有限元网格模型

表 3 不同计算工况下数值模拟成果汇总 单位：cm

计算工况		工况Ⅰ	工况Ⅱ	工况Ⅲ	工况Ⅱ－工况Ⅰ	工况Ⅲ－工况Ⅱ
竖向位移最大值		－300.8	－334.2	－355.9	－33.4	－21.6
顺河向水平位移最大值	指向上游	－48.5	－52.4	－54.9	－3.7	－2.5
	指向下游	151.1	159.6	166.3	8.5	6.7
坝轴向水平位移最大值	指向右岸	37.6	46.9	52.5	9.3	2.6
	指向左岸	－52.2	－58.2	－59.3	－6	－1.1

三维有限元成果表明，工况Ⅰ（第一次满蓄，不考虑流变），坝体最大沉降为 300.8cm，占坝高（295m）的 1.02%，最大沉降值位于心墙中部略偏下游、高程位置约 1/2 坝高处。指向下游的最大变形为 151.1cm，指向上游的变形为 48.5cm。工况Ⅱ（第一次满蓄，考虑流变）坝体最大沉降为 334.2cm，较工况Ⅰ（第一次满蓄，不考虑流变）坝体最大沉降最大增量为 33.4cm，增幅 11.1%；指向下游的最大变形最大增量为 8.5cm；指向上游的最大变形最大增量为 3.7cm。图 6 为工况Ⅱ（第一次满蓄，考虑流变）较工况Ⅰ（第一次满蓄，不考虑流变）典型剖面竖直向流变增量等值线图。

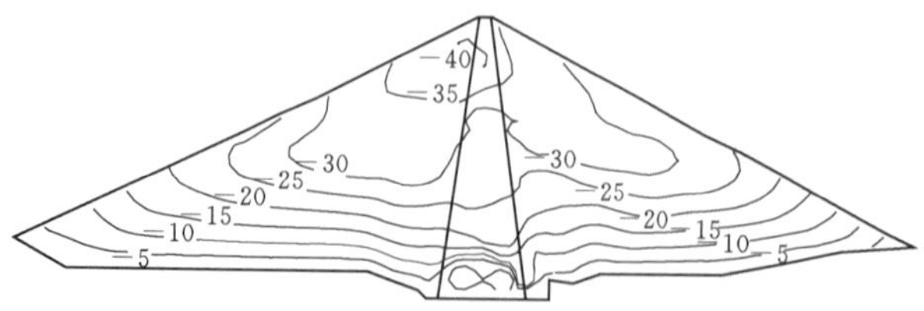

图 6 典型剖面竖直向流变增量等值线图
（竣工期到初次蓄水完成，单位：cm）

由图 6 可知，因堆石料流变引起坝体沉降增量随着坝高的增加而增加，最大增量达 43cm，在上游水压力和自重的共同作用下，流变增量的位置向上游偏转，流变最大增量位于心墙上游坝与反滤交界处，坝体中下部的流变增量基本对称于坝轴线，由此可以看出初期蓄水因堆石料流变引起的沉降量是显著的。

工况Ⅲ（运行 10 年，考虑流变）坝体最大沉降为 355.9cm，较工况Ⅱ（第一次满蓄，考虑流变）坝体最大沉降的最大增量为 21.6cm，指向下游的最大变形的最大增量为 6.7cm，指向上游的最大变形的最大增量为 2.5cm，指向右岸的位移最大增量约为 2.6cm，指向左岸的位移最大增量约为 1.1cm。图 7 为工况Ⅲ（运行 10 年，考虑流变）较工况Ⅱ（第一次满蓄，考虑流变）典型剖面竖直向流变增量等值线图。

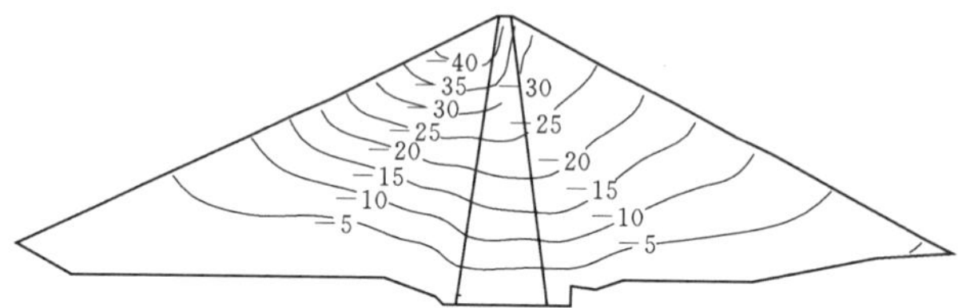

图 7 典型剖面竖直向流变增量等值线图
（初次满蓄到运行 10 年，单位：cm）

由图 7 可知，从大坝初次蓄水到运行 10 年后，大坝因堆石料流变引起坝体沉降增量随着坝高的增加而较均匀地增加，并有向心墙上游侧偏移的趋势，坝顶处达到 49cm，可以看出大坝运行期因堆石料流变引起的沉降量不能忽视。

6 结语

（1）高土质心墙堆石坝的长期变形成为目前高坝设计中的关键技术问题，其影响因素众多，其中最主要因素为堆石料流变。本文依托两河口心墙堆石坝的工程实例，分析了堆石料三轴流变试验成果资料，以堆石料流

变试验 $\varepsilon-t$ 曲线为依据，在沈珠江“三参数”经验流变模型的基础上，对流变模型的部分表达式进行了改进，并据流变试验成果，运用“最小二乘法”原理求得坝料流变数学模型参数。

（2）由两河口心墙堆石坝三维有限元分析可知，工况Ⅰ（第一次满蓄，不考虑流变）坝体最大沉降为300.8cm；工况Ⅱ（第一次满蓄，考虑流变）坝体最大沉降为334.2cm，较工况Ⅰ坝体最大沉降最大增量为33.4cm，增量为11%；工况Ⅲ（运行10年，考虑流变）坝体最大沉降为355.9cm，较工况Ⅱ坝体最大沉降的最大增量为21.6cm，增量为6.5%。数值分析表明，无论是初期蓄水期还是大坝的运行期，堆石料的流变对坝体长期变形影响突出。

（3）在进行堆石料大型高压三轴流变试验时，试样在荷载作用下的前期变形较大，但很快就达到变形稳定阶段，显然试验所求的变形速率明显偏快，与大坝变形稳定需要几年甚至十几年不相吻合。文中的试验材料最大粒径为60mm，远小于堆石料的实际粒径，这就是粗粒土的缩尺效应。这些因素对大坝长期变形的影响还需要进一步研究和完善。

高寒高海拔地区超高心墙堆石坝砾石土心墙冬季施工措施研究

郜永勤　练新军/中国水利水电第十二工程局有限公司
王森荣/中国水利水电第五工程局有限公司

【摘　要】本文针对两河口水电站冬季昼夜温差较大，低温时段局部土体会受冻而含冰晶，中午升温后冰晶受热一般会消融，土体则经受一次冻融过程的气象特点，结合工程实际施工进度要求，并本着为行业技术进步作出一定贡献的目标，通过三年来研究和施工实践，研究固化了一整套大坝砾石土心墙冬季施工工艺方法。实践证明，该施工工艺方法快速有效，具有很大的推广价值，填补了高寒高海拔地区超高心墙堆石坝建设的空白。

【关键词】高寒高海拔　超高心墙堆石坝　砾石土心墙　冬季　施工措施

1　工程概况

两河口水电站位于四川省甘孜藏族自治州雅江县境内的雅砻江干流上，坝址位于雅砻江干流与支流鲜水河汇合口下游约 2km 河段。电站总装机容量 3000MW，年发电量 114.91 亿 kW·h，为雅砻江中、下游的"龙头"水库电站。水库正常蓄水位 2865.00m，相应库容 101.54 亿 m^3，调节库容 65.6 亿 m^3，具有多年调节能力。

大坝为砾石土心墙堆石坝，坝顶高程为 2875.00m，河床部位心墙底建基高程为 2580.00m，最大坝高 295.00m；坝顶宽度为 16.00m，上、下游坝坡坡比为 1∶2.0、1∶1.9，上游坝坡在 2790.00m 高程处设置 5m 宽的马道；下游坝坡在 2815.00m、2755.00m、2655.00m 高程处各设 5m 宽的马道。

2　水文气象条件

该工程地处青藏高原东侧边缘地带，属川西高原气候区，多年平均气温为 10.9℃，极端最高温度为 35.9℃，极端最低气温为－15.9℃。每年 11 月至次年 2 月为该地区冬季。冬季气温较低，最低温度主要集中在当年 12 月至次年 1 月，1 月平均温度 1.8℃，无常年冻土。冬季昼夜温差较大，低温时段局部土体会受冻而含冰晶，中午升温后冰晶受热一般会消融，土体则经受一次冻融过程。

3　研究背景

该工程大坝砾石土心墙料填筑总方量约 441 万 m^3，共有 5 个土料场，具有料场分散、有用土层较薄等特点，其在开采及填筑过程中均将受到冬季低温影响。施工区存在负温条件时，能否延长冬季施工时间，尽量减少冬季停工，达到砾石土料快速施工的目的，还应取决于如何根据实际气温制定可行的冬季施工措施及寻求经济合理的温控手段。

根据该工程施工区近几年气象资料分析可知，冬季施工时段主要集中为 1 月至 2 月上旬及 11 月下旬至 12 月。该工程大坝是在海拔 3000m 的高海拔地区建设的首座 300m 级超高土石坝，其建设突破国内土石坝规程规范使用范围（已有规范适用 200m 及以下堆石坝）和已建同类工程经验（国内已建同坝型为坝高 260m 的糯扎渡水电站），没有可供借鉴的成功经验。同时，由于该工程海拔高，大坝冬季施工面临的土料受冻、结冰结霜等特殊难题，业内尚无相关解决经验。两河口水电站大坝的成功建设，将填补高寒高海拔地区超高心墙堆石坝建设的空白。

4　基于原规范冬季施工要求开展的研究（第一阶段）

与现场实际施工密切结合（模拟实际施工生产），

通过试验研究，立足于解决土料冬季快速施工的问题，使其满足超高心墙土石坝、高质量、高强度的填筑施工要求。

4.1 研究的内容

4.1.1 施工区域各部位气象资料收集分析

通过对心墙、掺拌场、土料场的气象资料整理分析，得出以下结论：

(1) 冬季心墙填筑区高程低于上下游堆石区高程，可提高小环境气温，以利于延长冬季有效施工时间。

(2) 心墙填筑区处于河谷地带，日照时长较其他部位偏短，致使高温较其他部位偏低。

(3) 工程地处川西高原，小区域气候明显，其大坝心墙部位施工与各土料场掺拌场气象温度相关性较好，与县气象局 24h 预报气象温度相关性较差，需要建立工程自己的气象站。

4.1.2 土料运输环节温度监测成果

通过土料运输过程采用防雨布覆盖和不覆盖对比温度监测分析，覆盖防雨布对运输土料表层及以下 5cm 厚范围内的土料有一定的保温效果。

4.1.3 冻土与非冻土连续施工研究

填筑面未解冻时，直接填筑新鲜土料，其密度与常规（填筑面土料为正温）状态下填筑密度无明显变化。

4.1.4 不同保温材料的保温性能试验

通过不同土工膜复合保温材料研究，采用三布两膜（土工布＋HDPE 土工膜＋土工布＋HDPE 土工膜＋土工布）基本可用于气温为－5～0℃填筑面保温施工。但是经重复使用后，外侧无纺土工布吸水后自重较重，增加了现场收放难度，同时，无纺土工布吸水后该部位无保温效果，实际仅为 HDPE 土工膜＋无纺土工布＋HDPE 土工膜。建议采用的保温材料为两膜一布（HDPE 膜 0.2mm＋600g 短纤维土工布＋HDPE 膜 0.2mm)，幅宽采用 6.0m。该土工布能有效保证土料在低温时段不受冻且有较好的防水性，重复利用价值最高。当气温低于－5℃时，需专项研究其保温措施。

4.1.5 土料场原状土料温度连续监测

原状土料不同深度的温度连续观察结果表明，在日循环过程中，浅层范围土料存在吸热、放热过程，导致日最高温度时段表层土温高于气温，日最低温度时段表层土温略高于气温。

4.1.6 掺和场不同铺料方式研究

通过对砾石土料互层结构两种铺料方式“先粗后细”（土料在上）和“先细后粗”（砾石在上）的研究，采取砾石在上的条件下，其下部土料温度始终维持在 6℃左右，在冬季施工期采用“砾石在上，黏土在下”的互层方式进行砾石土掺拌可有效保证接触黏土料免受低温影响，质量满足要求。

4.1.7 不同比例冻土及冻块解冻试验

通过不同比例冻土与非冻土混合解冻时间监测和不同粒径冻土块解冻时间监测成果分析，7.3cm 的冻土块与常温土混合后（冻土块温度低于－3.5℃）在运输、摊铺工艺环节可融化，30％的冻土与常温土混合后在运输、摊铺工艺环节可融化。

4.2 采取的措施

4.2.1 料场土料开采

开采区选择在阳面（日照区域）、覆盖层随开采随剥离、小范围集中开挖的方式进行，开采在白天正温时段（日班 10：00 后），结合开挖面土料情况对低温或负温土料剔除。

4.2.2 土料运输

土料运输时在车厢顶部覆盖防雨布，保温保湿。运输在白天正温时段进行，减少运输环节的温度损耗。

4.2.3 土料掺配

砾石土料在日高温（正温）时段进行含水率调整（补水），避免出现结冰现象。砾石土料按照随掺随用的原则，与大坝填筑同步。部分已掺配土料需要过夜时采用三布两膜保温材料覆盖。掺配料装车过程中对负温土料进行剔除，避免负温土料上坝。

4.2.4 接触黏土调水备料

白天正温时段进行接触黏土料含水率的调整、成品料堆存。接触黏土按闷土、补水、取料分仓循环，在冬季制备过程中均采用土工膜（三布两膜）进行覆盖保护（结合气温情况在负温来临前完成）。

4.2.5 心墙填筑

心墙的填筑施工采取了被动保温措施，负温时段全面覆盖三布两膜保温材料，正温时段揭收保温材料，恢复施工。该阶段因采用人工覆盖，在该阶段均将保温材料裁剪成小块，以便于人工揭收，导致保温材料搭接面积较大，增加了覆盖难度，且在人工覆盖和揭收时工作量大、耗时长、效率低。

仓面面积较小，分上下游两仓施工，一个仓面上升 4 层后转到另一仓面施工，控制不同仓面循环作业时间，以减少每日人工覆盖和揭除保温材料工作量。

5 施工措施深化研究（第二阶段）

为提升保温材料覆盖和揭除效率，延长正温有效施工时间，研发了保温材料快速收放设备，并顺利投入使用，效果良好。

参建各方对第一阶段冬季施工措施认真总结，并提出了第二阶段冬季施工总原则：正温掺拌、松土不过夜、冻土不上坝、冻土不动。主要措施提炼如下：

(1) 大坝心墙加装实时气象显示屏，实时指导施工。

（2）土料场开采严格按照“正温开采，小面集中，运输覆盖”原则进行施工。

（3）投入使用1#掺和场，可大大缩短砾石土料运输距离，减小土料运输过程中的温度散失，加快坝面填筑供料速度，建议掺拌场尽量靠近大坝布置。

（4）掺拌场施工根据坝面填筑情况，正温适时掺拌，加大设备投入，快速作业，互层砾石在上保温，成品料保温被（三布两膜）覆盖，实时土温观测。

（5）心墙砾石土采用装载机作为收放平台收放保温被（两膜一布），提高了收放效率，基本上代替人工揭盖保温被，增加日有效施工时间。

（6）心墙填筑划分小区域轮换循环作业，有效利用白天正温时段土体蓄能，增加其抗冻能力。

6　冬季施工深化研究（第三阶段）

面对两河口水电站2018年大坝填筑的建设目标，大坝心墙冬季施工的重要性和迫切性愈加显现。如果仍然按照前两个“不容许冻结”即“冻土不上坝，上坝土不冻”的原则进行冬季施工，就必须继续进行以往繁琐保护土体的措施和方法，施工进度如受到恶劣天气影响，将无法满足工程总体进度安排。面对施工规范的严格要求，为充分保证施工质量，亟须实现冬季施工的改进、突破，简化防护方式，大幅提高冬季施工进度。

针对上述需求，开展压实土料和松铺土料在不同工况和冻融作用下的工程性质、材料组成、内部结构等方面的变化机理、过程、主控要素和变化规律等关键问题试验研究，从理论分析、室内试验和测试、现场实体试验和测试等不同层次和角度开展系统研究。

在系统、科学的试验数据基础上，调整保证冬季施工质量“填筑土控制冻结”的原则，建立新型冬季防控技术体系，有效指导冬季施工，加快施工进度。因此，开展相应研究就显得尤为重要和迫切。

6.1　深化研究成果

6.1.1　冬季土料温度变化过程与影响因素研究

通过对心墙实际施工两个阶段温度分析，心墙施工仓面加快轮流倒换施工，可使深部土料受冬季气温的时效性影响更少，使深部土温相对较高。鉴于已研制的保温材料快速收放设备，快速轮流倒换仓面施工，减少已碾好一定深度土料受冬季时效性带来的温度损失。

6.1.2　碾前松铺土料经冻结融化作用后的土体工程性质研究

通过室内和室外试验，对碾压前松铺土料经多次冻融进行压实度、渗透及力学性能试验。通过分析总结，在冬季施工过程中，碾前松铺土料在经受1～2次冻融循环后，再按正常参数碾压，其物理力学性质基本无明显变化。

6.1.3　压实土料经冻融作用后的土体渗透及力学特性研究

通过室内和室外试验，对压实后土料经多次冻融进行压实度、渗透及力学性能试验。通过分析总结，在冬季施工过程中，碾压后土体若经受1次以上冻融循环后，其渗透特性将会发生数量级变化，变形也会增大，应杜绝压实土料经受冻融影响。

6.1.4　压实土料经冻融作用后再压实的土体渗透及力学特性研究

通过室内和室外试验，对压实后土料经多次冻融后再进行压实，再进行压实度、渗透及力学性能试验。通过分析总结，在冬季施工过程中，压实土体经受冻融循环后再压实，可能因施工条件影响，未能完全清除冻融结构体，即使经过刨松上料再碾压后，也可能在防渗性能以及强度等方面产生影响。

6.2　施工措施研究

鉴于以上深化研究成果，通过参建各方的认真总结分析，将整个冬季划分为三个阶段：第一阶段浅冻期（初冬期）、第二阶段深冻期（含冬歇期）和第三阶段浅冻期（回暖期）。土料的开采、运输、掺配和备存等施工措施基本不变，对大坝心墙填筑施工措施进行优化。

6.2.1　第一阶段浅冻期（初冬期）

心墙采用松铺正温土料30cm覆盖或碾压面覆盖土工膜过夜保温措施，接触黏土覆盖一层土工膜（三布两膜）；因采用松铺土料30cm覆盖保温方法是心墙第一次采用，为保证心墙冬季施工质量，本阶段分不同时段做了不同生产性试验。

当采用松铺正温土料30cm覆盖保温措施时，按照“冻土不动”原则在正温时段施工（结合气温情况在负温来临前碾压面覆盖完成），安排专人进行心墙土料温度及冻融情况检测，等待土温检测及检查无冻土后确认土料全部融化再施工。当心墙连续出现－3℃及以下低气温，本着保证填筑质量原则，心墙区原则上全部覆盖保温材料土工膜（两膜一布），仅在下游区预留两个仓面继续进行松铺土料过夜生产性试验，对生产性试验区域每填筑3层进行一次原状样渗透试验取样，试验区域松铺土料等待土温检测及检查无冻土后确认土料全部融化再施工。

6.2.2　第二阶段深冻期（含冬歇期）

6.2.2.1　深冻期

根据冬季气温时段划分标准，当气温在－5℃以下或连续3天日最低气温在－3℃以下属于冬季深冻期阶段。深冻期心墙砾石土全面采用松铺土料（30cm）仓面加土工膜（两膜一布）覆盖，接触黏土采用双层土工膜（三布两膜）覆盖措施；心墙施工按照“冻土不动”原则在正温时段施工（结合气温情况在负温来临前全部覆盖完成)，每日对土工膜下砾石土和黏土土温进行检测，检查土料是否受冻。

为进一步研究“压实土覆盖保温材料过夜”可能性，提高深冻期心墙填筑工序转换的灵活性，使用加厚保温材料（两膜一布，即 LDPE 土工膜 0.2mm＋无纺土工布 800g＋LDPE 土工膜 0.2mm）覆盖下游砾石土一个仓面，通过对比证明了采用加厚的两膜一布可进一步提升保温效果，可在深冻期投入小范围使用，进而达到工序轮转的灵活性，提高心墙土料填筑施工效率。

6.2.2.2 冬歇期

冬歇期心墙砾石土全面采用松铺土料（30cm）覆盖，再采用 26t 平碾静碾两遍，最后采用土工膜（两膜一布）覆盖，接触黏土采用双层土工膜（三布两膜）覆盖措施，安排专人进行冬歇期的相关温度统计。采用该保温方式，有效保证了碾压面不受冻，同时通过复工检查，土料表面含水率均匀，保水效果良好，无需剔除松铺土料，可以快速复工。

6.2.3 第三阶段浅冻期（回暖期）

心墙土料采用与第一阶段浅冻期相同的保温措施进行施工，即心墙采用松铺正温土料 30cm 覆盖或碾压面覆盖土工膜过夜保温措施，接触黏土覆盖一层土工膜（三布两膜）。

7 取得的工程效果

两河口水电站冬季施工时段主要集中在 11 月中旬至次年 2 月中旬，时长达 3 个月之久。通过本工程三年来冬季施工数据统计，实际有效施工时间较原投标阶段有效施工天数大大减少。在没有可供借鉴的成功经验基础上，通过参建各方的研究，采取上述有效的施工措施，保证了两河口超高心墙堆石坝的质量要求，施工进度满足要求。截至 2019 年 9 月底，大坝心墙填筑较原合同工期提前了 7～8 个月，其中冬季施工进度的保障起到了至关重要的作用。

8 结语

两河口水电站大坝心墙冬季施工采取了一系列有效的措施，较好地解决了大面积砾石土受冻的问题，满足工程进度要求，总结固化形成了一整套心墙冬季施工工艺，填补了高寒高海拔地区超高心墙堆石坝建设的空白，为类似工程施工提供了宝贵的经验，也为常年冻土地区如何在初冬期或回暖期组织有效的施工提供了借鉴。

水介质换能爆破技术机理探讨

胡胜丰/中国电建海外投资有限公司

秦健飞　秦如霞/中国水利水电第八工程局有限公司

【摘　要】 水介质换能爆破技术于2016年研发成功并开始生产性应用，当时从热力学、化学视角对其破岩机理进行了推理论证。为了证实其爆破机理的正确性，2019年开展了水介质换能爆破技术机理验证试验研究并取得突破性进展，于2019年12月20日顺利通过中国电建海外投资有限公司组织的验收。验证试验研究成果对水介质换能爆破技术的爆破机理进行的研判证实，原先的推论是正确的，同时较为全面地诠释了水介质换能爆破技术的卓越功效以及全面降低炸药爆炸危害的内在原理。

【关键词】 水介质换能爆破系统　爆炸仓　制氢装置　热分解　二次爆炸　模拟试验

1　引言

2019年，我们研制了一套小当量爆炸仓装置及高温高压水蒸气制氢装置测试系统，开展不同介质的爆炸参数对比测试、数据分析研究；同时进行常规爆破与水介质换能爆破的模拟试验和原型试验对比研究，以求更深入探明水介质换能爆破技术的破岩机理。

试验研究表明，由于炸药和水介质处在炸药爆炸的高温高压封闭绝热的特殊条件下，炸药爆炸的热能将转换为水介质的内能，水介质被激活，水介质键能提高，水介质和炸药被分解为氢气、氧气、氮气、二氧化氮等爆生气态物质，同时具有强大的压缩势能并能维持一定时间的“准静态爆破”时程。由于爆生气态物质产生的膨胀压力远大于被爆介质的抗压强度，此时压缩势能将转换为高温高压气态物质的膨胀动能挤压、破碎被爆介质而做功，做功过程中其化学键键能减小，重新合成雾态水。

试验研究表明，由于水介质换能爆破时程的大幅度延长，各种爆破危害作用得到大幅度减小。在绝热的“水介质换能爆破系统”中，能量转换效率高，因此炸药的爆炸能量利用率得到有效提升。常规爆破与水介质换能爆破的模拟试验和原型试验对比研究，同时证实了这种能量转换的客观现象和规律——这就是水介质换能爆破技术破岩机理的内涵所在。

2　爆炸仓试验成果研判

2.1　热分解反应与爆炸

水介质换能爆破的最优值 M 反映了这样一种现象[1-3]：在微观分子世界，从分子热力学分析可知，分子运动的动能表达式为 $E_k=\frac{1}{2}mv^2$，分子的摩尔质量越大、分子的运动速度越快，分子的动能就越大。摩尔质量大的炸药分子撞击摩尔质量小的水分子，炸药就较为容易激活水分子，使水分子的化学键键能升高而断裂生成氢和氧。

当温度高于常温或只有在加热升温情况下才能发生的分解反应叫热分解，化学爆炸是热分解的一种特殊形式。热分解反应会有气体产生，所产生气体的压力等于外压时的温度叫分解温度。物质的分解温度越高，热分解越困难，热稳定性也就越好。硝酸盐、铵盐、碳酸氢盐、重铬酸铵等都是常见的易受热分解的盐。

工业炸药的主要成分是硝酸铵，因此分析研究硝酸铵的热分解规律就剖析了炸药的热分解规律。硝酸铵的分解温度不同，分解产物也不同。例如在110℃时，$NH_4NO_3 \xlongequal{} NH_3+HNO_3+<123kJ$；在110～200℃时，$NH_4NO_3 \xlongequal{} N_2O+2H_2O+<123kJ$；在230℃以上同时有弱光时：$2NH_4NO_3 \xlongequal{} 2N_2+O_2+4H_2O+<123kJ$；在400℃以上时，会发生爆炸，$4NH_4NO_3 \xlongequal{} 3N_2+2NO_2+8H_2O+123kJ$；在3000℃以上时，随温度的升高硝酸铵会发生固态物质的强烈爆炸，其化学反应

过程为 $4NH_4NO_3 = 3N_2 + 2NO_2 + 8H_2O + 1472kJ$[4-6]。为什么热分解反应温度升高至3000℃以上时，释放的热能扩大了一个数量级还多，其根本原因就是硝酸铵分子的动能增大激活了水的分解与合成，亦即在高温高压下爆生产物可以激活水的分解与合成，从而释放高一个数量级的热能[7]。

爆炸，是指一个或一个以上的物质在极短时间内以恒定的速率辐射性高速胀大，短时间内聚集大量的热，使气体体积迅速膨胀、急速燃烧，爆炸的定义主要是指在爆炸发生时产生稳定的爆轰波。爆炸是一种极为迅速的物理、化学能量释放过程，此过程中，空间内的物质以极快的速度把其内部所含有的能量释放出来，转变成机械功、光和热等能量形态。

在4000℃左右时，“炸药＋水介质”会发生固态物质的更为强烈的爆炸并激发气态物质爆炸，称为“二次爆炸”，其化学反应方程式为：$4NH_4NO_3 + 5H_2O = 3N_2 + 2NO_2 + 13H_2O + 1472 \sim 2392kJ$。在水介质换能爆破的化学反应式中，水介质的注水总量随着炸药的品种不同或随着炸药的爆热不同而变化，炸药的爆热越高，注水量越多，一般水介质维持在5～6mol范围，这与我们的水介质换能爆破工程实践是完全相符的。

2.2 常规爆破与水介质换能爆破爆炸现象的差异

采用9999帧/s高速摄影仪拍摄到了爆炸仓内“50g乳化炸药”与“50g乳化炸药＋15g水介质”两种爆炸过程存在明显差异的图像（见图1）。

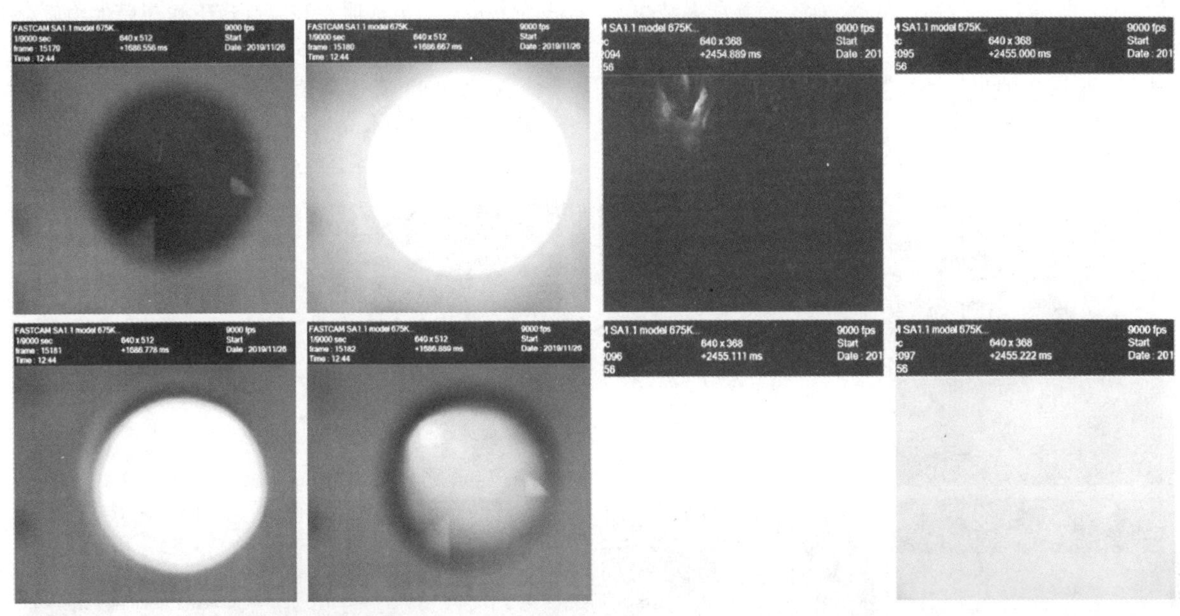

(a) 常规爆破炸药爆炸高速摄影图
(1686.556～1686.889ms,0.333ms)

(b) 水介质换能爆破爆炸高速摄影图
(2454.889～2455.222ms,0.333ms)

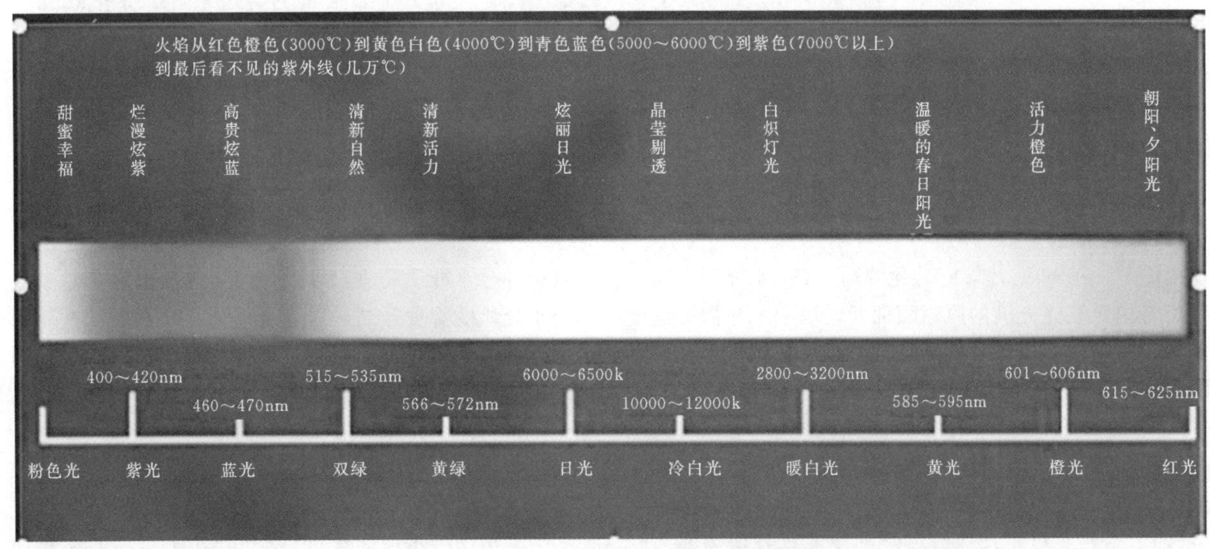

(c) 色温图

图1 常规爆破与水介质换能爆破爆炸现象的差异图

图1由焦距35mm高速摄影仪拍摄而得，已知物距$u=600$mm，按照高斯成像公式$1/u+1/v=1/f$计算出像距$V=37.168$mm，在焦距与两倍焦距之间成缩小的实像，然后按照几何相关关系可计算50g炸药无水介质爆炸时，爆炸火球最大直径为355.89mm，之后逐步变小到217.00mm，最终消失。而水介质换能爆破爆炸闪光充满仓体。

无水介质爆破炸药爆炸图像是有限大的球体范围[见图1（a）]，而水介质换能爆破图像却充满画面[见图1（b）]。这说明水介质分解为氢和氧后与炸药爆炸生成的氮气、二氧化氮、水蒸气等混合气体充满仓体，因此爆炸范围是全部气态物质，所以看到的是充满画面的爆炸图像。与色温图[见图1（c）]对比可知，常规爆破炸药爆炸瞬时温度为3000℃左右，水介质换能爆破爆炸瞬时温度为4000℃左右。

由于炸药爆炸的反应速度非常快，一般在10^{-5}～10^{-6}s内完成，爆炸传播速度一般在3200～9000m/s。而炸药爆炸生成爆生气态物质时产生相当大的热量，当物质的分解热大于80kJ/mol时，在激发能源的作用下，火焰就能迅速地传播开来，其爆炸是相当激烈的。在一定压力下容易引起该种物质的分解爆炸，在炸药爆炸的特殊条件下水介质会分解为氢和氧（本文3.4节同时说明了这种现象），换句话说，因炸药爆炸的后续火焰点燃了氢气与其他混合气体，水介质换能爆破产生了几乎与炸药爆炸同时发生的“二次爆炸”现象，否则不会呈现图1（b）的图像。这种“二次爆炸”现象是普通炸药爆炸无法观测到也不可能发生的。

工业炸药的主要成分是硝酸铵。硝酸铵在3000℃发生分解反应的爆热为什么比硝酸铵在400℃的爆热高出一个数量级？水介质换能爆破为什么爆炸瞬时温度更高？其实都是炸药快速热分解时生成氢和氧合成水释放大量热的缘故，也就证明在高温高压下炸药爆生物质存在氢和氧，氢和氧在炸药爆炸后合成水释放大量的热造成[7]。

采用9999帧/s高速摄影仪拍摄到爆炸仓内“50g乳化炸药+15g水介质”与“50g乳化炸药+50g水介质”两种爆炸过程同样存在明显的差异（见图2）。

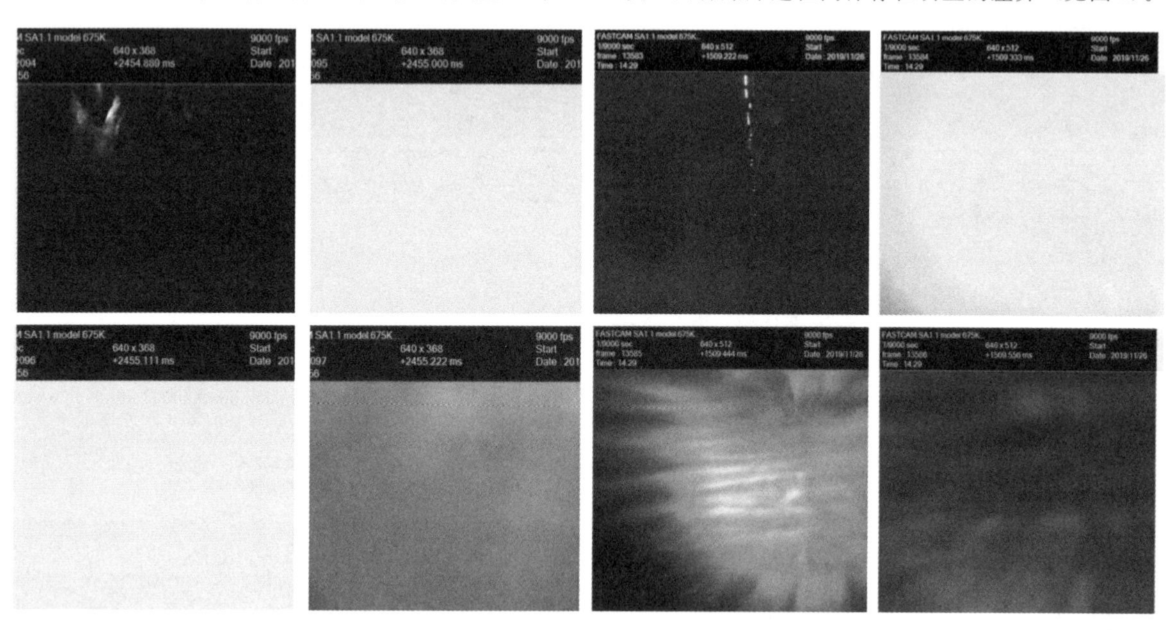

(a)“50g乳化炸药+15g水介质”爆炸高速摄影图

(b)“50g乳化炸药+50g水介质”爆炸高速摄影图

图2 “50g乳化炸药+15g水介质”与“50g乳化炸药+50g水介质”爆炸现象的差异图

由图2（a）可见，“50g乳化炸药+15g水介质”爆炸瞬时有白色亮光充满的两幅画面，这说明水介质分解为氢和氧后与炸药爆炸生成的氮气、二氧化氮、水蒸气等混合气体充满仓体，因此爆炸范围是全部气态物质，所以看到的是充满画面的爆炸图像。图2（b）可见“50g乳化炸药+50g水介质”的爆炸没有两幅白光图像。这说明只是发生了靠近炸药一定范围的“二次爆炸”，因为水介质过量使炸药爆炸的热能在转换为靠近炸药部分水介质内能，使之分解为氢和氧的同时很快被其余部分水介质吸收，导致炸药爆炸热能转换为其余部分水介质的温度升高，但其余部分水介质温度升高的内能未能达到提高水介质化学键键能到化学键断裂，因此无法分解为氢和氧或无法完全分解足够的水介质。这再一次证明了水介质换能爆破最优值M的正确性。

2.3 爆炸仓内冲击波超压测试

利用小当量爆炸仓进行100g乳化炸药的爆炸冲击波超压试验，完成了不同介质下的爆炸参数（如真空情况下、空气介质、水介质等）对比测试、数据分析。测试的超压装置包括电荷放大器、力科数字示波器-HDO 4034以及CY-YD-202压电式压力传感器等。试验参数及不同情况下的超压值见表1。

表1　乳化炸药不同爆炸条件超压测试值

药量/g	水量/g	药包距离/m	V_m/mV	实测值ΔP_m/kPa
100（真空）	0	0.4	523	276
100（空气）	0	0.4	767	414
100（真空）	15	0.4	552	293
100（空气）	29	0.4	852	452

图3给出了试验测得的超压-时间（$\Delta P-t$）曲线，从图中可以看出，加水情况超压测试值比不加水的大得多。爆炸仓内空中爆炸冲击波的传播规律明显不同于无约束真空中爆炸，不同药量冲击波的$\Delta P-t$曲线都会出现多个峰值压力，且首个冲击波压力峰值均大于后续压力峰值。这是因为炸药在爆炸仓内爆炸后，形成的爆炸冲击波会受到爆炸仓壁面的约束，在壁面间产生多次反射，各个反射波之间相互作用、相互叠加，导致了爆炸容器内超压测试曲线出现了多峰值超压；同时随着能量的逐渐衰减，波形经过多次震荡后逐渐趋于稳定。

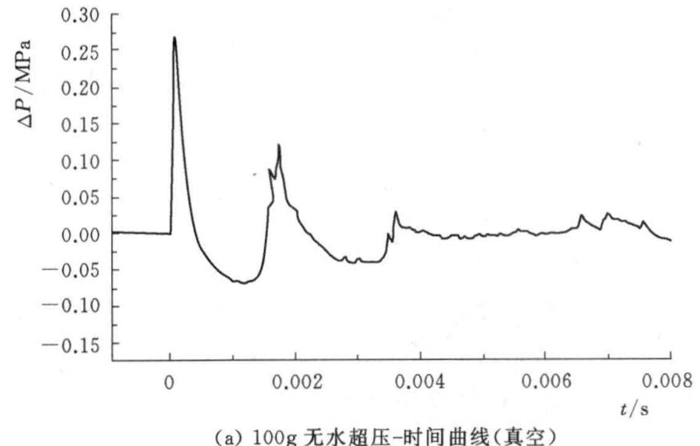

(a) 100g 无水超压-时间曲线(真空)

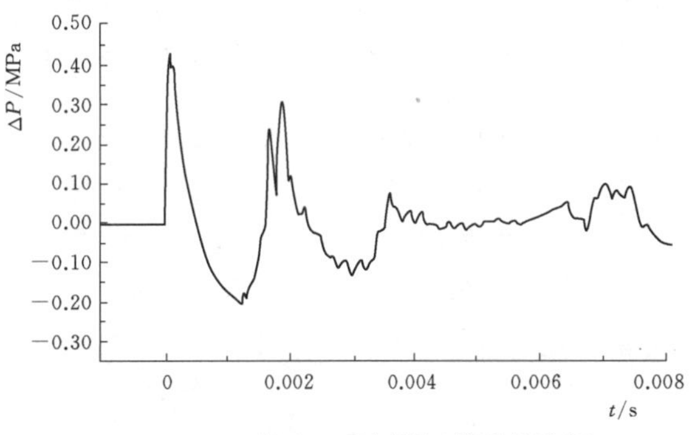

(b) 100g 无水超压-时间曲线(空气)

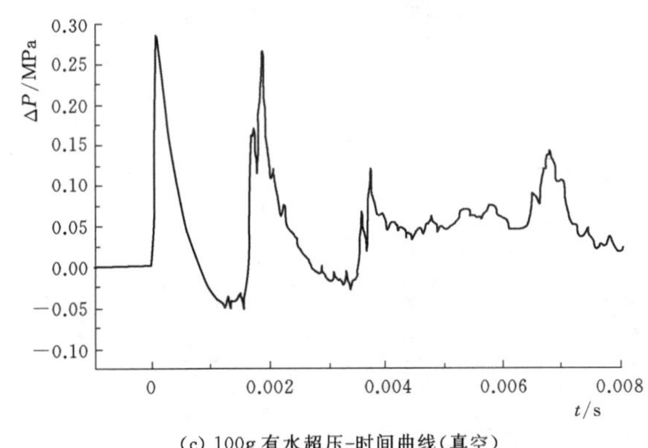

(c) 100g 有水超压-时间曲线(真空)

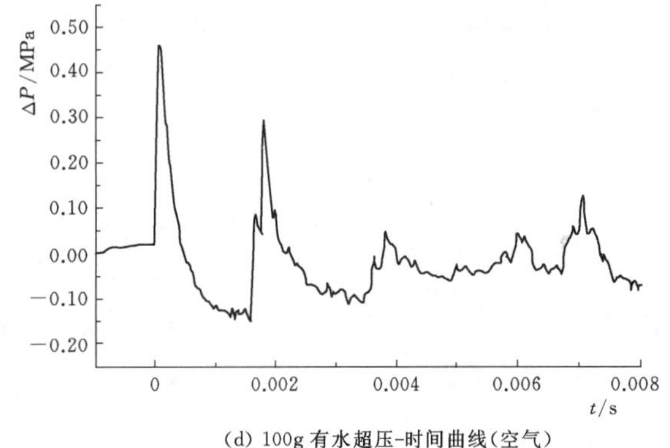

(d) 100g 有水超压-时间曲线(空气)

图3　爆炸仓测试超压-时间曲线

从图3还可以看出，有水介质的爆破压力维持有压持续时间明显大于无水介质爆破，前者维持时间为7.0ms，后者维持时间为3.8ms左右，前者比后者爆破压力维持时间延长了84.2%，水介质的爆破压力维持时间是常规爆破的1.84倍。这充分说明水介质换能爆破的爆炸时程比常规爆破有大幅度的延长，爆炸能量可以得到“较为缓慢”的释放，犹如核电站较为缓慢释放原子能可以消除核爆炸危害一样，水介质换能爆破大幅度地减少了各种爆破危害。

2.4　爆炸仓试验小结

综上所述，水介质换能爆破与常规爆破高速摄影观测及冲击波超压测试表明：

(1) 水介质换能爆破有“二次爆炸”发生。

(2) 水介质换能爆破能够大幅度延长“准静态爆破”时程，这是各种爆破危害得到大幅度降低的主要原因。

(3) 在水介质换能爆破中，爆破炮孔装药与水介质的质量比的最优值M的正确性通过爆炸仓小当量炸药爆炸试验高速摄影观测照片得到了有力的验证。

3　制氢装置试验成果研判

3.1　水蒸气制氢装置研究目标

通过不同温度、压力下生成氢气的测定，证实不同温度、压力下生成氢气的多少进一步验证水介质的分解度曲线。

3.2 水蒸气制氢装置设计

目前钢材强度无法满足非常态高温高压的要求，只能采取限制在温度1000℃、压力35MPa的小范围测试。

（1）制氢装置采用0Cr17Ni12Mo2耐锈蚀不锈钢制作成封闭管状，制氢装置按照能够安全承受35MPa压强设计制作（军用航空合金钢最高耐温800℃时，抗拉强度245MPa）。

（2）采用加热炉外部加热。

（3）采用热电偶温控感应装置连接加热系统使制氢装置可以很方便设置不同的恒定温度。

（4）制氢腔中设置有可以存放铁粉的坩埚，按照制氢腔内的不同压力可以计算出不同温度的加水量和铁粉量，水介质直接加入制氢腔内，铁粉则存放在坩埚中。

（5）按照不同温度和压力加温，并且保持设置温度5min不变，待炉温降低接近常温时用分析天平称量坩埚中反应生成物的质量，即可得到各种状态的水介质分解百分比，以此分析水介质的分解规律。

3.3 水蒸气制氢试验研究

采用化学反应前后质量对比分析可以分析水介质的分解规律。坩埚中的铁粉在一定温度下会被水介质分解生成的氧气氧化为四氧化三铁。因此比较坩埚内化学反应前后的质量，即可得到铁粉被氧化量，从而可以计算水介质分解量。

铁粉在高温条件下可参与以下两个化学反应：

$$3Fe+2O_{2(空气)}=Fe_3O_4 \tag{1}$$

$$3Fe+4H_2O=Fe_3O_4+4H_2 \tag{2}$$

根据上述反应可得，生成的Fe_3O_4与Fe的质量差即为Fe_3O_4中氧元素的质量。Fe_3O_4中的氧元素有两个来源，一个是制氢腔中的空气环境氧，一个是与水蒸气反应捕获的氧。因此可得：

$$\Delta m_{氧元素}=m_{四氧化三铁}-m_{铁粉} \tag{3}$$

$$\Delta m_{水来源氧元素}=m_{氧元素}-m_{环境氧元素} \tag{4}$$

根据式（2）可得，每生成1mol氧元素，即可生成1mol氢气分子。氢气分子生成物质的量与水分子消耗物质的量相等。因此可得：

$$n_{氢气分子}=\frac{\Delta m_{水来源氧元素}}{16} \tag{5}$$

$$n_{水}=n_{未反应水}+n_{氢气分子} \tag{6}$$

每当有1mol水来源氧元素生成，即有1mol水分子分解，因此可得：

$$\omega_{水的分解度}=\frac{\frac{\Delta m_{水来源氧元素}}{16}\times 18}{m_{水总质量}} \tag{7}$$

达到特定温度反应后，制氢腔存在的物质为Fe_3O_4、Fe、N_2、H_2O、H_2，可成为气态的物质为N_2、H_2O、H_2。根据理想气体状态方程可得：

$$P=\frac{nRT}{V} \tag{8}$$

式中：n为N_2、H_2O、H_2的物质的量的总和，由式（6）可得，H_2O、H_2的物质的量等于反应前加入水的物质的量；V为0.0721dm^3（制氢腔体积）；R为8.314×10^3Pa·L/(mol·K)；T为反应温度，K。

根据上述计算过程，可得试验成果（见表2）。

表2 制氢装置试验成果表

序号	反应温度/℃	$m_{四氧化三铁}$/g	$m_{铁粉}$/g	$m_{水}$/g	$\Delta m_{氧元素}$/g	$\Delta m_{水来源氧元素}$/g	$\omega_{水的分解度}$/%	制氢腔内压力/MPa
1	250	9.605	9.346	4.056	0.259	0.054	1.50	13.74
2	400	16.051	15.614	6.778	0.437	0.232	3.85	29.42
3	650	12.96	12.7	5.646	0.26	0.055	1.09	33.65
4	650	12.147	11.825	5.117	0.322	0.117	2.57	30.52
5	650	12.058	11.381	4.936	0.677	0.472	10.76	29.45
6	650	10.925	10.519	4.671	0.406	0.201	4.84	27.88
7	750	10.8086	10.2857	4.523	0.5229	0.318	7.91	29.93
8	900	9.532	8.9585	3.992	0.5735	0.368	10.38	30.33

通过对250℃、400℃、650℃、750℃、900℃时水的分解率进行拟合分析，获得以下拟合方程式（9），拟合曲线如图4所示。

$$y=2.294\times10^{-6}x^{2.231}+1.468 \tag{9}$$

$$R^2=0.9543$$

对上述方程进行外推计算，当水全部分解（$y=100$）时，温度x值为2638℃：

$$100=2.294\times10^{-6}x^{2.231}+1.468$$

$$x^{2.231}=\frac{100-1.468}{2.294\times10^{-6}}$$

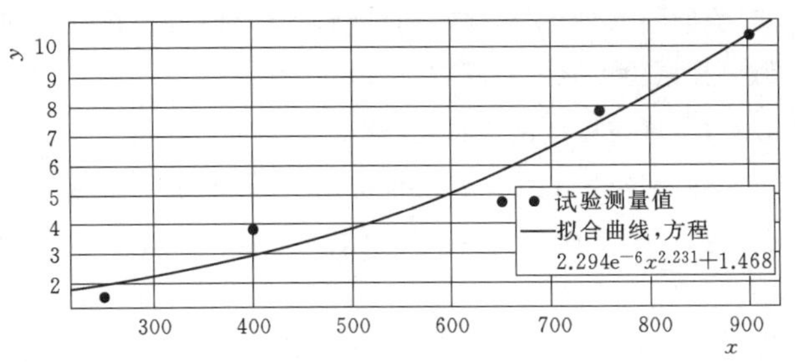

图4 试验拟合曲线

$$x=2638.32$$

3.4 水蒸气制氢小结

(1) 压力恒定时，对成果进行回归分析表明，水介质分解度随温度升高几乎呈直线上升；结合爆炸仓高速摄影观测图像和色温对照表可知，水介质换能爆破爆炸瞬间温度可达4000℃左右，在爆炸瞬间水介质可以完全分解为氢和氧。

(2) 温度恒定时，水介质的分解随压力升高略呈下降趋势，但是没有规律性。

4 爆破应力验证试验研判

4.1 爆破应力原型监测

4.1.1 原型监测目的

根据现场爆破钻孔作业台阶抵抗线方向（径向，即 y 向）以及钻孔作业台阶高度方向（竖向，即 z 向）的应力变化对两种爆破方式进行同参数对比监测，对距离常规深孔爆破和水介质换能深孔爆破最后一排钻孔5m、10m、15m岩石5m孔深处应力变化以及应力波衰减速度进行对比监测，以了解不同爆破方式在岩石中的应力分布情况（见图5）。

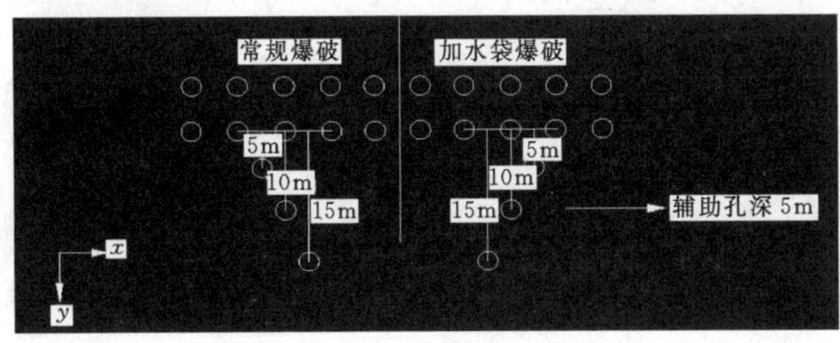

图5 炮孔及监测孔分布图

4.1.2 原型监测仪器及设备

监测仪器及设备采用超动态应变仪、数据采集器、应变片、应变砖（瓷片3.8cm×4.8cm）、胶布、胶水、PVC管（6m×6）、数据信号线等。

4.1.3 原型监测成果

原型监测现场爆破对比试验单响药量见表3，监测成果见表4。

表3 原型监测现场爆破对比试验单响药量最大值

爆破工艺	常规爆破	水介质换能爆破
单响药量最大值/kg	468	292.8

表4 原型监测现场爆破对比试验应力监测成果

距离/m	常规爆破		水介质换能隔爆破	
	Y向应力/MPa	Z向应力/MPa	Y向应力/MPa	Z向应力/MPa
5	16.8	5.88	12.73	4.45
10	5.65	2.18	0.78	0.173
15	未测到			

因为表4反映的是现场对比试验单响药量最大值时的应力，因此必须换算为同等药量进行考量。换算成100kg单响药量的爆破应力对比见表5，应力对比曲线见图6。

表5 原型监测100kg单响药量的爆破应力对比表

距离/m	常规爆破		水介质换能爆破	
	Y向应力/MPa	Z向应力/MPa	Y向应力/MPa	Z向应力/MPa
5	3.59	1.26	4.34	1.52
10	1.21	0.47	0.84	0.60
15	未测到			

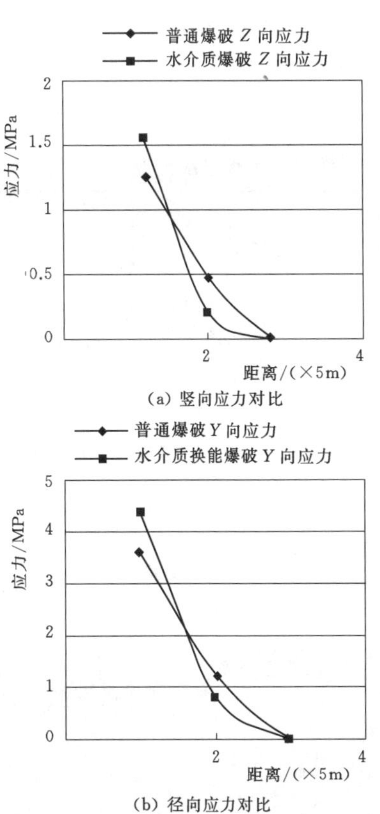

图6 不同爆破工艺应力对比曲线

4.1.4 现场原型监测小结

由表 5 及图 6 明显可见，水介质换能爆破在炮孔附近被爆介质中产生的应力明显大于常规爆破，增量为 21%，但是应力衰减比常规爆破快，其差异主要是由于前者是急剧膨胀挤压应力，后者是冲击波应力。

4.2 爆破应力模拟试验

因为混凝土各向同性比现场岩石好，避免了现场围岩的地质构造对试验成果的影响，因此采用混凝土试块做模拟试验更能说明问题。

4.2.1 爆破模拟试验布置

浇筑两个 150cm×150cm×80cm 的混凝土试块，分别按照图 7 所示打孔，炮孔深 30cm，分别距离炮孔中心 10cm、20cm、30cm 设置深 30cm 的应变砖放置孔。

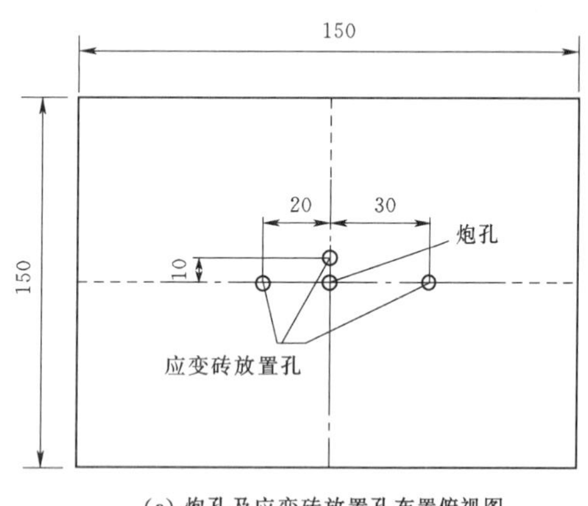

(a) 炮孔及应变砖放置孔布置俯视图

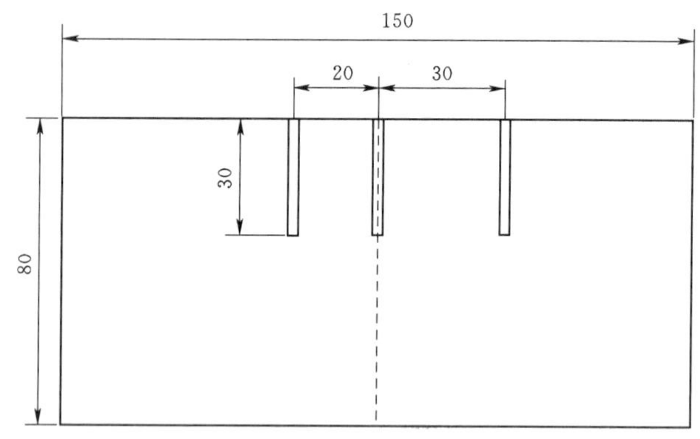

(b) 炮孔及应变砖放置孔布置正视图

图 7 模拟试验布置图（单位：cm）

4.2.2 爆破模拟试验成果

试验成果见表 6，由表 6 生成的应力对比曲线见图 8。

表 6 模拟试验爆破应力监测成果表

测点距炮孔距离/cm	径向应力/MPa		竖向应力/MPa	
	有水	无水	有水	无水
10.0	389.32	340.13	247.54	205.26
20.0	172.65	159.36	59.31	37.31
30.0	104.28	87.32	24.5	5.56

4.2.3 爆破应力作用时间对比

模拟试验爆破应力测试波形图可见水介质换能爆破比常规爆破应力作用时间明显延长（见图 9）。

4.2.4 爆破模拟试验小结

(1) 水介质换能爆破比常规爆破在被爆介质中所产生的应力增加 20%左右。

(2) 水介质换能爆破比常规爆破应力作用时间延长 16%～17%。

(3) 模拟试验和原型试验的监测成果一致，模拟试验更真实地揭示了水介质换能爆破的力学特征。

(4) 爆破应力增强、应力作用时间延长是水介质换能爆破比常规爆破炸药能量利用率明显提高、爆破危害全面减小的内在原因。

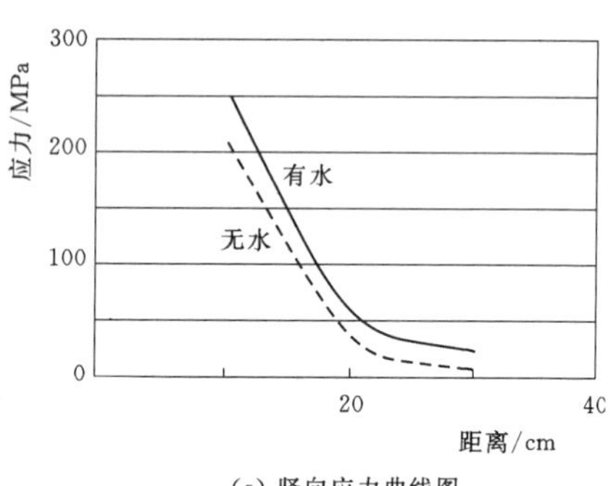

(a) 竖向应力曲线图

500
400
300
200
100
0
应力/MPa
有水
无水
20
40
距离/cm

(b) 径向应力曲线图

图 8 模拟试验应力对比曲线

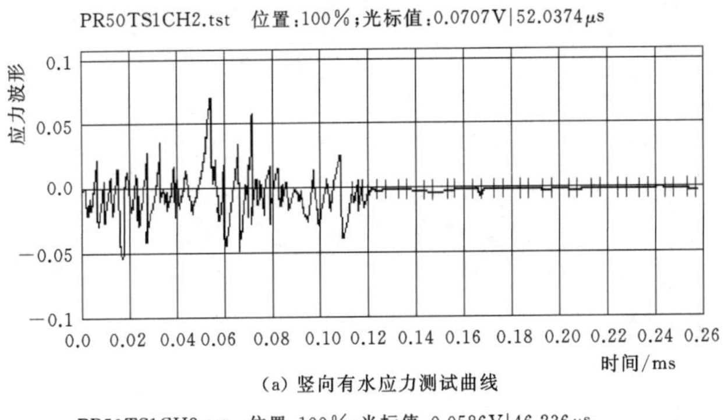

(a) 竖向有水应力测试曲线

PR50TS1CH2.tst 位置:100%;光标值:0.0586V|46.236μs

(b) 竖向无水应力测试曲线

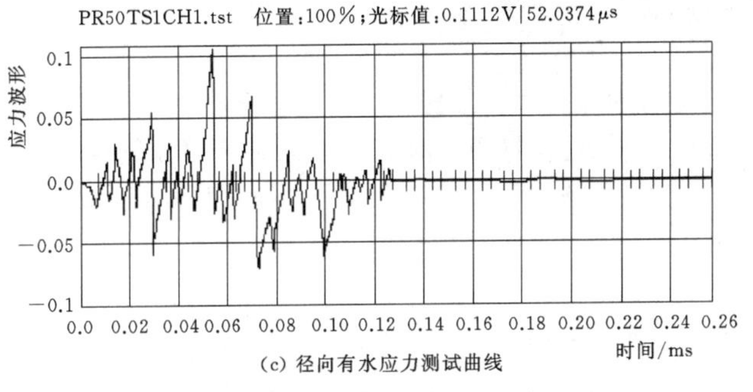

(c) 径向有水应力测试曲线

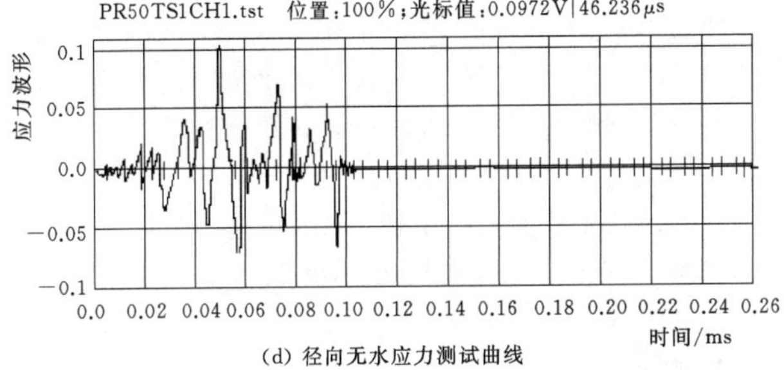

(d) 径向无水应力测试曲线

图 9 模拟试验应力测试曲线图

5 结语

(1) 通过将近一年时间，对小当量爆炸仓装置测试系统及高温高压水蒸气制氢装置测试系统，开展不同介质的爆炸参数对比测试、数据分析研究以及常规爆破与水介质换能爆破的模拟试验和原型试验对比研究，验证了在 2016 年对水介质换能爆破破岩机理的推论是正确的。

(2) 试验验证研究成果表明，在水介质换能爆破系统中由于炸药＋水介质处在炸药爆炸的高温高压封闭的绝热条件下，水介质被激活，炸药爆炸的热能转换为水介质的内能，即炸药＋水介质分解为氢气、氧气、氮气、二氧化氮等爆生气态物质，这些混合气体发生“二次爆炸”具有很高的压缩势能并且维持一定时间的“准静态爆破”过程，由于爆生气态物质产生的压力远大于被爆介质的抗压强度，此时压缩势能将转换为膨胀动能急剧膨胀挤压、破碎被爆介质而做功。在压缩势能转换为膨胀动能做功的过程中，水介质由于能量损失，其化学键键能减小重新合成雾态水，试验研究还证明由于水介质换能爆破时程的大幅度延长，各种爆破危害作用得到大幅度减小。由于在水介质换能爆破系统中能量转换是无损转换，只是在膨胀做功时才发生能量损失，因此炸药爆炸能量利用率得到有效提高。

(3) 水介质换能爆破是压缩势能转换为急剧膨胀挤压被爆介质的动能做功，加之爆炸作用时程的延长大幅度削减各种爆破危害，从某种意义上说水介质换能爆破是一种“准静态爆破”，因此可以预见水介质换能爆破将在工程爆破特别是城市复杂环境下的工程爆破中发挥更多的作用。

(4) 试验验证研究还证实水介质换能爆破是炸药爆炸过程由于水介质的参与改变了炸药单独爆炸的物理化学状态的一种特殊爆炸现象。从分子热力学和化学的观点出发研判这种特殊爆炸现象建立的新破岩机理既符合经典爆破理论，也是对经典爆破理论的创新与发展。

参考文献

[1] 秦健飞，秦如霞. 水介质换能爆破技术 [J]. 采矿技术，2016，16 (6)：103 - 105.

[2] 秦健飞，秦如霞. 水介质换能爆破技术综述 [M]// 全国水利水电施工技术信息网，中国水力发电工程学会施工专业委员会，中国电力建设集团有限公司. 水利水电施工 2017 年第 3 辑. 北京：中国水利水电出版社，2017：93 - 96.

[3] 秦健飞，秦如霞. 水介质换能爆破技术的工程应用 [J]. 水电与新能源，2018，32 (7)：1 - 4.

[4] 王小红，郭子如. 硝酸铵的热分解和热稳定性研究现状 [J]. 煤矿爆破，2004 (1)：27 - 30.

[5] 钱新明，傅智敏，张文明，等. NH_4NO_3 和 NH_4ClO_4 的绝热分解研究 [J]. 含能材料，2001，9 (4)：156 - 160.

[6] 沈立晋，王旭光，宋锦泉. 非爆炸且不可还原农用硝酸铵热分解反应动力学的研究 [J]. 爆破与冲击，2005，25 (3)：222 - 238.

[7] 赵四新. 工业炸药爆热的测定和讨论 [D]. 南京：南京理工大学，2002.

BIM－4D 技术在施工进度管理中的应用研究

罗爱芳/中国水利水电第十二工程局有限公司

【摘　要】 樟嫩梓水库及供水工程施工，特别是拦河坝施工面临工期紧、任务重及施工进度管理复杂等问题。因此，本文以该工程为研究背景，以拦河坝为研究对象，提出一套基于 BIM－4D 技术的拦河坝工程施工进度管理方案，建立基于 Bentley 的拦河坝施工信息 3D 模型，通过利用 Synchro 4D 施工进度模拟软件将工期管理细化到 WBS 工序节点，实现了三维模型与施工进度的耦合关联，在很大程度上解决了本工程由于工期紧、任务重带来的项目施工进度管理问题，为水利水电施工探索了新的管理模式和方法。

【关键词】 BIM－4D 技术　拦河坝　施工进度管理

1　引言

随着水利水电工程技术的迅速发展，施工管理越来越趋向复杂化。为保证建设项目管理目标的实现，如何控制好进度在项目管理中尤为重要，进度优化是进度控制的关键。因此，许多学者通过在工程施工中引入 BIM 技术来探索解决施工进度管理问题。随着 BIM 技术的迅速发展，在施工进度中三维可视化的动态管理以及施工现场场地布置的动态管理已实现，其运用正在向 5D 技术甚至 6D 技术的方向迅速发展[1-2]。

为了适应现代化发展建设的施工动态管理，王婷等[3]以某公共建筑为工程背景，利用 Navisworks 软件关联由 Revit 建立的 BIM 模型和施工进度计划 Project 文件，动态演示整体和局部的施工过程以及施工场地布置情况，为工程管理者管理大型建设项目提供了新的途径和方法。

王胜军[4]在王婷等人的基础上，以河南天池抽水蓄能电站为工程背景，利用 Navisworks 软件关联由 Revit 建立的 BIM 模型和施工进度计划 Project 及 Primavera P6，动态演示整体和局部的施工过程以及施工场地布置情况，更加便捷了 BIM－4D 技术的应用。

为解决工期紧、任务重带来的项目施工进度管理问题，樟嫩梓水库及供水工程采用 BIM－4D 技术，从 BIM－4D 的功能性出发结合相关研究经验，详细阐述了 Synchro 4D 软件关联由 Bentley 建立的 BIM 模型和施工进度计划 Project、Primavera P3、Primavera P6 和 Excel 文件在施工进度管理中的应用过程及动态演示整体和局部的施工过程，剖析了 BIM－4D 技术在施工进度管理中的应用方法及应用价值，进一步挖掘 BIM 技术在项目施工过程中的应用潜力。

2　工程概况

樟嫩梓水库及供水工程位于浙江省罗阳镇岭北与碑排交界的翁溪上，工程由拦河坝、溢洪道、放空洞以及供水系统的樟岭隧洞、岭北溪管桥、岭泰隧洞、加压泵站、下游压力管道等部分组成。

拦河坝位于翁溪村上游约 900m 位置，为混凝土面板堆石坝，坝顶长 196.0m，最大坝高 80.5m，坝顶宽 6.0m，坝顶高程 587.00m，防浪墙顶高程 588.00m，上下游坝坡均为 1：1.4。

该工程项目集水面积 19.57km^2，水库总库容 994 万 m^3，正常库容 920 万 m^3，正常蓄水位为 585.00m，是目前温州市泰顺县规模最大的民生水库项目。

3　基于 BIM－4D 技术的施工进度模拟

BIM－4D 施工进度模拟技术可以将 Bentley 建立的 3D 模型和施工网络进度计划表链接而产生 4D 的施工进度模拟，即利用 Synchro 4D 施工模拟软件对带有工程信息的 3D 模型附加以时间的维度，通过 WBS 任务管理将信息模型以可视化工程构件的形象进行虚拟建造，进而来显示整个项目的建造过程。

BIM－4D 的技术目标是实现进度计划与工程构件的动态链接，通过甘特图及三维动画演示等多种形式直观地表达施工进度计划和施工过程，为工程项目的管理人员直观了解工程项目情况提供便捷的工具，为保证高效的施工管理、施工进度计划的优化与编制、现场施工进度管理、项目建设工期的缩短等带来帮助。

BIM－4D 技术思路如图 1 所示。

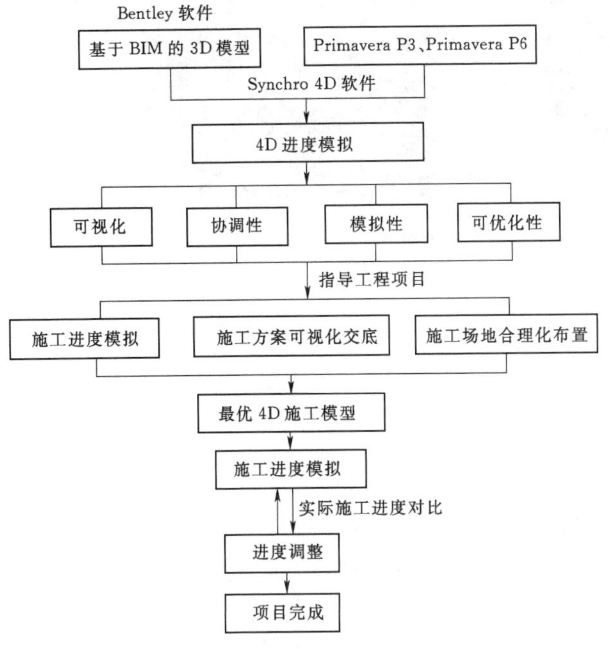

图 1　BIM－4D 技术思路示意图

BIM－4D 施工进度模拟技术在施工项目上的优越性主要体现在以下几个方面：

（1）BIM－4D 技术可以通过模拟整个项目的施工过程，有效帮助项目管理者合理安排施工现场的资源配置和施工场地布置。

（2）BIM－4D 技术可以优化专项重大技术方案，对需要做专家论证的专项方案进行筛选，并从中选出最优方案进行预演，也可以通过模拟动画将细部重要节点立体显示，进而实现对施工现场可视化技术交底，使施工人员可以直观地理解交底意图。

（3）BIM－4D 技术最重要的是可以实现对项目进度的精确计划，实时跟踪工程项目的实际进度，并把计划进度与实际进度进行比较，及时分析偏差对工期的影响程度以及产生的原因，采取有效措施实现对项目进度的控制，保证项目能按时竣工。

4　创建参数化 BIM－3D 模型

基于樟嫩梓水库及供水工程，以拦河坝为研究对象。创建参数化的 BIM－3D 施工模型是根据设计院提供的 CAD 图纸进行翻模，建模的精细程度满足系统应用的功能需求，能够确保现场施工与模型一致。同时可直接表现出结构物不同系统，不同部位构件的细节信息，能够更好、更直观地服务于施工，充分体现了 BIM－3D 模型的可视化性、协调性、可优化性和模拟性。

模型创建主要采用 Bentley 的 MicroStation Buildings Designer（原 AECOsim Building Designer）建模软件创建拦河坝的 3D 参数化模型，如图 2 和图 3 所示。

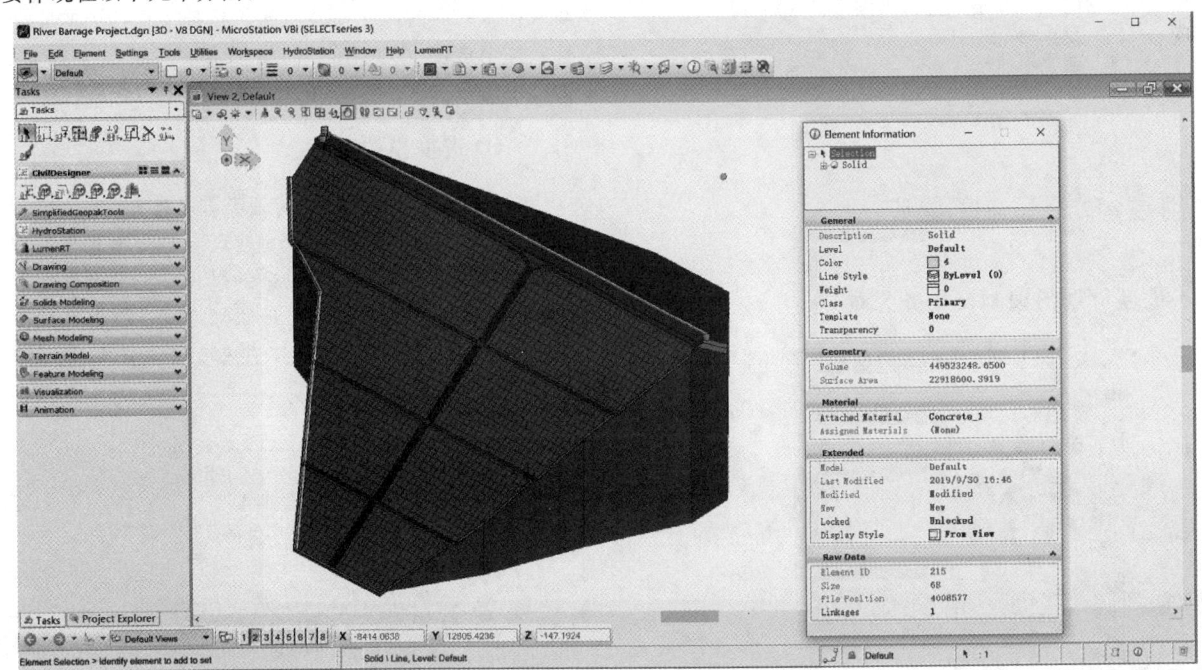

图 2　挡河坝 3D 模型

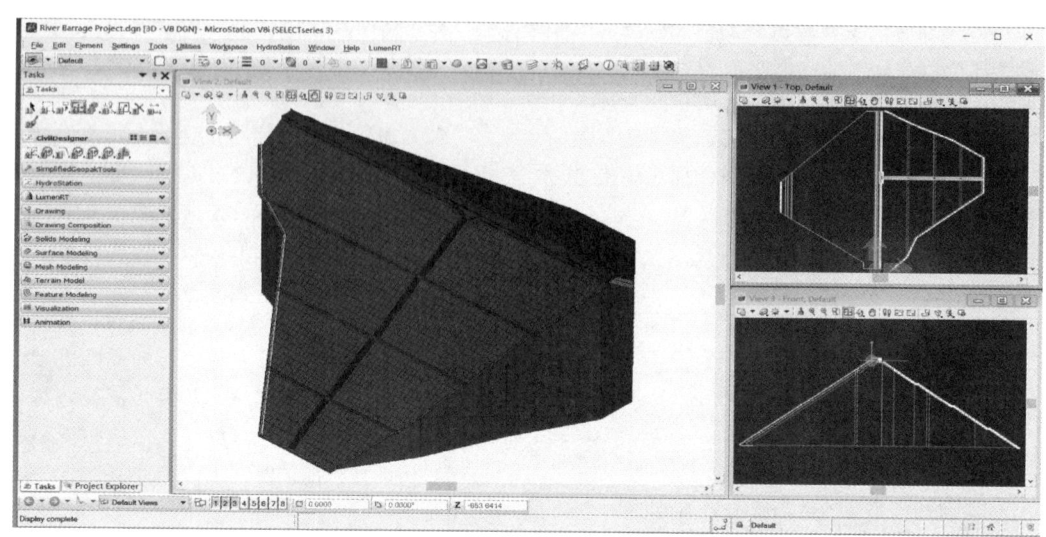

图 3　拦河坝 3D 模型的属性（附加工程信息）

拦河坝工程模型一般包括趾板、一期填筑、二期填筑、三期填筑、四期填筑及其他混凝土结构。结构建模主要按照先趾板、一期填筑、二期填筑、三期填筑、四期填筑的顺序进行建模，为了方便后期组合参考引用的模型，建模的过程中构件的命名需要按照规范统一格式命名，如“序号＋施工结构名称＋部位名称＋标准高程”，使其一目了然，各构件命名必须自始至终保持一致，如图 4 所示。

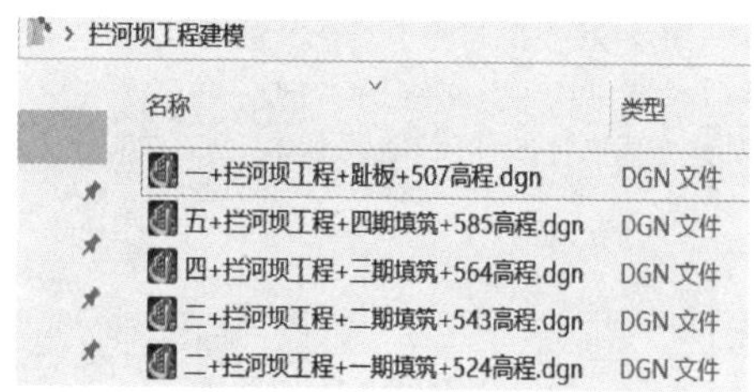

图 4　构件命名

5　创建 4D 施工进度模拟

5.1　进度计划的编制与任务关联

樟嫩梓水库及供水工程施工进度计划网络图作为施工进度管理的基础，以实现里程碑事件的进度目标作为进度控制的依据，对拦河坝的进度目标进行 WBS 任务分解和细分。施工进度模拟的实现主要是通过 WBS 任务与参数化 3D 模型链接来实施的，本项目可以直接在 Synchro 4D 施工进度模拟软件中创建符合施工次序的施工网络计划，并设定好各工作任务之间的映射关系，以年、月、日为时间单位，软件自动生成甘特图；也可以将 Project、Primavera P3、Primavera P6 和 Excel 等施工进度计划形成文件格式，直接导入到 Synchro 4D 施工进度模拟软件中，软件自动生成甘特图，如图 5 所示。进度任务安排和 3D 施工模型的构件对象一一对应，运用 Synchro 软件将细分的工作任务在 4D 进度模拟中显现出来，实现施工模型与施工任务、甘特图的完全对接，整个进度计划就是 4D 模拟需要展示的全部内容，如图 6 所示。

5.2　4D 进度模拟过程

4D 进度模拟是在制定的施工进度计划和 3D 模型之间建立关联关系，并依据时间信息给定合理的施工次序使其在可视化环境中演示出来的过程。为了更好地展示模拟效果，可以为构件的出现添加动画，设置显现方式以及播放的时间长短等。施工进度模拟的创建过程如下：

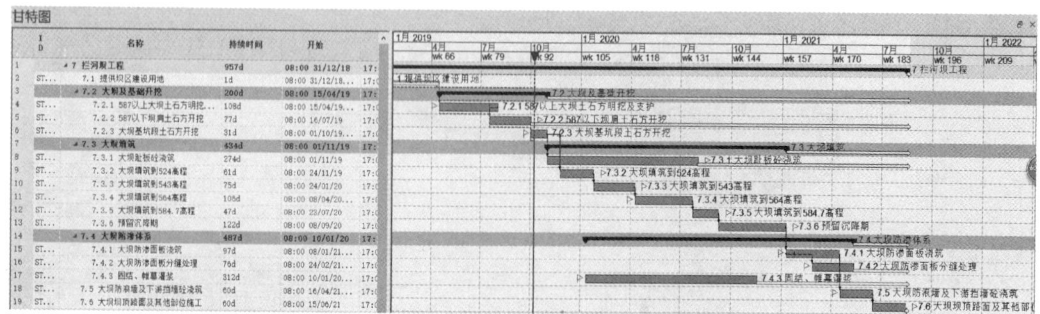

图 5　WBS 任务分解

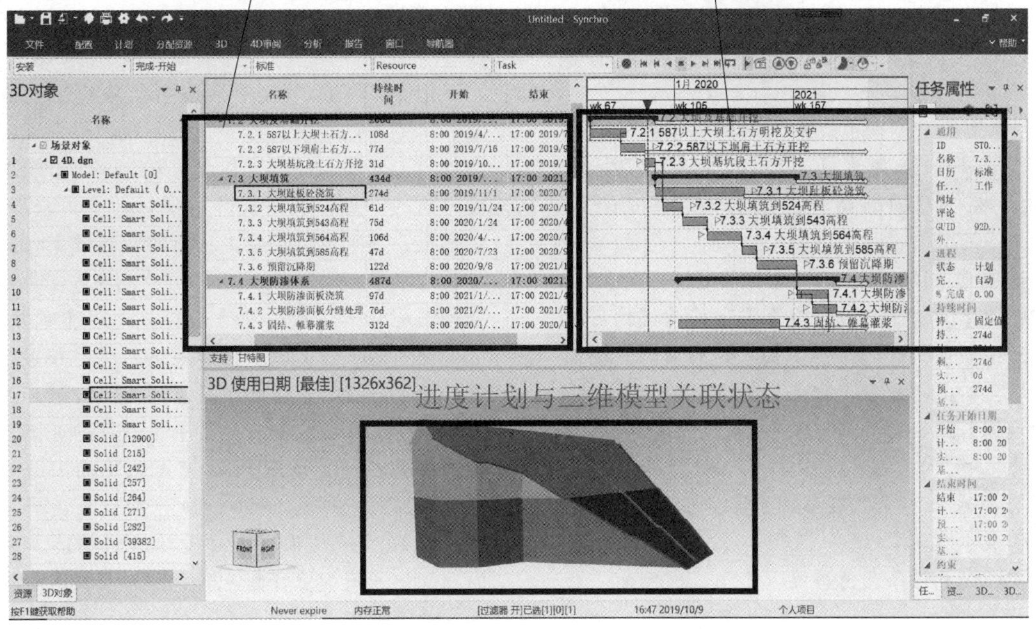

图 6　进度计划与三维模型相关联

（1）将拦河坝工程的施工任务进行 WBS 任务分解和细分，本文利用 Primavera P6 形成施工进度计划，然后导入到 Synchro 4D 施工进度模拟软件中，软件自动生成甘特图。

（2）将细分后的 WBS 任务关联各个施工构件模型，使进度计划与施工构件一一对应，添加动画编辑器，使施工次序按照不同的时间间隔进行正序的模拟或者是逆序的模拟，形象地反映整个施工的进度。

（3）如果施工过程需要对进度计划进行修改，软件会随着施工时间的更改对工作任务窗格进行更新，并即时更改当前状态和调整任务计划。

（4）三维模型上的不同工序和不同的施工部位可根据实际需求设置施工构件的显现状态，该工程正在施工状态如图 6 所示，施工完成状态如图 7 所示。

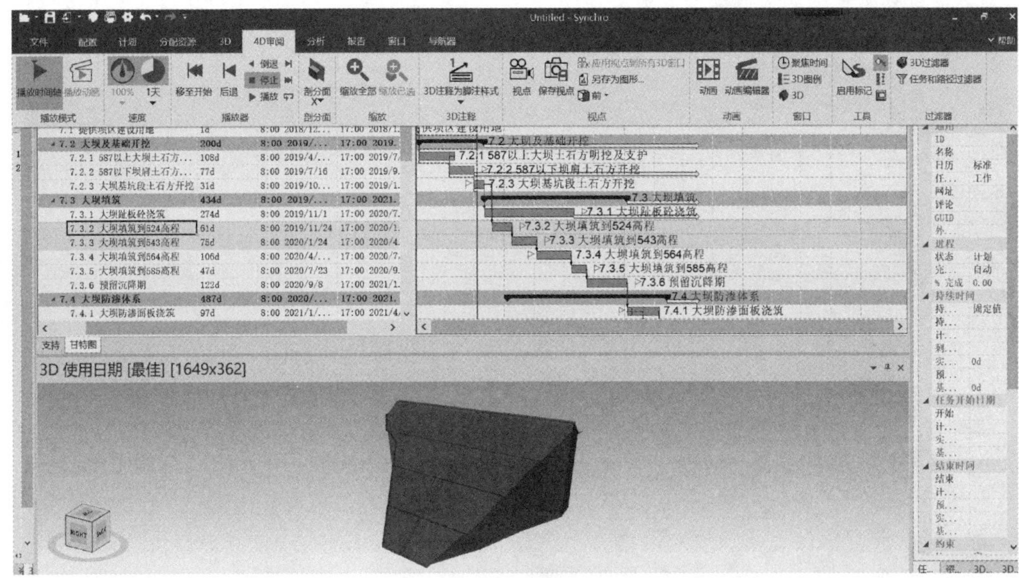

图 7　4D 施工模拟完成状态

6　4D 施工进度模拟的应用分析

樟嫩梓水库及供水工程的拦河坝在实际施工进度管理过程中采用 BIM－4D 技术同实际施工相结合的方式，即利用 Bentley ProjectWise 协同工作平台，对各参与方的 BIM 及图档信息进行统一集中管理，从而达到协同设计、协同现场施工能力的效果。同时，

BIM可视化、参数化、信息传递快捷等特点也会在全过程项目管理中得到体现。基于BIM-4D技术在本项目上的应用，其主要功能效果表现在以下几个方面：

（1）将4D施工进度模拟技术融入到现场施工管理中，充分规划现场，避免现场进行材料的二次搬运，例如拦河坝趾板位置的准确开挖及材料堆放的合理位置。

（2）通过创建BIM模型进行施工模拟，在不影响施工效果的情况下，对施工设计方案进行修改优化，减少或者消除施工难度大、施工技术要求高的节点。例如对拦河坝边坡支护的坡比及支护类型的方案演示及方案优化，避免现场返工，提高施工效率，缩短方案修订及施工工期。

（3）充分考虑各专业施工的便捷性，减少交叉作业，降低运作成本。

（4）落实图纸和设备交付进度，避免二次倒运，影响工期。

（5）充分考虑施工部署及总体安排，施工时构件的空间位置较难把握，合理安排施工机械的摆放，为施工工序转换提供保障措施。

（6）BIM-4D技术可以随即制作随即动态调整，即可及时进行播放施工动画和发布视频。通过Synchro 4D可以快速输出施工进度模拟视频文件，下发至项目各部门直观地展现现场施工状态，辅助生产指导，加快施工进度，缩短整个工程工期，很大程度上解决了由项目工期紧、任务重和地形复杂等带来的项目施工管理方面的问题。

7 结语

把BIM-4D施工进度模拟技术应用于樟嫩梓水库及供水工程拦河坝工程的施工阶段，很大程度上解决了由项目工期紧、任务重和地形复杂等带来的项目施工管理方面的问题，有效提高了项目业主、监理、指挥部、总承包、施工单位及施工队伍的沟通效率，进一步提升了管理水平。同时，BIM-4D技术在该工程建造过程中合理制定施工计划、以动态的形式精确掌握施工进度，优化使用施工资源以及科学地进行场地布置，对整个工程的施工进度、资源和质量进行统一管理和控制，达到缩短工期、降低成本、提高质量的目的。该工程的拦河坝和溢洪道只是BIM-4D技术试验的一部分，下一步将整个工程应用到BIM-4D技术上来，同时将更加深化探索BIM应用模式，对设计进行功能、系统等各方面的优化和精细化管理，进一步为水利水电施工探索新的管理模式和方法。

参考文献

[1] 张建平，张洋，吴大鹏. 建筑工程项目4D施工管理[J]. 项目管理技术，2006（1）：23-27.

[2] 张建平. 基于BIM和4D技术的建筑施工优化及动态管理[J]. 中国建设信息化，2010（2）：18-23.

[3] 王婷，池文婷. BIM技术在4D施工进度模拟的应用探讨[J]. 图学学报，2015，36（2）：306-311.

[4] 王胜军. BIM 4D虚拟建造在施工进度管理中的应用[J]. 人民黄河，2019，41（3）：149-153.

本栏目审稿人：常焕生

中小断面大纵坡长斜井绞车提升施工技术

李宗荣/中国水利水电第十四工程局有限公司

【摘　要】在空间受限、地质条件极差的斜井施工中，为了保证围岩稳定，要求边顶拱衬砌紧跟掌子面，与钻爆施工同步进行。绞车提升系统需穿越边顶拱钢模台车和仰拱混凝土衬砌作业区才能到达开挖支护作业区，其运输能力和调度必须充分考虑边顶拱钢模台车同步衬砌，才能实现斜井钻爆与二衬浇筑同步快速施工，这是复杂条件下斜井提升系统设计施工的一种综合创新。

【关键词】中小断面　大纵坡　长斜井　绞车提升

1　工程概述

香炉山隧洞是滇中引水工程中最长的深埋隧洞，采用无压输水，断面为圆形。5＃施工支洞在香炉山隧洞施工前期作为香炉山隧洞的施工通道，运行期作为永久检修洞和通风补气洞。洞口高程2508.0m（1985国家高程基准，下同），与香炉山隧洞的交点桩号为DLI28＋052.15，交点高程2014.00m，高差494m，最大埋深585m，与输水隧洞水平交角为51.16°。施工支洞总长1245.9m，其中斜井段洞身段长1195.9m，角度为24.71°，断面为城门洞型，衬砌后净断面尺寸为6.5m×6.0m（宽×高）；洞底水平布置车场段，长50.00m，衬砌后净断面尺寸为6.5m×10.0m（宽×高）。

2　绞车提升系统施工关键技术

（1）在山岭地区，斜井洞口平台受冲沟、梯台等地形地貌限制，在有限的狭窄场地上提出“一前一后、一低一高”的提物与提人绞车布置方式，通过提高绞车基础高度，实现提升绞车房双层布置（附属设备布置在一层、主要设备及操作间布置在二层），达到占地面积小、功能分区合理、布置美观大方的功能要求。

（2）斜井提升系统洞外天轮架、卸料平台采用“钢筋混凝土＋轻型钢结构”组合设计，既保证了基础稳定性要求，又减少了工程投入，同时卸料平台基础与集渣区联合布置，集渣区可实现封闭管理，出渣安全高效。

（3）斜井轨道布置采用“四轨双线”，人车提升系统与物料提升系统共用一条线路，人车与物料运输车在洞口通过门机快速调换，实现了中小断面大纵坡长斜井提升系统高效转换；同时，通过优化人车与物料运输车外型尺寸，优化钢模台车结构，安全下穿混凝土衬砌段钢模台车。采用“四轨双线”运输解决了斜井开挖掘进与二衬混凝土施工的空间和交通干扰问题，实现了斜井开挖支护及混凝土衬砌同步施工。

（4）斜井内轨道采用标准43＃钢轨，轨道按底板已衬砌区段、底板施工区段、开挖支护区段分区布设，底板施工区段轨道采用可拆卸式支高轨道，安装简单、快速，实现了斜井提升系统轨道铺设标准化作业。

3　中小断面大纵坡长斜井绞车提升系统施工工艺原理

中小断面大纵坡长斜井绞车提升系统的特征在于满足洞口场地受限、小断面大纵坡长斜井同步施工的功能要求，斜井地质条件极端复杂情况下，结合洞外受限场地，提升系统空间上整体采用“双层式绞车房＋轻型钢结构卸料平台＋已衬砌区＋待衬砌区＋开挖支护区”的线性布置，施工在满足钻爆施工的同时还满足混凝土同步衬砌跟进。

4 施工工艺流程及操作要点

4.1 提升系统设计

根据绞车提升系统的功能要求，物料提升、人车提升分别配置一台双卷筒单绳缠绕式矿井提升机及一台单卷筒单绳缠绕式矿井提升机。提人提升机规格型号为JK－2.5×2.3P，提物提升机规格型号为2JK－3×1.8P，两台提升机独立运行，一套主要作为人员上下运输专线，另一套主要作为出渣、材料及混凝土运输专线。

4.1.1 双层式绞车房设计

（1）绞车房建筑平面尺寸为17m×21m，为双层式轻型钢结构板房，框架结构柱为ϕ300mm铸铁管，其下端与埋置在基础筏板中的钢板连接，上端设蒙头板，与I20a工字钢纵横梁连接，绞车房外墙框架与内部二层框架合并布置，以节约钢材。

（2）绞车房基础范围为山地冲沟，绞车平台为高填方，绞车下部设置钢筋混凝土筏板基础，避免不均匀沉降引起绞车偏位。绞车一期结构混凝土高度加高至3.2m，绞车房按功能分区的原则分层布置，一层布置提升系统专用变压器、专用升压器、材料仓库及备品备件库、工具房等，二层主要为提升机操作层，布置操作台、电源柜、变频柜、回馈柜及电阻柜等。各区域在提升系统运行过程中均封闭化管理。绞车房立面布置示意图见图1。

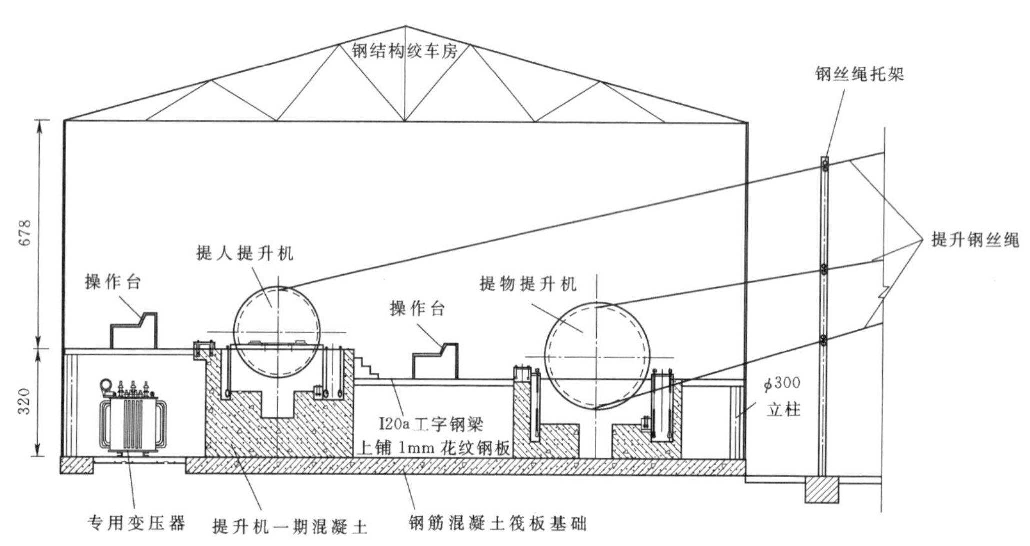

图1 绞车房立面布置示意图（单位：mm）

4.1.2 卸料平台及天轮架结构设计

（1）卸料平台及天轮架位于冲沟填方区域，因此基础采用钢筋混凝土放大基础。放大基础施工时，设置预埋钢板件，天轮架钢管立柱焊接在预埋板上，卸料平台工字钢纵梁通过在预埋板上焊接M20螺杆固定轨道压板的方式将纵梁固定在卸料台顶面上。

（2）山岭地区提升系统洞外布置受地形限制，从洞口至绞车的距离不能满足布置固定天轮的条件，因此采用游动天轮。根据绞车“一前一后、一低一高”的布置形式，提人绞车钢丝绳在上，提物绞车钢丝绳在下，提物绞车从滚筒上下出绳，因此天轮架共采用3根ϕ900mm钢管立柱及4根ϕ500mm钢管立柱做支撑，在钢管立柱顶部焊接蒙头钢板，天轮基座焊接固定在蒙头板上。同时在天轮位置利用槽钢搭建检修平台。卸料平台内布置4条轨道，轨道下方各利用1根I50a工字钢支撑，每跨净距约10m，出渣时矿车从轨道两侧往集渣区侧卸出渣。为适应斜井贯通后运输后期TBM延伸材料进洞的功能要求，洞口常规10t转运门机优化为25t＋5t门机。

4.1.3 轨道结构设计

（1）卸料平台段轨道设计。卸料平台宽度5m，布置4条轨道，轨顶间距（净距）为90cm。卸料平台上部承重梁采用I50a工字钢，利用压板固定在混凝土预埋钢板上，主梁上铺［10槽钢（间距50cm）作分配梁，分配梁上铺43钢轨及2mm花纹钢走道板。

同时，为满足斜井轮式或履带式设备在提升机辅助下的进出洞要求，卸料平台与斜井底板过渡段钢轨设计为埋入式，设备在过渡段完成转向，从侧面坡道驶出。

（2）洞内已衬砌区轨道设计。洞内已衬砌区钢轨直接铺在混凝土表面，钢轨轨顶净距90cm，在钢轨两侧布置2根ϕ20mm插筋和15mm的平垫板将钢轨固定在混凝土面上，插筋沿洞轴线间隔1m布置一排，插筋埋入混凝土30cm，利用锚固剂锚固。

（3）洞内待衬砌区轨道设计。在底板钢筋绑扎、混凝土浇筑及待强过程时，矿车需穿过底板仓位到达掌子面出渣，因此底板混凝土施工时需要设置支高架使轨道穿越仓位，支高轨道为钢制标准构件，每节长度约2.1m，每节设置4个支撑钢管，钢管内丝托座高度可调，可适应底板基础的超欠挖情况。相邻两节支高轨道采用鱼尾板连接，同时为进一步加强支高轨道稳定性，两条轨道之间采用Q420无缝钢管拴接支撑，每节支高轨道设置3根支撑。每节标准支高轨道重量为120kg。底板混凝土达到设计强度后，按洞内已衬砌区铺设永久钢轨，将支高轨道拆除人力移动至下一仓，循环推进使用。

（4）洞内开挖支护区轨道设计。洞内开挖支护区底板开挖成型后，整平底板开挖面，在上直接按50cm间距铺普通枕木，利用道钉和压板将钢轨固定在枕木上，轨道型式为Ⅳ型轨道。

4.2 提升系统运行流程及操作要点

4.2.1 提升系统运行流程

斜井提升系统分为提物运行及提人运行，其中提物运行主要包括开挖渣料、钢筋、锚杆、钢支撑、管棚、小导管、混凝土、施工机具及TBM延伸材料，斜井运输用设备为MCC10侧卸式矿车、5t轨道平台车（轨距90cm）、20t轨道平台车（轨距270cm）、10m^{3}轨行式混凝土搅拌运输车（有效容积6m^3）及25t+5t门机等。提人运行采用XRB-15斜井人车（载人能力为15人/次），斜井人车运行时，提物绞车停止运行，利用洞口门机实现共轨的物料运输车和人车的转换。

4.2.2 操作要点

（1）施工装备检查保养。提升系统投运前，认真检查绞车机械部分、电控部分及运输车的完好情况，建立健全提升系统运行、检查、检修制度及相应操作规程，落实绞车操作司机及管理人员，建立绞车运行安全责任制和应急救援体系。绞车系统检查保养要求如下：

1）交接班时以及绞车运行每隔1h，应由监护司机按巡检路线进行巡回检查，巡检的方法可用手摸、目视、耳听等，重点检查：施闸时闸瓦与闸轮接触是否平稳，有无剧烈跳震和颤动，松闸时闸瓦与闸轮间隙是否符合规定值；制动传动连杆、销轴是否完好；闸瓦有无断裂，磨损厚度是否超限；油管是否漏油；发热部位的温度是否超过规定值；电流表、电压表、压力表、温度计等仪表的指示是否正确；滚筒转动有无异响和震动，减速器转动有无异响；油流指示器给油量是否正常；深度指示器的指示位置是否正确；电气设备接触是否良好，各继电器动作是否正常。

2）对于一些易磨损和松动的外部零件以及控制盘上各接触器触点的接触与磨损情况要由各维护工进行班检、日检，有问题的进行修理、调整或更换。发现问题重大时，应立即报主管负责人设法处理。

3）每周应由各维修工进行周检，周检除包括日检、班检的内容外，还应检查：制动系统、风缸、杠杆的动作情况，适当调整闸瓦间隙、紧固连接机构；过卷、过速、限速等安全保护装置的动作情况并试验；滚筒的铆钉是否松动，焊缝是否开裂、发展，绳头固定是否牢固、可靠，钢丝绳的工作状况是否符合《煤矿安全规程》的要求；制动钢丝绳及其缓冲装置的连接情况。

4）每月应由项目部机电工程技术人员和机电检修工共同进行月检，其内容除包括周检的内容外，还应进行下列内容：打开减速器观察孔盖和检查门，详细检查齿轮的啮合情况；检查联轴节状况，检查部分轴瓦间隙；清理跑车防护系统和注油，调整间隙，检查斜井中的运输车、轨道和跑车防护装置用制动钢丝绳、缓冲绳等。

5）提升机按两班制运行，每班交接时应在日志中详细说明本班机械运行情况、清洗卫生情况、工具及备品配件材料油脂情况、设备有无漏水漏电漏风漏气漏油现象、保护装置仪表指示情况等。班、日、周、月检的情况都要记入记录本，并由检修负责人签字。

6）为保证提升系统的安全运行，天轮测定每年不少于一次，包括：绳槽的磨损，天轮的原跳动量，天轮轴的水平度及探伤，轴承间隙。新钢丝绳使用前进行一次试验及无损检测，自悬挂时起每3个月进行一次试验及无损检测。减速器的检测每年不少于一次。

（2）钻爆料上行运输。出渣时先由提升系统牵引10m^{3}侧卸式矿车行驶至掌子面反铲的工作范围内，反铲直接装矿车内运至洞外卸料平台，在卸料区卸料后通过装载机装20t自卸汽车转运至渣场。钻爆料上行运输控制要点如下：

1）2JK-3×1.8P提物绞车设计最大提升重量20.5t，绞车装有过载保护装置，洞内装车指挥人员应与绞车司机紧密联系，超载予以清除后才可提升。

2）提升机提升运行时，启动加速（减速）度不得大于0.5m/s^2，最大运行速度不得大于绞车校核提升速度4.73m/s。通过底板衬砌施工区及边顶拱台车位置时，最大运行速度不得超过0.5m/s。运行时严禁急停急起。

3）提升机提矿车运行时，严禁人车及货车串车提升，严禁人员搭乘矿车提升。

4）矿车在满载时，启动前用反铲剔除超过车斗边缘的石渣，拍实表面。满载提升时底板施工区作业人员全部撤离至安全区域。

5）斜井掘进过程中，沿隧洞两侧延伸安全爬梯。提升系统运行时施工人员严禁在底板上跨越通过。

（3）材料下行运输。钢筋、锚杆、钢支撑、管棚、小导管等材料在洞外通过载重汽车运至25t+5t门机下方，然后通过门机将材料吊装至5t平板车上，平板车平面尺寸为1.32m×3.45m（宽×长），由提升系统牵引运至作业面卸车。

平板车为厂家标准车型，到货后现场进行适用性改装，在平板车车架上间隔约1m焊接一固定栏杆，平板车车头利用2cm钢板封闭，防止材料运输时捆绑不牢颠落。平板车运输钢筋、管棚等超长件时，材料沿平板车纵向摆放整齐，然后用钢丝绳绑扎两道并用2t手拉葫芦收紧。

(4) 混凝土下行运输。斜井二衬混凝土通过提升系统牵引$10m^3$轨行式混凝土搅拌运输车直接运至作业面，运输车卸料后通过溜槽转运至洞内混凝土拖泵内。

为满足斜井洞口混凝土罐车向轨行式混凝土搅拌运输车中卸料的需求，斜井洞口平段施工时底板向下偏移1.5m，同时在洞口侧面布置混凝土运输临时道路，该路宽度4m，坡度控制在8%左右，道路末端高程较洞口场地高程最少高1.5m，最终形成约3m高差。

道路形成后，混凝土搅拌运输车将混凝土运至施工支洞洞口场地掉头后沿该路退至道路末端并卸料至轨行式混凝土搅拌运输车内。

4.2.3 施工机具运输

施工机具运输主要是主洞施工时的凿岩台车、反铲、主洞衬砌台车及TBM延伸材料及小型施工机具等。其中小型施工机具采用5t平板车（轨距90cm）直接运至斜井底部，然后自己行走或转运至作业面；轮式机具通过洞口过渡平台侧坡道行走至斜井平洞段，然后在提物绞车钢丝绳的辅助下低速行走至斜井底部；台车、TBM延伸材料等大型构件先在洞外过磅并检查外形尺寸，拆除超尺寸、超重设备的可拆除件，然后用载重汽车运输至井口25t门机下部，由门机转运至20t轨道平板车上，然后利用提物绞车牵引运至斜井车场。

4.2.4 人员运输

施工人员进出斜井采用专用绞车提升斜井人车运输，人车运行时物料运输线停止运行。人车运行时加速度或减速度应不超过$0.5m/s^2$，最大运行速度不得超过绞车校核提升速度3.89m/s；通过底板衬砌施工区及边顶拱台车位置时，最大运行速度不得超过0.5m/s。

人车与物料运输车的转换利用井口25t门机实现。为保证运输安全，防止发生跑车事故，斜井人车底部安装防跑车抱轨制动装置。为避免斜井人车跑车突然抱轨制动时人员在较大惯性作用力下向前晃动，在斜井人车上设置缓冲装置，当人车发生紧急制动时，车体底盘在抱抓住轨道制动后立即停止运动，此时，车体连同其上承载的人员可沿车体底盘在惯性作用力的作用下继续向下缓慢移动，其在移动的过程中，缓冲钢丝绳通过其与缓冲螺栓装置之间产生的摩擦力逐渐吸收因制动所产生的惯性力，直至惯性力消失，人车车体部分停止下滑并最终停车。

4.2.5 跑车防护装置运行

斜井跑车防护装置选择ZDC30-2.5跑车防护装置，在斜井井口下30m位置及井底上30m位置各布置一道，斜井中间布置一道。其工作过程如下：

(1) 矿车下行：本装置接通电源，绞车启动，矿车下行到挡车栏的提升设定值，PLC发出升栏信号，电机正向转动，挡车栏开始提升，当挡车栏提升到位后，矿车放行；当矿车到达挡车栏的下放设定值时，PLC发出降栏信号，电机反向转动，挡车栏开始下放到位。

(2) 矿车上行：原来的下放设定值变成提升设定值；原来的提升设定值变成下放设定值。

(3) 跑车事故：矿车运行过程中若发生跑车事故，矿车撞击挡车栏，传感器发出报警信号，操作箱报警及指示，绞车停转。

(4) 人车运行（绞车无法开动）：当矿车运行完毕需要转换为人车时，所有的挡车栏自动下放到道轨上，然后启动人车即可。

(5) 矿车运行（人车无法开动）：当人车运行完毕需要转换为矿车时，所有的挡车栏自动提升到矿车运行时的下限位置，然后启动矿车即可。

4.2.6 轨道延伸

斜井向前掘进时，随开挖进度适时延伸开挖支护区轨道。底板施工时随仓位向前推进，按拆除开挖支护区轨道→安装支高轨道→拆除支高轨道→安装永久轨道的顺序作业。运行过程轨道延伸、检修及保养由专人负责，每班应进行一次轨道巡线检查，重点检查轨道锚筋、压板是否松动；每周应进行一次轨道轨距、标高的检查与调整。

5 结语

本工程的洞外场地部分占地小，场地易于布置，有利于文明施工，并且能适应地质条件不良的中小断面长斜井的开挖支护及二衬同步施工要求；绞车房采用双层设计，绞车房及卸料平台采用轻型钢结构，降低了场地征地及混凝土工程投入。同时，通过创新设计底板施工区的可拆卸移动式支高轨道，降低了轨道、支高架等构件拆运劳动强度，减少了劳动力投入。通过标准化的运行管理，洞内施工安全、职业健康及文明施工也得到了最大程度的保证。

复杂环境条件下高强度控制爆破设计与施工

潘伟君/中国水利水电第十二工程局有限公司

【摘　要】浙江省宁波市大榭开发区龙山村毛洞山建筑用料（凝灰岩）矿区周边环境复杂，有重要交通干线、高压输电线和重要工业建筑设施，爆破影响很大，且爆破工程量大，强度高。本文介绍了其爆破施工设计及安全保障措施，可为今后类似工程提供借鉴。

【关键词】复杂环境　高强度　控制爆破　施工技术

1　概述

浙江省宁波市大榭开发区龙山村毛洞山建筑用料（凝灰岩）矿位于大榭开发区龙山村东南侧，距西侧大榭招商码头约1km，地处大榭开发区中西部环岛西路与兴港路交叉口，矿区设计开采标高为85.00m，国家高程3.2～78.4m，料场最大高差约75m；矿区料场开采范围由10个拐点组成，范围为J1～J10，矿区平面形状为多边形，长轴为东西向，最大长度约800m，最大宽度约500m，总面积约0.281km^2。矿区主要岩性为凝灰岩，矿体岩性单一，全风化层薄。

2　爆破环境

根据招标文件显示，矿区周边150m范围内有民房24栋（未搬迁）、矿山房屋11栋、公司12家、公路3条。矿区周边200m范围内有民房24栋（未搬迁）、矿山房屋11栋、公司21家、变电所2所、公路3条。具体情况如下：

（1）山体西侧、北侧：输油管道（大榭至南京主输油管路DN700）距山体最近点35m。

（2）山体西侧：3.5kV高压线路，距山体最近点58m。

（3）山体南侧：燃气管道，距山体最近点35m。

（4）山体南侧、东侧：大榭220kV的电力排管，距山体最近点5m。

（5）山体西侧：大榭二桥下匝道，距山体最近点42m。

（6）山体西侧、北侧：氧气管道、氮气管道，距山体最近点28m。

3　爆破方案设计

3.1　深孔台阶爆破参数设计

深孔台阶爆破设计参数包括孔径、台阶高度、超深、孔深、抵抗线、孔距、排距、单孔装药量计算与单位炸药消耗量选择、装药结构与堵塞长度、微差间隔、爆破网路等。通过前期多次爆破试验，对爆破设计参数进行优化，优化后的参数如下：

（1）台阶高度 $H=15$m。

（2）钻孔直径 $d=110$mm。

（3）抵抗线 $W=4$m。

（4）孔距 $a=5.0$m。

（5）排距 $b=4$m。

（6）孔深 $L=16.2$m。

（7）超深 $h=1.2$m。

（8）炸药单耗 $q=0.2$kg/m^3。

（9）充填高度 $h_o=16-(0.9W+2.5+0.4W)=8.3$m。

（10）装药结构：采用分段装药结构。

（11）炮孔布置：采用梅花形布孔。

3.2　装药结构设计

根据岩石的工程地质条件灵活采用连续装药或分段装药，孔口以炮泥或岩粉堵塞密实，装药结构见图1。

松动爆破采用连续装药结构，深孔台阶爆破采用分

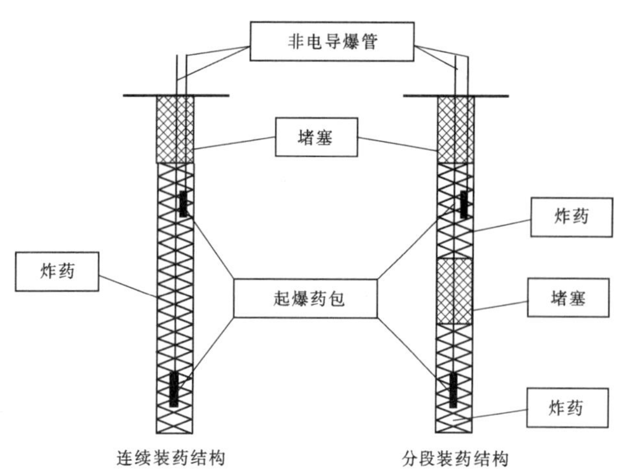

图1　装药结构图

段装药结构。结合矿山地质条件，对分段装药结构多次优化，最终分段装药结构如下：

（1）底部装药长度：0.9*W*=3.6m，装药量：39kg。

（2）中部堵塞长度：2.5m，采用 ϕ50 PVC 管。

（3）上部装药长度：0.4*W*=1.6m，装药量：18kg。

（4）上部堵塞长度：8.3m。

（5）单孔装药量：57kg。

3.3　炮孔布置及起爆顺序

炮孔布置，多排孔时采用梅花形布置，爆破时先爆之前排孔，为后爆的后排孔创造较大自由面，减少周边对爆破孔的夹制作用，起爆顺序示意图见图2。

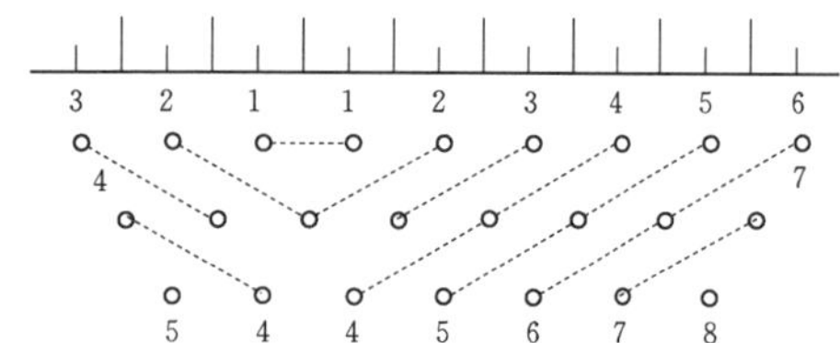

图2　起爆顺序示意图（深孔布置方式：梅花形布置）

炮孔起爆顺序一般采用孔外微差起爆，孔内采用15段非电毫秒导爆雷管，孔外采用4段连接、4孔一联爆破。网格式环形起爆网路，爆轰波至少来自两个方向，确保了起爆网路安全、可靠。导爆管网格式环形孔内延期起爆示意图见图3。

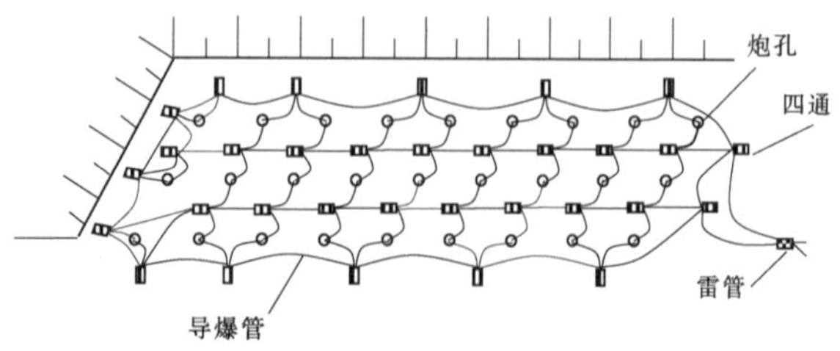

图3　导爆管网格式环形孔内延期起爆示意图

需严格控制爆破最大单响药量时，爆破网路连接采用三孔一响、二孔一响及逐孔接力起爆。

4　施工设备选择

本项目施工强度大，平均月强度为187万t，高峰月强度为330万t。项目部通过前期的施工组织，最终确定项目钻孔设备采用6台JK590液压潜孔钻，每台潜孔钻带一台 $20m^3/min$ 压风机；出渣设备采用 $2\sim3m^3$ 的反铲挖掘机10～12台，运输采用15～20t自卸汽车70辆，并且对分段装药结构中的中部堵塞材料进行改进，采用 ϕ50 PVC 管，简单、方便，大大提高了装药效率。高效、配套的钻孔、装药、装渣机械设备，提高了机械化施工水平和质量水平。

5　爆破安全

5.1　爆破振动验算

《爆破安全规程》（GB 6722—2014）规定，地面建筑物的爆破振动判断，采用保护对象所在地质点峰值振动速度和主振频率两个指标，一般建（构）筑物的爆破地震安全性应满足安全振动速度的要求，并对主要类型建（构）筑物的安全质点振动速度规定如下：

最大单响药量、振速、爆心至建（构）筑物的距离三者关系式为

$$V=K\left(\frac{\sqrt[3]{Q}}{R}\right)^{\alpha}$$

式中：V 为介质质点振动速度，cm/s；R 为药包中心至建（构）筑物的最近距离，即安全距离 m；Q 为一次爆破的最大单响装药量，kg；K、α 为与传播途径、爆破方式、爆破点至计算保护对象间的地形、地质条件有关的系数和衰减指数。

根据《爆破安全规程》（GB 6722—2014），结合现场实际情况：

（1）一般砖房、非抗震的大型砌块建筑物的爆破允许抗震标准为2.0～2.5cm/s；对爆破附近周边管道的防震要求，根据宁波华东安全科技有限公司出具的有关本工程的专项评估报告，本工程的振速按 $V=1.3$cm/s 进行控制，K 取150，α 取1.7，最大单响装药量 Q 与安全距离 R 之间的计算结果见表1。

表1　$V=1.3$cm/s 时不同安全距离的最大单响药量计算表

安全距离 R/m	50	70	80	90	100	120	150
理论计算 Q/kg	28	78	117	107	229	396	774
设计控制值 Q/kg	27.5	27.5	55	55	55	105	315

（2）东侧110kV地下电缆沟为钢筋混凝土结构，其爆破允许抗震标准为8.0～10cm/s，本工程为确保电缆

沟的安全，在电缆沟10～15m之间留一道坎作为天然屏障，振速按 $V=5.0\text{cm/s}$ 进行控制，K 取 150，α 取 1.8，最大单响装药量 Q 与安全距离 R 之间的计算结果见表2。

表2　$V=5.0\text{cm/s}$ 时不同安全距离的最大单响药量计算表

安全距离 R/m	15	20	30	40	50
理论计算 Q/kg	11.7	27.6	93.2	221	431.6
设计控制值 Q/kg	10.0	10.0	10.0	20.0	20.0

本工程第二阶段爆破200m范围内有要保护的建筑物。为科学管理、安全施工，本设计根据离保护对象的距离，严格按上表中的数值控制最大单响药量。离被保护对象（各类管道）50m范围内采用机械开挖。一次爆破炸药用量根据现场实际控制，距离保护物在150m以上时，爆破规模可控制在10t以下（最大单响315kg），100～150m范围内控制在5t以内（最大单响210kg），50～100m范围内控制在3t以内（最大单响27.50kg），15～50m范围内控制在0.5t以内（最大单响10kg），一天爆破1～2次。

5.2　爆破振动控制措施

本工程主要保护附近民房、各种管道（输油管道、燃气管道、氧气管道、氮气管道）及高压线路等，爆破振动采取的控制措施主要如下：

（1）爆破自由面避开被保护的建筑物，合理控制超深。

（2）限制单响药量及一次起爆药量，采用三孔一响、二孔一响及逐孔接力起爆。

（3）孔内采用15段毫秒雷管，孔外采用4段毫秒雷管连接，利用高段位雷管起爆时间的误差，减少一次单响最大起爆药量。

（4）邻近建筑物采用机械开挖。

根据第三方爆破振动测试情况看，爆破振动速度均在允许范围内，本项目的爆破设计参数非常有效。

5.3　爆破飞石、冲击波预防措施

5.3.1　计算确定爆破飞石、冲击波安全距离

一般控制爆破飞石安全距离计算式为

$$R_{max}=Kd$$

式中：d 为药孔直径，cm；K 为安全系数，取15～16；R_{max} 为飞石最大距离，m。

控制爆破冲击波安全允许距离根据《爆破安全规程》（GB 6722—2014），爆破冲击波按下式进行校核：

$$R=K_n\sqrt{Q}$$

式中：R 为空气冲击波对人员的最小安全距离，m；K_n 为与爆破作用指数和破坏状态有关的系数；Q 为一次爆破的炸药量，kg。

5.3.2　采取的措施

对保护对象安全距离不够的爆破，采取的措施如下：

（1）爆破采用松动爆破，采用逐孔接力起爆，同时在被保护对象前面采用堆放集装箱，堆3层进行保护。

（2）采用机械开挖，避开爆破施工。

从实施的情况看，采用松动爆破、逐孔接力起爆，同时在被保护对象前面采用堆放集装箱、堆3层进行保护及采用机械开挖、避开爆破施工，效果良好，没有出现安全事故。

6　结语

本项目周边环境复杂，开挖工程量大，工期短，施工强度大，机械设备投入多，施工组织和管理难度较大。施工中通过装药结构的优化，降低装药量，节约成本；通过爆破振动控制及防护措施，确保爆破周边环境的安全，可为类似的工程提供借鉴。

本栏目审稿人：姬脉兴

砂板岩混凝土骨料加工生产技术

练新军　郭新海/中国水利水电第十二工程局有限公司

【摘　要】两河口水电站主体工程混凝土骨料加工系统采用砂板岩生产骨料。由于目前国内砂板岩混凝土骨料加工系统工艺及设备选型尚无成熟经验，该系统采取了多项针对岩性的改进工艺措施，提高了生产效率，保证了产品质量，可供类似工程借鉴。

【关键词】两河口水电站　砂板岩　砂石加工　生产技术

1　概述

两河口水电站位于四川省甘孜藏族自治州雅江县境内的雅砻江干流上，为我国大型水电能源基地雅砻江干流中下游的控制性水库电站工程。电站的开发任务以发电为主，兼顾防洪。电站采用坝式开发，电站装机容量300万kW，拦河大坝采用砾石土直心墙堆石坝，坝顶高程为2875.00m，最大坝高为295.00m，为Ⅰ等大（1）型工程。

瓦支沟混凝土骨料加工系统主要生产两河口水电站电站厂房和泄洪主体等工程部位的混凝土骨料985.05万t（其中人工砂305.58万t），骨料加工系统由粗碎车间、半成品料仓、中碎车间、第一筛分车间、预筛车间、细碎车间、超细碎制砂车间调节料仓、超细碎制砂车间、第二筛分车间、洗砂车间、第三筛分车间、小石冲洗车间、棒磨机制砂车间调节料仓、棒磨机制砂车间、供电系统、供水系统、除尘系统、废水处理系统等组成。

2　生产背景及难点

该系统料源来自瓦支沟石料场，瓦支沟石料场不同部位开采毛料的变质粉砂岩与变质粉砂质板岩，其质量存在波动情况。已建成运行的左下沟前期混凝土骨料加工系统生产的混凝土成品料质量状况如下：

（1）人工砂石粉含量在23.3%～8.1%之间，平均值为13.8%。

（2）人工砂细度模数在3.79～2.3之间，平均值为3.05。

（3）成品粗骨料针片状颗粒含量在8%～40%之间，平均值为18%～19%。

（4）骨料中含一种油性炭物质，该物质对混凝土用水量及含气量的影响较明显，且该油性碳物质黏附性强，分散于成品砂表面，成品砂堆内部饱和脱水难度大、时间长。

上述成果反映出采用变质粉砂岩与变质粉砂质板岩生产混凝土骨料易产生针片含量高、骨料粒型较差、人工砂细度模数偏大、质量波动较大等质量问题。另外，系统的规模与骨料的品种要求与合同相比，也有较大变动。

3　工艺设计及优化改进

针对砂板岩的特性及前期标段骨料加工系统的经验教训，针对混凝土工程的需求，对原设计的规模、骨料品种规格、工艺流程、设备配置进行了优化，对生产中发现的问题及时改进，主要措施如下。

3.1　系统工艺设计

3.1.1　系统生产规模

按招标文件要求，结合新的总体规划方案和实际混凝土对骨料的需求，系统设计处理能力为1400t/h，生产能力为1100t/h，砂率为45%，系统所有毛料主要为瓦支沟石料场开采的砂板岩，属大型砂石加工系统。骨料系统按此生产规模进行工艺流程设计、加工设备配置和工艺布置。

3.1.2 加工工艺流程

针对骨料料源特性，借鉴左下沟临时砂石加工系统、庆大河掺砾料及反滤料加工系统的生产经验和教训，瓦支沟骨料系统的工艺流程设计的关键是如何有效控制成品粗骨料的针片状含量、清除成品粗骨料裹粉和有效控制成品砂的细度模数、粒度级配和石粉含量。料源岩性物理力学试验成果见表 1。

表 1　料源岩性物理力学试验成果表

料场名称	天然密度 /(g/cm³)	干密度 /(g/cm³)	饱和密度 /(g/cm³)	吸水率 /%	饱和吸水率 /%	最小抗压强度 /MPa		最大抗压强度 /MPa		平均抗压强度 /MPa		软化系数	冻融损失 /%
						干	饱和	干	饱和	干	饱和		
瓦支沟料场	2.66～2.71	2.65～2.70	2.66～2.71	0.09～0.17	0.13～0.35	77.4	57.5	138.4	97.5	102.9	80.2	0.79	0.06

瓦支沟骨料系统采用粗碎开路，中细碎与筛分构成闭路生产大石，超细碎与筛分构成闭路生产中、小石和成品砂，辅以棒磨机制砂调整细度模数，干湿结合的生产工艺流程。该流程具有所有成品砂石均通过冲击式破碎机整形、物流相对简单顺畅、能灵活调节各级配骨料生产能力的特点。

粗碎采用颚式破碎机、中细碎采用反击式破碎机，大石从中细碎产品筛分获得，中、小石从超细碎产品筛分获得。反击式破碎机和超细碎立轴破碎机都属于冲击式破碎机，具有明显改善破碎产品粒形的效果，是控制成品粗骨料针片状含量的有效手段。

采用湿法与干法相结合的生产工艺流程，仅对各级成品粗骨料采用小型筛进行冲洗，加上棒磨机生产用水，洗砂车间用水，砂石系统总用水量为 650m³/h，在保证成品砂石质量的前提下，可有效降低生产用水费用和废水处理费用，且满足环保要求。

3.1.3 主要设备选型与配置

瓦支沟骨料系统的粗碎设备、中细碎设备、超细碎设备选用进口设备（美卓或山特维克）。

（1）粗碎设备：与瓦支沟反滤料、掺砾料加工系统共用粗碎车间，设计处理能力 2400t/h（其中大于 200mm 物料约 1600t/h），配置 4 台 C130 型颚式破碎机，用于破碎大于 200mm 物料，单台处理能力 470t/h（排料口 175mm），设备负荷率约 85%。

（2）中细碎设备：设计处理能力 1700t/h，配置 4 台 CI532 型反击式破碎机，单台处理能力 500t/h，设备负荷率约 85%。用于破碎粗碎后的全部物料，以改善成品砂石粒形。中细碎设备采用同一规格型号，可简化砂石加工工艺流程，有利于设备的维修保养。

（3）超细碎设备：设计处理能力 2600t/h，配置 6 台 B9100SE 型立轴冲击式破碎机，单台处理能力 500t/h，设备负荷率约 87%。用于破碎所有小于 40mm 物料，生产中石、小石和中粗砂。

（4）棒磨机：设计处理能力 130t/h，配置 4 台 MBZ2136 型棒磨机（其中 1 台备用）、4 台 FC15 螺旋分级机（其中 1 台备用），单台处理能力 50t/h，其中 1 台备用。采用 3～5mm 物料生产中细砂，可改善成品砂的粒度级配。

（5）第一筛分设备：设计处理能力 1700t/h，配置 4 台 3YKR2460 型圆振动筛（筛孔 80mm、40mm、20mm），单台处理能力 500t/h，设备负荷率约 85%。

（6）在第一筛分车间下部预留螺旋洗石机的布置位置，将根据瓦支沟料场石料实际含泥情况，确定是否安装螺旋洗石机。

（7）第二筛分设备：设计处理能力 2600t/h，配置 6 台 3618VM 型高频筛（筛孔 20mm、5mm、3mm），单台处理能力 500t/h，设备负荷率约 87%。

主要设备配置见表 2。

表 2　瓦支沟混凝土骨料加工系统主要设备配置表

序号	设备名称	规格型号	单位	数量	单机功率/kW	备　注
1	颚式破碎机	C130	台	4	160	粗碎车间（与反滤料及掺砾料系统共用）
2	反击式破碎机	CI532	台	4	400	中细碎车间
3	立轴冲击式破碎机	B9100SE	台	6	280×2	超细碎车间
4	棒磨机	MBZ2136	台	4	210	棒磨制砂车间，备用 1 台
5	棒条式给料机	HPF1560（S）	台	4	30	粗碎车间
6	圆振动筛	3YKR2460	台	4	37	第一筛分车间
7	圆振动筛	3YKR2060	台	1	30	第三筛分车间

续表

序号	设备名称	规格型号	单位	数量	单机功率/kW	备　注
8	高频振动筛	3618VM	台	6	37	第二筛分车间
9	螺旋分级机	FC-15	台	4	7.5	棒磨制砂车间
10	螺旋分级机	FC-20	台	4	22	第二筛分车间
11	直线振动筛	ZKR1237	台	4	2×5.5	棒磨制砂车间
12	直线振动筛	ZKR1645	台	6	2×7.5	第一筛分车间
13	电机振动给料机	GZG125-160	台	40	2×1.5	半成品堆场
14	电机振动给料机	GZG110-150	台	12	2×1.1	超细碎车间调节料仓
15	电机振动给料机	GZG60-100	台	8	2×0.55	棒磨制砂车间调节料仓
16	电动弧门	800×800	台	18		成品堆场
17	电磁除铁器	JZWB10.0	套	1	3	
18	带式输送机	$B=1400$	条	16	1350	1200m
19	带式输送机	$B=1200$	条	6	600	630m
20	带式输送机	$B=1000$	条	12	580	580m
21	带式输送机	$B=800$	条	16	460	710m
22	带式输送机	$B=650$	条	13	220	640m
23	带式输送机	$B=500$	条	4	30	68m
24	除尘器	SZMC-6/5/18	台	2	110	中细碎、第一筛分车间
25	除尘器	SZMC-8/5/18	台	1	150	超细碎、第二筛分车间

3.2 生产中的工艺改进

3.2.1 中碎车间增加圆锥式破碎机

系统运行过程中发现，经现场实测，饱和抗压强度平均值为160.4MPa，干抗压强度平均值为184.8MPa，二氧化硅含量为79.14%，原岩抗压强度较合同增加100%，二氧化硅含量超过合同提供的上限值，毛料抗压强度发生较大变化，毛料可碎性由中等可碎性石料变为难碎性石料，原系统设计按照中等可碎性石料设计，故在系统实际运行中，中碎反击破板锤磨损严重，更换频繁，影响系统连续运行。

为减少反击式破碎机的板锤更换，确保中碎车间生产能力达到设计要求，在中碎车间再增加一级破碎，以减少反击式破碎机负荷。

在中碎车间反击式破碎机前新增配置4台1650型圆锥破碎机，半成品料场的混合料通过胶带机输送至2台1650型圆锥破碎机。混合料经圆锥破碎机破碎后，通过胶带机将混合料输送至4台CI532型反击式破碎机。

经4台CI532型反击式破碎机破碎，再经第一筛分车间筛分后，将大于80mm以上和部分40～80mm物料通过胶带机输送至2台1650型圆锥破碎机（3#、4#），经2台圆锥破碎机破碎后的混合料通过胶带机输送至4台CI532型反击式破碎机，形成闭合回路。

3.2.2 增设细碎车间

经第一筛分车间筛分后的物料有大于80mm、40～80mm、20～40mm及小于20mm物料。根据电站建设实际情况，大石基本不供应，大石供应比例由15.08%降至目前实际统计的0.34%，为了解决系统供料比例变化，大石必须经中碎闭路破碎，同时中碎有40%大于80mm物料需闭路破碎。为此，在第一筛分车间后增设1台圆锥破碎机和2条皮带机，将一筛车间一部分40～80mm的物料送入圆锥破碎机进行破碎，破碎后的物料送入超细碎车间调节料仓；一部分40～80mm的物料直接送入大石仓。

3.2.3 增设小石二次冲洗车间

经检测，小石裹粉含量最大值为0.8%，最小值为0.3%，平均值为0.6%，合格率为100%。但经使用单位反映，使用前取样检测的小石裹粉含量略有超标，其他单位检测合格率87%。经分析，原因如下：

（1）在瓦支沟系统小石装车过程中，由于小石与小石之间碰撞，产生了一部分裹粉。

（2）其他标段运输至该标段的料仓，自卸车卸料过程中，由于有一定的高差，在小石卸料中石碰石产生一部分裹粉。

（3）泄水标采用地弄胶带机供应小石，胶带机机头至泄水标小石料仓有一定的高差，跌落时，产生大量的裹粉。

为进一步提高小石品质，满足使用单位在使用前的规范要求，在系统第三筛分车间后增加1台小石冲洗设备及配套设施，对小石进行二次冲洗。具体技改方案如下：

在第三筛分车间旁边增加1台3YKR2460型圆振动筛，功率30kW，安装5mm×5mm筛网，从第三筛分车间分流的5～20mm物料再经过3YKR2460型圆振动筛加水二次冲洗，进入小石堆仓。将小于5mm粒径的物料进入集水池，再由集水池通过细砂回收装置回收，进入成品砂仓。

3.2.4 增设预筛车间

在系统运行中发现，砂生产能力低，达不到额定产能。经分析，由于进立轴破物料中含小于3mm物料，占15%～20%，导致立轴破制砂效率降低。为解决这一问题，在第一筛分车间后增加预筛车间，预筛车间配置2台3YKR2460型圆振动筛，将第一筛分车间小于20mm物料筛分后，大于3mm物料进入立轴破，小于3mm物料进入洗砂车间，洗砂车间冲洗后进入成品砂堆。

经产能测试，预筛车间小于3mm物料占进料量的15%，立轴破制砂效率提高5%。

4 创新成果

由于采用了改进的生产工艺，并及时改造生产中的不足，其生产的骨料：

(1) 大石、中石采用中碎反击式破碎机整形，针片状含量不大于12%，满足合同要求且标准高于规范要求，合格率达100%。

(2) 小石采用中碎反击式破碎机和细碎立轴式破碎机整形，针片状含量不大于12%，满足合同要求且标准高于规范要求，合格率达100%。

(3) 针对粗骨料裹粉问题，采用粗骨料二次破碎和冲洗措施，使粗骨料裹粉满足规范和设计要求。

(4) 成品砂采用超细碎车间、棒磨机车间、细砂回收装置车间三部分组成，保证了成品砂的级配连续、细度模数稳定、粒型好，且满足规范要求，石粉含量满足规范要求。

(5) 研制了对人工砂控制加水量冲洗的方法，有效降低油性碳物质含量，成品砂油性碳物质含量控制在0.015%之内。并研制了人工砂人工干扰插管脱水法，控制了人工砂脱水时间，保障了骨料质量。

(6) 人工砂、小石、中石品质检查合格率详见表3～表5。

表3 人工砂检测统计表

检测项目	细度模数	石粉含量	泥块含量	含水率	饱和面干表观密度	堆积密度	坚固性	饱和面干吸水率
合格率/%	98.8	100	100	—	100	—	100	—

表4 小石（5～20mm）检测统计表

检测项目	超径	逊径	中径	含泥量	针片状含量	饱和面干表观密度	堆积密度	饱和面干吸水率	坚固性
合格率/%	100	100	100	100	100	100	—	100	100

表5 中石（20～40mm）检测统计表

检测项目	超径	逊径	中径	含泥量	针片状含量	饱和面干表观密度	堆积密度	饱和面干吸水率	坚固性
合格率/%	100	100	99.6	100	100	100	—	100	100

5 结语

两河口水电站瓦支沟骨料加工系统出现问题的主要原因是料源的强度不均衡、石料的磨蚀性差、含有油性炭物质。规模品种的调整原因是，根据实际的生产需要将生产二级、三级配骨料为主调整为生产二级配骨料为主。对系统改造后，形成了一套可满足砂板岩生产骨料控制针片状含量高的工艺。中碎选用CI532型反击式破碎机和细碎选用B9100SE型立轴式破碎机整形，有效降低了粗骨料的针片状含量；采用粗骨料二次破碎的冲洗措施和三车间组合砂级配方案，较好地解决了骨料裹粉和砂质量欠佳的矛盾，检测质量指标均满足设计和规范要求。

两河口水电站采用的砂板岩骨料在配制混凝土中效果明显，表现在水胶比较高、用水量较少、含砂率较低，进而降低整体胶凝材料用量，经济效益和社会效益明显。

高坪桥水库混凝土面板施工及质量控制

李文强　曹望龙/中国水利水电第十二工程局有限公司

【摘　要】 高坪桥水库堆石坝混凝土面板采用无轮无轨滑模施工工艺，滑升速度快，表面光滑平整。施工中采取大坝填筑到顶经过预沉降5个月后再进行面板混凝土浇筑的方案。本文对混凝土的原材料、配合比、运输、坍落度、模板、振捣、养护、防裂等工序进行了翔实地施工和质量管控论述，具有较好的参考价值。

【关键词】 高坪桥水库　混凝土面板　施工质量　管控措施

1　工程概况

高坪桥水库工程位于浙江省衢州市龙游县社阳乡高坪桥村，为混凝土面板堆石坝，最大坝高61m。面板混凝土共分28块，其中中部为12m宽的13块，两岸边为8m宽的15块，面板厚均为40cm，上游坝坡1∶1.3，最大斜长96.4m，面板设计总面积19320m^2，混凝土设计为C30W10F100，混凝土面板不分期，使用滑膜一次完成。从2019年3月6日开始面板浇筑，至5月5日结束，共浇筑混凝土8505m^3。

高坪桥水库面板混凝土采用无轮无轨滑模施工工艺，跳仓浇筑，滑升速度快，表面光滑平整。在大坝填筑到顶经过5个月预沉降，满足月沉降5mm以内要求后，再进行面板混凝土浇筑。对混凝土各工序均进行了严格管控，取得了较好的效果。

2　混凝土面板施工

2.1　模板安装

在侧模安装前，对砂浆垫层布置3m×3m网格进行平整度测量，偏差控制在±5cm，局部超出部分进行人工凿除处理，确保垫层平顺、密实。

混凝土面板块与块之间设有伸缩缝，缝中设有两道止水，即铜片止水和表面嵌缝填料止水。止水铜片的垫层为10cm厚水泥砂浆和6mm的PVC垫片，砂浆垫层的平整度是确保面板平整的关键，施工中除按施测的基准抹平外，还经过两次检查和修整，平整度控制在5mm范围内。止水铜片采用1.2mm厚卷材，由于铜片接头是止水的薄弱点，为了减少铜片接头，购买成卷的定制尺寸铜片，通过自制压模台制作，可连续压制，一次成型。止水铜片在现场加工，长度与面板分缝等长，在止水铜片的凹槽内嵌入ϕ12氯丁橡胶棒和泡沫塑料板，并用胶带封口，防止水泥浆进入凹槽。

侧模用20cm×20cm方木制作，方木与止水铜片之间塞海绵作止浆措施，方木与方木之间采用蚂蟥钉连接，并用双排对拉螺栓固定；侧模顶部中间设置一根ϕ20钢筋支承滑模，以减轻滑模滑行阻力。

面板混凝土浇筑采用整体式无轮无轨钢滑模施工，8m宽面板施工采用长10m、宽1.2m的整体式滑模，12m宽面板施工采用长13.5m、宽1.2m的整体式滑模。滑模超过面板条块宽1～2m，主要用于周边三角块的平移转动浇筑，达到周边三角块与主面板一起浇筑的目的。滑模上设置有工作平台和表面修整平台，直接在侧模或先浇块面板上滑行，使用方便。

2.2　钢筋网架设

面板设有单层的钢筋网，钢筋由加工厂集中加工，人工现场绑扎。绑扎时钢筋网的位置以测量放线为依据，先用ϕ20钢筋布设成200cm×200cm的网点，打入基层深度30cm，在插筋上绑扎架立筋，然后从下向上绑扎钢筋网。

2.3　滑模系统就位

滑模系统由滑模、卷扬机、滑轮等组成，其中8t卷扬机布置2台，作业时采用ϕ25钢丝绳缠绕3圈，卷扬机锚固采用2块各重5t的预制混凝土块垂直堆放进行配重，用25t汽车吊吊装就位。为控制和调节卷扬机起吊角度，卷扬机固定在钢支架上，使滑模滑行时牵引绳方向与面板坡比一致。滑模用25t汽车吊吊至该块侧模上或先浇块面板上，放平稳后，用保险钢丝绳与卷扬机支架固定牢，待卷扬机的牵引钢丝绳与滑模板连接好，松脱保险绳，用卷扬机将滑模板放到面板底部，并试滑两次。

滑模板就位后，即在钢筋网上布设2条浇筑混凝土用溜槽，溜槽用2mm钢板制作，溜槽每节长2m，上接集料斗，下至离滑模板前缘1.0～1.5m处，分段系在钢筋网上。

2.4 面板混凝土配合比设计

针对面板混凝土的施工特性，在满足设计要求的强度、耐久性及和易性前提下，重点考虑其抗渗防裂问题，面板防渗的前提是防裂，通过掺加适量外加剂，改进施工工艺，采用低坍落度混凝土施工，提高混凝土本身的抗裂能力，防止面板产生裂缝。

2.4.1 原材料选用

(1) 水泥：选用P·O42.5普通硅酸盐水泥，该水泥质量稳定，早期强度高，干缩变形小，可提高混凝土的抗拉强度和极限拉伸值，提高抗裂能力。

(2) 骨料：本工程大坝填筑石料场经吸水率检验，均大于设计指标，不适合作为面板混凝土骨料。经过试验及综合考虑，距大坝上游400m的管理房处的凝灰岩石料符合技术规范要求，适合轧制为人工骨料。骨料共分为5～20mm和20～40mm二档，吸水率在2%以下，河砂的细度模数在2.6～2.8之间，含泥量小于1%。

(3) 外加剂：优选外加剂是提高面板混凝土抗裂能力的关键，通过大量试验研究和优选掺量。确定选用优质的防裂剂（VF）、引气剂（BLY）、高效减水剂（NMR－1）和优质的Ⅱ级粉煤灰。面板混凝土同时内掺入KJ聚丙烯抗裂纤维，掺量0.9kg/m^3，要求搅拌均匀。

2.4.2 配合比的确定

经现场复核试验，最后选用以下配合比作为施工用配合比，如表1所示。

表1 试验配合比

强度等级	水灰比	砂率/%	材料用量/(kg/m^3)									
			水	水泥	粉煤灰15%	河砂	小石	中石	NMR－1高效减水剂0.75%	BLY引气剂1.0%	防裂剂10%	聚丙烯抗裂纤维
C30W10F100	0.38	35	137	270	54	622	468	707	2.7	3.61	36	0.9

2.5 混凝土制备和运输

拌和系统与浇筑点大坝就近布置，尽量减少水平运输距离为原则，面板混凝土拌和系统布置在位于拦河坝上游右侧，距离右坝头约450m，拌和系统布置一台型号JS1000搅拌机，生产率50m^3/h。另在拦河坝下游坝后坡空地布置一台型号JS750，生产率35m^3/h的搅拌机作为备用。混凝土采用四辆5t农用车，通过溢洪道交通桥运输至坝上，卸料至料斗，通过溜槽入仓浇筑。混凝土的配合比严格按试验室签发的配料单配料，各种材料称量准确。经现场质检人员抽查，砂石料称量误差不超过2%，水泥及外加剂称量误差不超过1%，拌和时间不少于120s，确保混凝土拌和均匀。

2.6 混凝土浇筑

混凝土运至坝顶后，将料卸入集料斗中，然后沿溜槽从坝顶溜至仓面。由于混凝土运距短，坍落度损失小，无分离现象，倒入料斗的混凝土均能自由下滑，不存在卸料困难和混凝土在溜槽内受阻现象。混凝土浇筑分层进行，做到“短滑、薄铺、浅振”的技术要领。所谓“短滑”，是指模板一次滑行距离短，控制在30～40cm；“薄铺”指一次铺料厚度不能太厚，控制在20～30cm；“浅振”指混凝土振捣时，振动棒要沿模板架铅直插入，不可伸入模板底部。以免造成模板架上抬而影响面板表面平整度。模板上滑后，对表面进行抹面，保证表面光洁。

在离滑模板前沿约10～15cm处，用直径为50mm的插入式振捣器对混凝土进行捣实，直至表面泛浆，接着依次向上振捣，振捣器垂直上游坝面插入，目视混凝土不显著下沉，不出现气泡，并开始泛浆为准。这种施工工艺，能保证混凝土密实，面板形体好，表面光滑平整。接缝止水处由于有止水设施，且钢筋密集，因此采用ϕ30型振捣器振捣。

实际施工过程中，滑模每次滑升距离为30～40cm。滑模板呈间歇状移动。滑升速度过快，不能保证振捣质量；速度过慢，混凝土出模强度大，混凝土表面可能被拉裂。浇筑过程中，根据混凝土的坍落度，最快滑升速度为3.3m/h，最慢滑升速度为2.0m/h，平均滑升速度为2.4m/h。

2.7 周边三角块施工

岸坡段的混凝土面板，受地形条件的限制，面板底部成三角形，采用无轮无轨滑模施工，无侧向约束，滑升时两端可不必同步，有效地避免了三角块单独施工时将要出现的施工缝，提高了面板的整体性。浇筑时，先将滑模平行于周边趾板，在滑模的上沿从低端到高端逐步浇满混凝土，并逐步提升滑模较低的一端，高端不提升，使滑模旋转，直至三角块浇满，滑模已转成水平，转入正常滑升。

3 混凝土面板防裂措施

面板混凝土的防裂是面板坝施工的一个重点，面板裂缝产生的主要原因是混凝土自身的收缩及外界温度、风速、湿度和干燥度变化有关。针对裂缝的成因及浇筑期的特殊气候特点，结合其他面板坝施工的经验，在高坪桥水库工程中采取如下防裂措施：

（1）对于坝体填筑，严格按照填筑、碾压参数进行施工，并做好周边缝、两岸坡的接坡处理，以控制坝体的沉降量。

（2）减轻对面板的约束。采用M10水泥砂浆固坡，垫层密实、平顺，混凝土超（欠）填量少，保证了面板的形体匀称。

（3）原材料选择。水泥选用优质的P·O42.5普通硅酸盐水泥，提高混凝土的抗拉强度和极限拉伸值，控制砂石骨料的吸水率和含泥量，减少混凝土的收缩。

（4）采用双掺防裂外加剂。本次掺入防裂剂（VF）和聚丙烯抗裂纤维，提高混凝土本身的抗裂能力，防止面板产生裂缝。

（5）采用低坍落度混凝土施工。面板施工前，反复进行了配合比试验，在坍落度仅为2～4cm的情况下，能保持优良的施工性能。

（6）对脱模后的混凝土，采用了二次压面工艺。即对脱模后的混凝土及时进行第一次抹面，待混凝土表面收水，再挂上安全绳，进行第二次压面。不仅提高了混凝土表面的光洁度和平整度，而且混凝土表面的密实度也得到提高，表面气孔大大减少。

（7）面板浇筑期间属于多雨季节，平均降雨天气在50%以上，为避免混凝土受到雨水冲蚀，浇筑期间在仓面搭设了防雨棚，通仓搭设，工作量虽然很大，但质量得到了保证。

（8）加强面板的养护和防护，主要就是防晒、保湿和防风的措施。风速对表面裂缝的产生影响很大，在混凝土表面收水、二次压面结束后，混凝土面覆盖塑料薄膜，防止风干；待混凝土具有一定强度后，撤掉塑料薄膜，铺设无纺布，然后洒水养护，并在面板顶部安装多孔水管常流水，结合喷洒养护，并由专人负责，直至蓄水。实践证明，保温保湿效果良好。

（9）施工中抽调了一批参加过金造桥、金钟及街面水电站面板坝施工的技术骨干和技术工人，施工前由技术人员做好交底工作，同时项目部领导、技术、质检、试验人员都在现场值班，三班都有人严格把关。

4 施工质量控制措施

4.1 材料质量控制

在面板施工中，钢筋、水泥等原材料均有质保书，并按规定进行取样检测，合格后才能进货。在现场主要加强对黄沙、石子、水泥等质量的抽检，不合格材料坚决不予使用。

4.2 拌和质量控制

试验人员24h在现场值班，每隔4h在现场进行砂及石料的含水量测定，并及时调整含水量；对砂、石料、水泥、外加剂等的称量，随时进行抽检，以确保拌和质量。混凝土坍落度在面板开始浇筑时（起始段）一般控制在2～4cm，正常滑升后控制在1～3cm，根据天气情况调整坍落度，现场实测177次，最大值4.0cm，最小值1.5cm，平均值2.4cm。

4.3 现场质量控制

4.3.1 坍落度控制

坍落度的控制采用现场目测和实测相结合的方法，对每一车混凝土都进行坍落度检测，凡是发现坍落度大于4cm或小于1cm的混凝土，均移作他用，并用对讲机及时通知拌和站调整。事实证明，高坪桥水库的面板混凝土，在高减水低坍落度的情况下，始终保持了优良的施工性能，混凝土能在斜溜槽顺利下滑，不分离，不泌水，入仓后易振捣密实，没有发生混凝土无法下滑而任意加水和骨料分离跳出溜槽的情况。

4.3.2 混凝土浇筑质量控制

混凝土入仓后迅速振捣，并全面定人、定范围，严防漏振。同时，由于滑模宽度只有1.2m，振捣时特别注意不将振捣器插入滑模内，以免造成面板不平。

混凝土分层浇筑，每次滑升高度控制在30～40cm，最大滑升速度不大于4.0m/h，以确保混凝土表面平整，同时，滑升速度不能过小，避免混凝土表面产生粘拉裂缝。

4.3.3 质量工程师旁站监督

面板混凝土浇筑期间，质量工程师24h轮换值班，对面板混凝土施工进行旁站监督和指导，及时解决施工中出现的问题，保证了面板的质量。

5 效果分析

从混凝土现场取样试验的统计资料可以看出，面板混凝土共取抗渗试块10组，抗渗标号均大于C30；抗压试块共94组，平均强度$R=38.1$MPa，离差系数$C_v=0.10$，强度保证率大于98.1%，表明混凝土质量优良。

又对面板进行二次逐块全面检查，均没有发现面板贯穿性裂缝，也没有表面龟裂裂缝，混凝土表面光滑平整，平整度不大于2.0cm。

6 结语

高坪桥水库面板混凝土成功地使用了低坍落度及双掺防裂材料混凝土施工，掺入防裂剂及钢纤维，提高混凝土的抗裂性能，施工质量优良，面板表面光洁平整，较好地解决了面板混凝土的防裂问题，为混凝土面板坝施工积累了经验。

国内水泥透水混凝土技术浅论

陈勇忠/中国水利水电第十六工程局有限公司

【摘　要】当前，国内城市地下水位下降，形势堪忧，国家提倡绿色城市、海绵城市。道路和场坪建设采用水泥透水混凝土已渐为世界各国城市所青睐。本文介绍了现阶段国内透水水泥混凝土的技术研究成果，重点论述了透水水泥混凝土的材料选择、配合比设计、室内试验、现场施工和质量检测的要点及注意事项。

【关键词】海绵城市　地下水位　透水混凝土　设计施工要点

1　概述

现代城市的发展使原有的自然土壤表面被水泥、沥青等不透水的材料所覆盖，使本来“会呼吸的地面”变得无法渗水，从而引发了诸如地表径流增加、地下水补给减少、城市水体受到污染以及城市小气候恶化等问题。尤其是由于地表径流系数的增加，大量雨水不能渗入土壤而直接排放，其分流到排水体系中会造成对城市水体的污染，合流到排水体系中则会加大城市排水压力，并严重影响城市污水处理厂的正常运行，这显然与当前提倡的“资源节约型、环境友好型”“绿色城市、海绵城市”的社会目标是相悖的。

西方工业化和城市化发展较早的国家，也曾饱受地下水下降、湖泊干枯、绿化下降、洪水淹城等灾害。为减少“混凝土城市”的影响，除减少工业用地下水外，西方国家大力发展城市的水系环境设施，其雨水利用技术已进入标准化和产业化阶段，政府规定，应对新建小区征收雨水排放设施费和雨水排放费，如果在建设中设计了雨水利用设施，采用了透水铺装材料（透水混凝土占了很大部分），则此项费用将不予征收。

我国正处于工业化和城市化的发展期，地下水水位下降、河水水质变差的形势仍然严重，虽已开始重视地下水位降低问题，但力度还够大，企业的自觉性还不高，地下水位降低10m以上的城市较多。

透水混凝土的优点主要在于能够使雨水迅速渗入地表，还原成地下水，使地下水源得到及时补充，减缓洪水的汇积速度；提高地表的透气性、透水性，保持土壤湿度，增加城市绿色环境，改善河流水质；吸收车辆等噪声，创造安静舒适的生活环境；在雨天能防止路面积水和夜间反光，改善车辆行驶以及行人的舒适度和安全性；透水混凝土具有较大的孔隙率，有利于调节城市的地表湿度。因此，透水混凝土是目前国内外重点开发引用的生态功能混凝土品种之一，是建设海绵城市的重要举措。由于透水混凝土性能独特，其材料要求、配合比设计、拌和运输及施工养护等方面与普通混凝土有较大的区别。透水混凝土分水泥透水混凝土和沥青透水混凝土。水泥透水混凝土又分半透水混凝土和高透水混凝土。本文主要论述国内水泥透水混凝土在设计指标、材料选择、配合比设计、性能试验以及施工等方面的发展情况，比较其与普通水泥混凝土的异同点。对沥青透水混凝土此次不进行论述。

2　透水水泥混凝土设计指标

2.1　半透水水泥混凝土设计指标

半透水水泥混凝土，不同的设计项目对性能要求也不相同。半透水水泥混凝土设计指标见表1。

表1　　半透水水泥混凝土设计指标

项　目		计量单位	性能要求	
耐磨性（磨坑长度）		mm	≤30	
透水系数（15℃）		mm/s	≥0.5	
抗冻性	25次冻融循环后抗压强度损失率	%	≤20	
	25次冻融循环后质量损失	%	≤5	
连续孔隙率		%	≥10	
强度等级		—	C20	C30
抗压强度（28d）		MPa	≥20.0	≥30.0
抗弯强度（28d）		MPa	≥2.5	≥3.5

2.2 高透水水泥混凝土设计指标

高透水水泥混凝土的设计指标应根据设计要求的孔隙而确定，国内暂没有统一标准。

3 透水水泥混凝土原材料选择

水泥透水混凝土，有人也称无砂混凝土，但由于水泥透水混凝土的多用途性，实际施工中为了增加强度，调节孔隙率，而掺10%～15%细骨料（砂），形成低透水率水泥透水混凝土。其与不掺砂的水泥透水混凝土以及高透水率的水泥透水混凝土统称为水泥透水混凝土。

3.1 水泥

采用等级不低42.5级的硅酸盐水泥或普通硅酸盐水泥。有的项目采用白水泥加染料的方案，使外观与环境更加匹配。但加色料应注意环保，最好由正规的大水泥厂家出厂前一次完成，避免色调不一致。

3.2 外加剂

符合《混凝土外加剂》（GB 8076—2008）规定的外加剂皆可用于水泥透水混凝土。

3.3 增强料

为了增强透水混凝土的黏结力和强度，水泥透水混凝土中须采用增强料。增强料分有机材料和无机材料两类，无机材料以硅灰为主，有机材料以聚合物乳液为主。在同时掺入减水剂后掺入硅灰，多孔水泥透水混凝土既能保持一定的透水系数，其抗压强度也有明显的提高[1]。随着聚合物乳液的加入，新拌的水泥透水混凝土和易性明显改善，黏聚性增大，当聚合物掺量大于2%时，抗压强度达到最高，孔隙率略有下降，而当聚合物掺量达到4%时，水泥透水混凝土抗压强度开始下降[1]。

增强料的技术指标应符合表2规定。

表2　增强料的技术指标

聚合物乳液（有机料）	固含量/%	延伸率/%	极限拉伸强度/MPa
	40～50	≥150	≥1.0
活性 SiO_2（无机料）	SiO_2 含量应大于85%		

3.4 细骨料

一般来说，透水水泥混凝土没有采用细骨料，但有时为了调节孔隙率，有些水泥透水混凝土也掺入部分细骨料（10%～15%）。掺入部分细骨料后，水泥透水混凝土抗压强度相应增加。当砂率大于15%时，孔隙率明显下降[2]，使用河沙和机制砂双掺时增强效果大于单掺砂[3]。采用的人工砂或天然砂的各项指标应符合《普通混凝土用砂、石质量及检验方法标准》（JGJ 52—2006）规定。

3.5 粗骨料

透水水泥混凝土的粗骨料采用卵石和碎石皆可，碎石比较常用。粗骨料应有较高的强度，可以是单级料，也可以是多级料或连续料。采用的粗骨料，其质量在满足《普通混凝土用碎石或卵石质量标准及检验方法》（JGJ 53—92）规定的同时，还应满足表3要求。

表3　粗骨料性能指标

项　目	计量单位	指　标		
		1	2	3
尺寸	mm	2.4～4.75	4.75～9.5	9.5～13.2
压碎值	%	<15.0		
针片状颗粒含量	%	<15.0		
含泥量（按质量计）	%	<1.0		
表观密度	kg/m^3	>2500		
紧密堆积密度	kg/m^3	>1350		
堆积孔隙率	%	<47.0		

3.6 水

透水水泥混凝土拌和用水应符合《混凝土用水标准》（JGJ 63—2006）的规定。

4 透水水泥混凝土配合比设计

4.1 设计指标

应分析透水水泥混凝土的设计指标，根据透水率和强度等级确定采用的透水水泥混凝土的种类。透水率要求低的（半透水），可采用掺入部分砂或采用多级粗骨料，但高透水率水泥混凝土则应根据要求选择某一级粗骨料，粗骨料粒径对透水水泥混凝土性能的影响见表4。

表4　粗骨料粒径对透水水泥混凝土性能的影响

骨料公称粒径/mm	2.5～5.0	5.0～10.0	10.0～16.0	10.0～20.0
孔隙率/%	17	24	36	40
抗压强度/MPa	33.8	36.2	29.8	24.6
透水系数/(mm/s)	0.23	0.29	0.31	0.47

4.2 半透水水泥混凝土配合比设计

（1）计算透水水泥混凝土的试配强度 f_m：

$$f_m=1.15f_c \quad (1)$$

式中：f_m 为透水水泥混凝土的试配强度，MPa；f_c 为透水水泥混凝土的设计强度，MPa。

（2）确定粗骨料用量 W_G：

$$W_G=\alpha\rho_G \tag{2}$$

式中：W_G 为粗骨料用量，kg/m^3；α 为修正系数，取 0.98；ρ_G 为粗骨料紧密堆积密度，kg/m^3。

（3）确定胶结料浆体体积 V_p：

$$V_p=1-\alpha(1-V_C)-R_{Void} \tag{3}$$

式中：V_p 为胶结料浆体体积，m^3/m^3；V_C 为粗骨料紧密堆集孔隙率，%；R_{Void} 为设计孔隙率，%。

（4）确定水胶比。水胶比应经试验确定，性能应满足表 1 的要求。水胶比的范围应在 0.25～0.35 之间，可采用孔隙率与水胶比、强度与水胶比进行线性回归，得出合适的水胶比。确定用水量时，以其稠度可有效包裹骨料表面为宜，既不会因太稀致水泥浆太薄，引起强度较低和堵塞骨料孔隙，又不会因太稠导致较难均匀包裹骨料表面，不利于强度提高。

（5）确定单位体积水泥用量 W_C：

$$W_C=[V_p/(R_{W/C}+1)]\times\rho_C \tag{4}$$

式中：W_C 为水泥用量，kg/m^3；V_p 为胶结料浆体体积，m^3/m^3；$R_{W/C}$ 为水胶比；ρ_C 为水泥密度，kg/m^3。

（6）确定单位体积用水量和外加剂掺量：

$$W_W=W_CR_{W/C} \tag{5}$$

$$M_B=W_Ca \tag{6}$$

式中：W_W 为用水量，kg/m^3；W_C 为水泥用量，kg/m^3；$R_{W/C}$ 为水胶比；M_B 为外加剂用量，kg/m^3；a 为外加剂掺量，%。

（7）当掺用增强料时，掺量应按水泥用量的百分比计算，不宜采用体积比。为增加透水水泥混凝土强度和抗裂度，也可在不影响透水率的情况下添加纤维。

（8）根据试验得到的透水水泥混凝土强度、孔隙率与水胶比关系，采用回归法或作图法求出满足孔隙率和配制强度要求的水胶比，并应据此确定水泥和用水量，最终确定正式的试验配合比，求出最优配合比。

4.3 高透水水泥混凝土配合比设计[4-5]

计算高透水水泥混凝土试配强度，计算公式与式（1）相同；根据设计孔隙率选择骨料粒径，确定骨料用量，计算公式与式（2）相同；确定水泥用量则根据经验公式

$$C=69.36+784.93f_m/f_h \text{[4]} \tag{7}$$

式中：C 为水泥用量，kg/m^3；f_m 为配置强度，MPa；f_h 为水泥实测强度，无资料时可取 1.13 倍水泥标准强度，MPa。

（1）确定合理水灰比（或确定用水量）。以粗骨料表面浆液全面包裹，用手轻握骨料，聚团状而手面没有稀浆释出为准。最后均需用设计指标进行核定。

（2）计算 1m^3 混凝土中各成分重量（体积法并校正）。

$$\frac{G}{\rho_g}+\frac{C}{\rho_C}+\frac{W}{\rho_W}+P=1 \tag{8}$$

式中：G、C、W 分别为骨料、水泥和水的用量，kg/m^3；ρ_g、ρ_C、ρ_W 分别为骨料、水泥和水的密度，kg/m^3；P 为孔隙率，一般为 15%～25%。

根据各材料用量及孔隙率，分别计算各材料的体积，高透水混凝土的总体积为各材料体积及孔隙率之和（V），最终各材料的实际用量为计算用量乘以校正系数（1000/V）。体积法一般不提倡。

5 室内透水水泥混凝土拌和成型及性能检测

5.1 拌和成型

按计算的配合比称重，分两次加入强制式搅拌机，一半最后加入。每次搅拌 180s，搅拌完以保证拌和物中水泥浆体均匀包裹在骨料表面为准。采用压力成型法、插捣成型法、振动成型法或振压成型法，以振动成型法为佳。振动成型法控制振动时间 8～12s 为宜，若采用压力成型法，压力宜控制在 60～80kN（150mm×150mm 试块）[3]，压力维持 5s。成型 18～30h 后用 2～4MPa 可调压水枪对表面进行冲洗，带模在标准养护室养护 2d 后拆模，放入标准养护室至测试龄期。

5.2 性能检测

透水水泥混凝土性能检测的项目除设计另有规定外，常用的有耐磨性、透水系数、抗冻指标、抗压和抗弯试验。试验方法参见《透水水泥混凝土路面技术规程》（CJJ/T 135—2009）相关要求。

6 透水水泥混凝土施工要求

（1）新拌混凝土出机至作业面的运输时间不宜超过 30min。

（2）透水水泥混凝土从搅拌至浇筑完毕允许最长时间见表 5。

表 5 透水水泥混凝土从搅拌至浇筑完毕允许最长时间

施工温度 T/℃	允许最长时间/h
5≤T<10	2.0
10≤T<20	1.5
20≤T<32	1.0

（3）目前，国内透水水泥混凝土路面和场坪成型主要采用摊平机摊平后用碾压机压实振平、人工补缺再碾

压和人工摊铺刮平、振动碾碾压、找平机找平、人工补缺两种方法。

(4) 面层透水水泥混凝土要与基层混凝土同步浇筑，两层摊铺间隔时间不超过6h，以4h为宜。

(5) 浇筑18～30h后用2～4MPa高压可调压水枪进行表面冲洗，保湿养护7d。

(6) 若采用轻骨料拌制透水水泥混凝土，应注意施工器械以不压碎粗骨料为准。

7 结语

水泥透水混凝土因其多方面的优势功能，已渐为世界各国城市建设所青睐，已成为改善地下水位、绿化城市、减灾防洪和海绵城市建设的重要举措，国内透水水泥混凝土的实施在多个项目上均取得了较好成果，建筑市场发展潜力较大，是今后城市建设发展的重要途径和举措。

参考文献

[1] 张高波，龚平. 骨料粒径和体积砂率对再生骨料透水混凝土性能的影响 [J]. 四川建材，2014 (3)：35-36，38.

[2] 徐仁崇，桂苗苗，龚明子，等. 不同成型方法对透水混凝土性能的影响研究 [J]. 混凝土，2011 (11)：129-131.

[3] 徐芬莲，赵晚群，卢佳林，等. C20露骨透水混凝土的研制及工程应用 [J]. 混凝土，2013 (9)：140-143.

[4] 王从锋，刘德富. 高透水混凝土配合比设计优化及应用 [J]. 四川建筑科学研究，2011，37 (5)：237-239.

[5] 尹健，张贤超，宋卫民，等. 基于混料设计理论的透水混凝土骨料特征响应分析 [J]. 建筑材料学报，2013，16 (5)：846-852.

龙开口水电站混凝土生产系统工艺设计与布置

陈　笠　王玉忻/中国水利水电第八工程局有限公司

【摘　要】 龙开口水电站大坝混凝土系统生产规模大、强度高、高峰期持续时间长。针对其混凝土出机口温度要求高、工艺复杂、设备与构筑物多、场地高差大、料源运距离长、混凝土质量控制难度大等难题和关键工序，系统在设计过程中采用骨料二次风冷、加片冰、冷水拌和等预冷措施，粗骨料二次筛分工艺，分4个高程合理布置设施、简化工艺流程、增大砂石料仓储量、减少建安工程量等综合措施，累计生产混凝土超过300万 m^3，质量均满足设计和规范要求，取得较好的成果。

【关键词】 龙开口水电站　混凝土生产系统　工艺设计　系统布置

1　工程概况

龙开口水电站位于云南省大理白族自治州与丽江市交界的鹤庆县朵美乡龙开口村河段上，坝高116m，总库容5.07亿 m^3，装机规模为1800MW，是金沙江中游河段规划的第六个梯级电站，上接金安桥水电站，下邻鲁地拉水电站，主要由挡水建筑物、泄洪冲沙建筑物、右岸坝后式引水发电系统及左右岸灌溉取水口等建筑物组成。

大坝混凝土生产系统承担混凝土生产任务约303万 m^3，需满足常温混凝土最大月高峰强度17.9万 m^3、预冷混凝土最大月高峰强度15.4万 m^3 以及最大小时入仓强度608m^3 的浇筑要求。预冷碾压混凝土出机口温度为12℃，预冷常态混凝土出机口温度为11℃。

2　系统布置

系统位于大坝下游右岸约300m处，主要布置在高程1272m、1275m、1277m、1287m和1295m五个平台上，场地面积约6.8万 m^2。由于系统生产总量大、强度高，而业主给定的场地场地坡度陡，物料输送爬坡距离远，相对要求有更大的建安面积才能满足设计要求和现有的场地条件。为紧凑布局，充分利用地形高差来尽量减小系统的占地面积，缩短物料输送距离和输送高差，按照系统主要工艺流程特点，将成品料仓、二次筛分楼、一次风冷料仓、拌和楼等主要设施依次布置在5个有高差的平台上。

4座拌和楼大致呈现一排布置在右岸上坝公路旁边的高程1272m平台上，1#、2#与3#、4#之间前后错开一定距离，便于设备安装，并且有助于保证混凝土运输车辆车流顺畅。预冷系统所有设施均布置在拌和楼所在的高程1272m平台，并尽量靠近需要配合生产的设备或设施。一次风冷车间紧靠一次风冷料仓布置；二次风冷车间靠近拌和楼布置；1#制冰楼布置在1#与2#拌和楼之间，2#制冰楼布置在3#与4#拌和楼之间。

胶凝材料罐以双排形式布置在高程1275m平台上，在胶凝材料罐周边设置有专门的卸料通道和回转平台，满足混凝土生产高峰月时胶凝材运输罐车车流量大的需求，保证胶凝材料运输罐车车流的交通顺畅。空压站紧靠消耗压缩空气最多的胶凝材料罐布置，以减少压缩空气损耗量。

污水处理系统布置在二次筛分楼所在的高程1277m平台，设置了面积较大的污水处理车间，能高效处理二次筛分楼冲骨料冲洗后的污水，最大程度提高污水回收利用率。沉淀池布置在高程1272m平台，靠近4座拌和楼，保证拌和楼冲洗水快速顺畅流入。另在合适位置布置配电室、冷却塔、地泵房、修理车间、试验室、弃料仓、仓库等设施。

系统平面布置见图1。

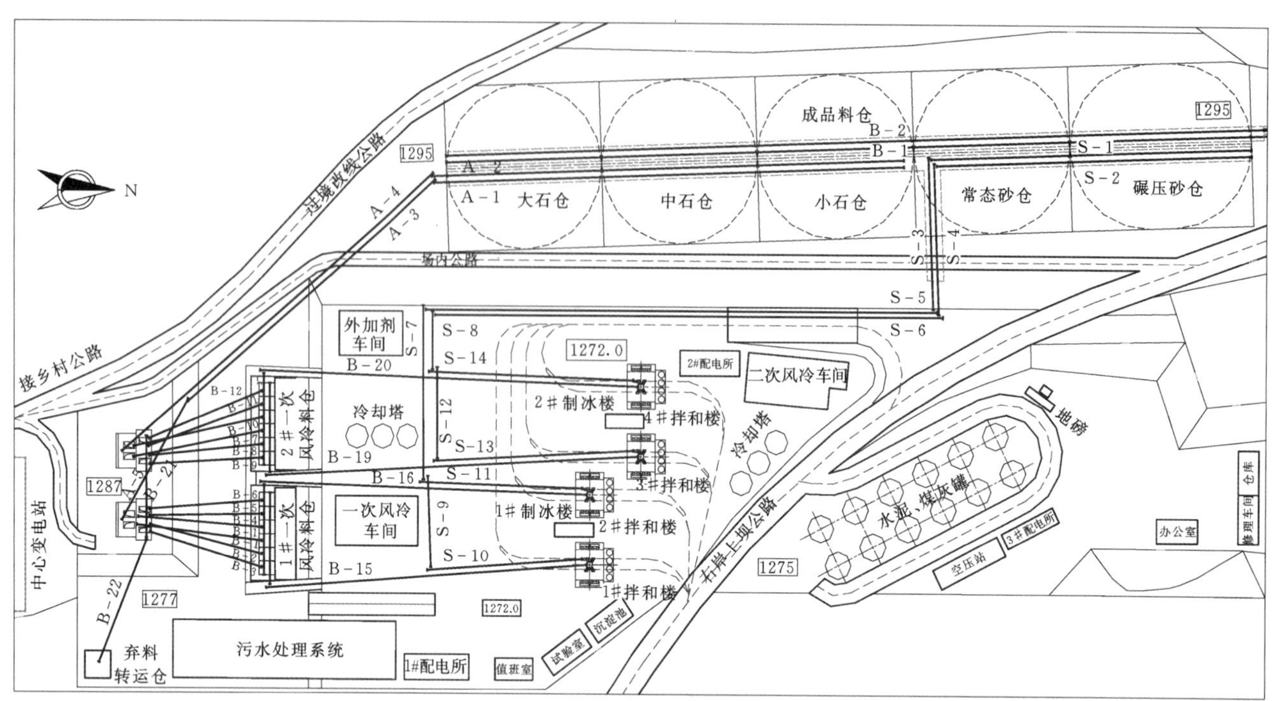

图1　混凝土生产系统平面布置图

3　工艺设计

系统工艺流程根据混凝土高峰月生产强度、小时设计生产能力、预冷混凝土出机口温度、主要参考配合比、布置位置的地形地质资料及所处地域的水文气象特点等基本条件进行设计。系统配置4座HL270－2S4000L强制式拌和楼（铭牌生产能力为常态混凝土270m³/h，碾压混凝土220m³/h，预冷混凝土180m³/h），常态混凝土设计生产能力1080m³/h，碾压混凝土设计生产能力880m³/h。4座拌和楼均配置预冷设施，制冷容量1350万kcal/h（标准工况），可满足高温季节碾压混凝土12℃、常态混凝土11℃的出机口温度要求。系统主要工艺流程见图2。

系统主要技术指标根据主要工艺流程及基本设计条件进行计算，并考虑适当的余量后确定。系统主要技术指标见表1。

表1　混凝土生产系统主要技术指标表

序号	项目		单位	指标	备注
1	混凝土生产能力	常温常态混凝土	m³/h	1080	
		常温碾压混凝土	m³/h	880	
		预冷混凝土	m³/h	600	
2	预冷混凝土出机口温度	碾压混凝土	℃	12	
		常态混凝土	℃	11	
3	骨料调节料仓容量	粗骨料	m³	49500	满足浇筑高峰期7天储量
		细骨料	m³	38500	满足浇筑高峰期10天储量
4	胶凝材料仓容量	水泥	t	6000	满足浇筑高峰期7天储量
		粉煤灰	t	8000	满足浇筑高峰期10天储量
5	一次风冷料仓容量		m³	3800	
6	制冷容量		10^4kcal/h	1350	标准工况
7	最大供水量		m³/h	700	
8	空压机房容量		m³/min	260	
9	系统总装机功率		kW	16690	
10	系统总建筑面积		m²	3678	
11	系统总占地面积		m²	68000	

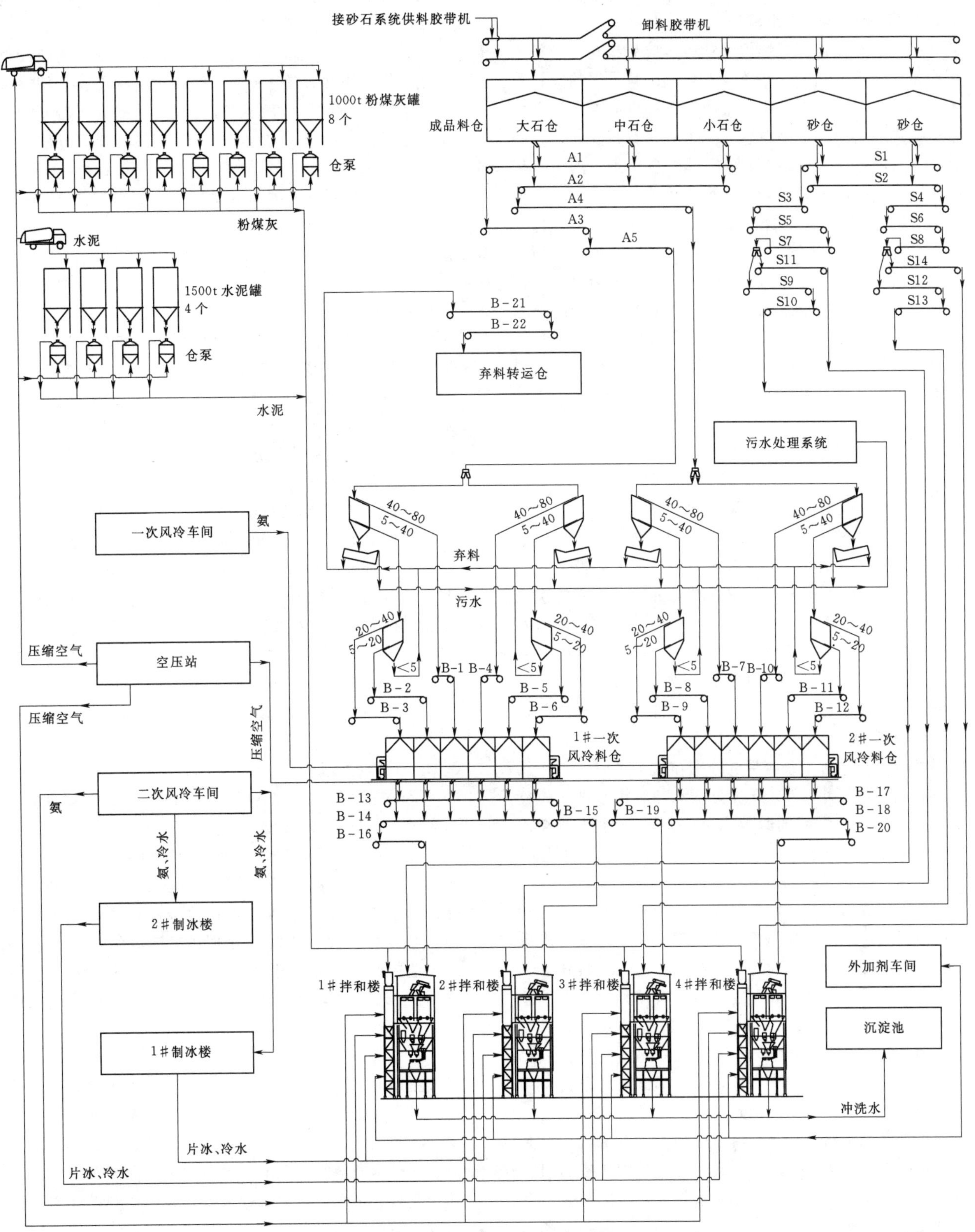

图 2　混凝土生产系统主要工艺流程图

3.1 拌和工艺

3.1.1 骨料储运及二次筛分

（1）骨料储运。系统内设置一座成品料仓，骨料采用胶带机运输，从砂石系统运输至成品料仓顶的卸料胶带机上，粗、细骨料共用2条卸料胶带机，再由卸料胶带机卸向各料仓。成品料仓共5个，大石料仓、中石料仓、小石料仓、碾压砂仓、常态砂仓各1个，均为方形结构。其中1座细骨料仓占地尺寸为60m×70m（长×宽），其余4个料仓单仓占地尺寸为60m×60m（长×宽），堆料高度17.6m。骨料总容积8.8万m^3，可满足混凝土高峰浇筑期7天粗骨料、10天细骨料需求。

成品料仓底部设置气动弧门，仓下设置2条出料廊道，廊道内各布置1条粗骨料出料胶带机和1条细骨料出料胶带机。粗骨料由气动弧门给料至廊道粗骨料出料胶带机出料，再通过相互搭接的5条胶带机运往二次筛分楼。细骨料通过气动弧门给料至廊道内的2条细骨料出料胶带，再通过相互搭接的14条胶带机输送至拌和楼细骨料仓。为保证细骨料含水率满足规范标准以及设计要求，细骨料胶带机顶部设置有雨棚。

（2）粗骨料二次筛分。由于砂石系统距离较远，成品料仓卸料高度大，为保证骨料质量，系统内设置2座二次筛分楼，对粗骨料进行二次筛分冲洗。每座二次筛分楼内布置2组筛分设备，每组选用1台2YKR2460双层圆振动筛、1台2YKR2060双层圆振动筛以及1台XL－762型螺旋洗砂机，单组最大处理能力达600t/h。各级配骨料混合进入筛分设备进行冲洗和筛分分级，每组筛分设备处理后的粗骨料重新分为大石、中石、小石三个级配，并各由1条胶带机分别输送至对应的一次风冷料仓内。粒径小于5mm的骨料和冲洗污水进入螺旋洗砂机处理，分级后的骨料由弃渣胶带机输送到弃渣仓，就地干化后运输至指定渣场。污水进入污水处理系统，处理达标后回收利用。

（3）粗骨料冷却。粗骨料经二次筛分脱水后进入一次风冷料仓冷却。一次风冷料仓设置2座。每座一次风冷料仓设置2组，分别对应2座拌和楼。每组料仓设大石、中石、小石3个仓，仓底均设有气动弧门出料。单仓尺寸为6m×5m×12.9m（长×宽×高），可满足高峰期拌和楼约3h满负荷生产粗骨料需求。每座一次风冷料仓下各设置有2条出料廊道，每条廊道内均布置1条出料胶带机。仓内骨料冷却到设计温度后由气动弧门卸至出料胶带机出料，再分别由对应的4条胶带机输送到4座拌和楼粗骨料仓内。一次风冷料仓至拌和楼的粗骨料胶带机采用夹芯聚苯乙烯保温板保温，一次风冷料仓顶设置防雨、防晒棚。

3.1.2 胶凝材料储运及除尘

系统所供胶凝材料全部为散装，采用胶凝材料罐车运至系统内。系统设置有12个胶凝材料罐储存胶凝材料，其中4个1500t水泥罐，总储量为6000t，可满足浇筑高峰7天的用量。8个1000t粉煤灰罐，总储量为8000t，可满足浇筑高峰10天的用量。

罐车自带气力卸车装置，罐车卸料及系统内胶凝材料运输均采用气力输送方式。胶凝材料罐至拌和楼输送设备采用CB仓泵，每个胶凝材料罐均配置1台CB4.5型仓泵，该型号仓泵的水泥、粉煤灰输送能力分别达到45t/h、30t/h。

胶凝材料罐顶配置清灰动能大、效率高的MC－48压力式袖袋除尘器，其处理风量达130m^3/min，排气含尘量小于100mg/m^3，除尘效率为99%，满足环保要求。

3.1.3 供配气

系统供风项目主要有胶凝材料罐车卸料、胶凝材料输送及胶凝材料罐顶除尘、外加剂搅拌、气动弧门及气阀启闭等。设置一座总供风容量260m^3/min的空压站，配置6台40m^3/min、1台20m^3/min螺杆式空压机，每台空压机均配置有液气分离器、无热再生干燥器、除油过滤器及贮气罐等辅助设备。

3.1.4 外加剂拌制及输送

设置1座外加剂车间，车间由库房、搅拌池、值班室组成，面积为375m^2，库房可储存减水剂200t、引气剂10t，可满足混凝土高峰浇筑月1个月的外加剂用量。外加剂在配药池加水稀释后，通过池底供风管道输送压缩空气和立式搅拌机搅拌均匀，用管道自流进储液池内，再通过管道分8路（其中减水剂、引气剂各2路）用耐酸泵抽入2座拌和楼外加剂配料装置的外加剂箱内。

3.1.5 污水处理

系统生产污水主要包括两部分：一部分为冲洗污水，另一部分为筛分污水。

冲洗污水主要由冲洗拌和楼、拌和楼地坪等设备设施所产生。污水属间歇性排放，所含杂质成分复杂。为保证污水能循环利用或达到排放标准，设置1座沉淀池，对污水进行加药沉淀处理。沉淀后的清水回收利用。池内的沉渣定时用1.0m^3的挖掘机进行清理。污泥采用泥渣泵吸取，就地固化。沉渣和固化后的污泥采用8t自卸汽车运输至指定的弃渣场。

筛分污水主要有二次筛分楼冲洗粗骨料产生，杂质成分主要是泥、细砂及石粉，悬浮物含量极高，不含其他有机、有毒杂质。设置一套污水处理系统处理筛分污水，污水系统主要包括平流预渣沉淀池、絮凝沉渣浓缩池、网格絮凝斜管沉淀池、调节水池、加压泵房、加药间等设施。污水经过污水处理系统处理达到设计标准后回收，继续用于筛分生产。

3.2 预冷工艺

系统预冷工艺流程设计首要任务是确定主要预冷措

施，再根据现场实际情况采取预冷辅助措施来保证或进一步增强预冷效果。主要预冷措施根据高温季节混凝土最高月浇筑强度和最大小时入仓强度、所在地区最高月平均气温和水温、原材料初始温度及其比热容、参考配合比、小石和砂含水率、拌和机械热、片冰潜热利用率等条件确定。

3.2.1　设计条件

预冷系统以气温最高的5月为设计控制月，5月多年月平均气温25.6℃、水温15.4℃。在设计控制月混凝土原材料的初始温度为水泥60℃、粉煤灰45℃、砂23.6℃、粗骨料25.6℃、水温15.4℃。骨料比热容0.23kcal/(kg·℃)，胶凝材料比热容0.19kcal/(kg·℃)，水比热容1kcal/(kg·℃)，片冰比热容0.5kcal/(kg·℃)。混凝土拌和机械热取1500kcal/m³，片冰潜热利用率取80%，砂含水率6%。

根据工程实际，预冷碾压混凝土总量、高峰月浇筑强度及小时入仓强度均远大于预冷常态混凝土量，因此预冷系统设计主要依据碾压混凝土配合比进行。预冷系统以生产二级、三级配碾压预冷混凝土为主，主要参考配合比见表2。

表2　参考配合比表　单位：kg/m³

级配	标号	水	水泥	粉煤灰	大石	中石	小石	砂
三级配	C_{90}15F100W6	84	69	103	442	590	442	791
二级配	C_{90}20F100W8	97	93	114	0	656	656	872
二级配	C_{90}20F100W6	84	71	107	441	588	441	789

3.2.2　主要预冷措施

根据系统预冷混凝土最高小时生产强度及前文所列设计条件，经出机口温度计算，并参考类似工程经验，采取两次风冷及加入足量片冰、冷水拌和的降温措施，可将碾压混凝土出机口温度降至12℃以下、将常态混凝土出机口温度降至11℃以下。

在一次风冷料仓内对粗骨料进行第一次风冷，可将粗骨料温度从25.6℃冷却到平均7℃左右；骨料从一次风冷料仓输送至拌和楼料仓过程中，考虑温度回升2℃；在拌和楼料仓内对粗骨料进行第二次风冷，可将粗骨料从平均9℃左右冷却到平均1℃左右；每立方米混凝土加片冰约10～15kg；加5℃冷水拌和。预冷系统主要技术指标见表3。

表3　大坝混凝土预冷系统主要技术指标表

序号	项　目	单位	一次风冷	二次风冷	制片冰	制冷水	备注
1	预冷混凝土生产能力	m³/h	600m³/h				
2	预冷混凝土出机口温度	℃	碾压混凝土12℃、常态混凝土11℃				
3	冷水温度	℃	—	—	—	2～4	
4	制冷装机容量	万kcal/h	600	500	200	50	`标准工况
5	冷风循环量	万m³/h	98	45～65			
6	片冰产量	t/d	—	—	240	—	
7	出冰温度	℃			<−4		
8	冷却水最大循环量	m³/h	5400				
9	最大耗水量	m³/h	135				
10	系统充氨量	t	90				
11	蒸发温度	℃	−15	−20			
12	冷凝温度	℃	35				

系统运行时保证骨料堆高高度不小于10m，并在成品料仓顶部设置遮阳挡雨棚，可保证粗骨料初始温度不高于月平均温度，细骨料温度低于月平均温度2℃。

3.2.3　主要预冷设施

设置2座一次风冷料仓、2座制冰楼、1座一次风冷制冷车间，1座二次风冷车间。一次风冷车间为一次风冷料仓提供冷源，二次风冷车间为拌和楼料仓、制冰楼提供冷源和冷水，制冰楼为拌和楼提供片冰。

一次风冷车间与二次风冷车间均为一层砖混结构。一次风冷车间内布置有6台100万kcal/h（标准工况）螺杆式制冷压缩机组及冷凝器、高压储液器、低压循环储液器、氨泵等制冷辅助设备。二次风冷车间内布置有6台100万kcal/h（标准工况）螺杆式制冷压缩机组、2台50万kcal/h（标准工况）螺杆式制冷压缩机组、1台50万kcal/h（标准工况）螺杆式冷水机组及冷凝器、高压储液器、低压循环储液器、氨泵等制冷辅助设备。制冰楼共分为三层，每座制冷楼顶层布置4台30t/d片冰机，第二层布置1座30t冰库，冰库底部与拌和楼小冰仓之间布置2套螺旋输送机，第一层布置操作室。一次风冷料仓及拌和楼的风冷平台上均设置有空气冷却器和离心风机。

3.2.4 主要保温材料

所有保温部分均采用25mm厚橡塑海绵进行保温，橡塑海绵表面粘贴保护用锡箔纸。除氨泵外，低压循环储液器、低压供液管和回气管、片冰机、片冰气力输送装置和片冰螺旋输送机、离心风机和空气冷却器、风管、冷水储存箱和冷水输送管道等低压级设备和管道、阀门附件都必须进行保温。直径不小于50mm的低温设备与管道保温层厚度为75mm或100mm，其他管径较小的低温设备与管道保温层厚度为25mm或50mm。

3.2.5 主要安全设施

一、二次风冷车间外均设置了两台紧急泄氨器，一台紧急泄氨器的进氨口与高压储液器泄氨口连接，另一台紧急泄氨器的进氨口与低压循环储液器泄氨口连接。两台紧急泄氨器出水口均与消防水系统相接。一、二次风冷车间和制冰楼均设置一套水喷淋系统，喷淋用水由消防水系统供应。消防水系统与混凝土生产用水系统分别独立设置，保证事故发生时消防用水量和水压不受影响。一、二次风冷车间和制冰楼墙体结构上安装有24台防爆型排气扇，一、二次风冷车间内另分别配备2台移动式排气扇。各制冷设施处均配备满足规范要求的防毒面具以及消防栓、灭火器等消防器具，保证发生氨泄漏事故时，抢险人员能够安全快速进入现场进行处理。为保证泄氨发生时能尽早发现和应对，在一、二次风冷车间和制冰楼内分别设置一套氨气报警器。

4 结语

由于该工程采取了以上工艺和布置措施，系统在整个运行期间生产状态良好，累计生产混凝土超过300万m^3，其中碾压混凝土最高月生产量超过20万m^3，达到设计高峰月生产强度17.9万m^3的要求。所生产混凝土质量及出机口温度满足规范标准及设计要求，该工程荣获国家优秀工程金质奖，经济与社会效益显著，证明该系统工艺设计与场地布置科学合理，经济适用，可供类似工程借鉴。

浅谈纤维增强混凝土用纤维材料

张喜英/中国水利水电第五工程局有限公司

【摘　要】 在混凝土中掺入纤维以提高其特定性能已经得到业界的普遍认同，纤维在混凝土防裂抗裂及增韧增强方面得到广泛应用并取得良好效果。本文对几种具有代表性的纤维混凝土的性能、优缺点、工程应用及适用性选择等方面进行阐述。混凝土在掺加纤维材料时应充分考虑材料的适应性，只有在传统生产工艺基础上采用质优价廉的纤维产品或在先进生产技术应用的基础上匹配更环保节能的纤维产品，才能更好地发挥其互相补充的效果，从而达到方便施工、保证质量、促进行业发展的效果。

【关键词】 纤维混凝土　发展状况　纤维特性　择优选择　发展前景

1　概述

纤维混凝土可提高混凝土性能，是在普通混凝土中掺入能均匀分散的短纤维而制成的复合材料。其以掺入较低量的短纤维作为辅助增强体，通过常规或稍改进的混凝土浇筑或喷射工艺使纤维按三维或二维乱向均匀分布于混凝土中，从而使混凝土的部分性能得到提高。纤维在其中主要起着减少塑性收缩裂缝、延缓裂缝扩展并相应地增进混凝土承载能力与韧性的作用。

在纤维混凝土的应用方面，最早以钢纤维混凝土、合成纤维混凝土应用较为常见，随着纤维技术的发展，纤维混凝土呈现品种多样化、用途专业化趋势，新应用包括玄武岩纤维混凝土、纤维素纤维混凝土、碳纤维混凝土等。

可用于混凝土中的纤维可细分为碳钢纤维、低合金钢纤维、不锈钢纤维；聚丙烯纤维、聚乙烯纤维、聚乙烯醇纤维、聚丙烯腈纤维、聚酰胺纤维、聚甲醛纤维；玻璃纤维、石棉纤维、玄武岩纤维、短切碳纤维、纤维素纤维等。各种不同类型和品种的纤维在混凝土的应用中均有不同的特性和使用范围。

2　不同类型纤维混凝土及应用

2.1　钢纤维混凝土

钢纤维是用钢材加工制成的短纤维，主要包括普通碳钢纤维、低合金钢纤维、不锈钢纤维等。大量试验和应用结果表明，钢纤维混凝土具有抗冲击性能好、收缩徐变小等优点，混凝土中掺入适量钢纤维可提高混凝土抗弯、抗拉和抗剪强度。作为一种水泥混凝土专用增强、增韧结构加筋复合材料，钢纤维混凝土已被广泛应用于井盖、预制板、桥面铺装、伸缩缝、建筑、高速公路、机场跑道、核电站、隧道、水电站、港口码头等工程。

钢纤维混凝土的应用主要需注意以下几点：①不同原材料和生产工艺生产的钢纤维性能有较大不同，应根据工程部位及施工方法选择适宜的钢纤维材料；②钢纤维混凝土的骨料粒径不宜过大，否则会影响钢纤维作用的充分发挥；③需严格控制混凝土搅拌工艺，克服钢纤维搅拌不均匀及结团现象；④需重视钢纤维混凝土因加纤维坍落度变小及经时损失大的问题，运输及浇筑时间需严格控制；⑤生锈的钢纤维混凝土不宜在长期潮湿水浸的环境中布置；⑥碳纤维混凝土有导电性能，在雷电区域或易漏电的环境中布置，应注意论证并做好检测和防护。

相比较其他纤维，钢纤维及钢纤维混凝土的相关标准相对较为完善，从 1989 年开始，陆续形成相关标准规范，为钢纤维混凝土的应用创造了依据和条件。主要标准规范为《钢纤维混凝土试验方法》(CECS 13—89)、《纤维混凝土试验方法标准》(CECS 13—2009)、《钢纤维混凝土结构设计与施工规程》(CECS 38：92)、《纤维混凝土结构技术规程》(CECS 38：2004)、《钢纤维混凝土》（JG/T 3064—1999）、《钢纤维混凝土》（JG/T 472—2015)、《混凝土用钢纤维》（YB/T 151—1999)、《混凝土用钢纤维》（YB/T 151—2017）等，分别在钢纤维材料及钢纤维混凝土相关检测方法及应用等方面进行了规定。

2.2 合成纤维混凝土

合成纤维发展始于 20 世纪 60 年代的美国，随后相继开发出可用于混凝土性能改善的聚丙烯纤维、聚酰胺纤维、聚丙烯腈纤维和聚乙烯醇纤维等。随着国产建筑用合成纤维的成功开发，合成纤维在国内混凝土施工中的应用取得了较快发展，到目前，纤维也从早期耐碱性差、弹模低向高性能发展。

我国于 2007 版的《水泥混凝土和砂浆用合成纤维》（GB/T 21120—2007）中已经列入并对其的使用进行了规范要求。自 2019 年 11 月 1 日起实施的《水泥混凝土和砂浆用合成纤维》（GB/T 21120—2018），较 2007 年标准，新增了聚甲醛纤维的相关内容。

2.2.1 聚丙烯纤维混凝土

聚丙烯（Polypropylene，简称 PP）纤维是另一种常用于混凝土（或砂浆）中的高性能纤维，也称混凝土纤维或抗裂纤维。试验表明，聚丙烯纤维与混凝土之间有足够的附着力，能抑制裂缝的扩展，在抗冲击性能方面也有很大的改进，但早期使用的聚丙烯纤维亲水性差，存在与混凝土拌和时相容性难的问题，经改性后的聚丙烯纤维有更好的水中分散性及与水泥的易拌和性。由于聚丙烯纤维混凝土有较高的黏稠性，用在喷射混凝土中也较为适宜。

2.2.2 聚乙烯醇（PVA）纤维混凝土

混凝土专用聚乙烯醇（Polyvinyl Alcohol，简称 PVA）纤维是一种理想的环保型水泥增强材料，与水泥具有良好的亲和性能，耐碱及耐气候性能良好。在水泥混凝土中加入 PVA 纤维，能有效控制混凝土因塑性收缩及温度变化等因素引起的裂纹，防止及抑制裂缝的形成及发展，提高混凝土的抗弯强度、抗冲击强度及抗裂强度，有效改善混凝土的抗渗、抗冲击及抗震能力。在建筑方面的应用较大的发展空间。工程应用方面，PVA 纤维已经在锦屏一级水电站高拱坝混凝土试验区、溪洛渡水电站强约束区和长间歇区、向家坝水电站基础部位等被进行了尝试性应用，这些应用均不同程度地提高了混凝土的抗裂性能，有效减少了干缩变形，减少了裂缝数量，明显改善了早期抗裂能力，更有利于温控防裂。建设中的阿尔塔什面板堆石坝面板通过掺入 PVA 纤维，明显提高了面板混凝土抗裂防冻能力。

2.2.3 聚甲醛纤维混凝土

聚甲醛（Polyoxymethylene，简称 POM）纤维在国内的应用研究主要集中于产品开发及试验研究领域。据有关试验结果，在 $1m^3$ 的混凝土中加入 0.9kg 的聚甲醛，混凝土的折断强度能提高 28%。某国家重点实验室研究数据表明，与聚丙烯纤维相比，聚甲醛纤维在混凝土中具有更好的分散性能，掺加聚甲醛纤维的混凝土具有更为优异的新拌性能、塑性抗开裂能力、劈裂抗拉强度和抗氯离子渗透性能、抗碳化能力和抗冻性能。但我国聚甲醛纤维研发工作起步较晚，由于受生产设备及聚甲醛特殊性能的影响，聚甲醛纤维主要依赖进口，国内未形成规模化生产，笔者未查阅到具体工程应用的相关文献记载。

2.3 玄武岩纤维混凝土

玄武岩纤维是以天然玄武岩矿石为原料，经高温熔化后拉制而成的连续纤维。将短切玄武岩纤维合理地掺入混凝土中，可在保留混凝土抗压强度高等优点的同时，大大增加其抗拉、耐磨和抗冲击等性能。与普通混凝土相比，玄武岩纤维混凝土还具有优越的耐温性、抗收缩性以及耐腐蚀性，在混凝土工程中起到加固补强、增强增韧、延长使用寿命等作用。同时，玄武岩纤维属于硅酸盐纤维，与水泥混凝土混合时易分散，使新拌混凝土的和易性好、耐久性好，具有优越的防渗抗裂性能。其原料取自天然的火山岩喷出岩，原料中几乎不含有对人类健康有害的成分，在如今节约资源、绿色环保、以人为本的社会，玄武岩纤维混凝土在建筑工程领域的推广也具有重大而深远的意义。

我国在玄武岩纤维生产及应用试验方面，已经取得了一定的研究成果，如纤维含量与纤维混凝土抗压性能、抗冲击性能、抗冻融性能等的关系，连续玄武岩纤维补强加固混凝土梁、板、柱的力学性能研究等，但还需进行深入系统的应用研究，为大范围应用提供可靠依据。

玄武岩纤维在公路沥青混凝土已有应用，但施工配合比主要还是依靠设计数据或厂家数据。我国于 2005 年研发了玄武岩纤维，并在随后发展了系列玄武岩纤维的标准，如用于混凝土的《水泥混凝土和砂浆用短切玄武岩纤维》（GB/T 23265—2009）、玄武岩纤维质量控制主要参照规范有《玄武岩纤维无捻粗纱》（GB/T 25045—2010）、《公路工程 玄武岩纤维及其制品 第 1 部分：玄武岩短切纤维》（JT/T 776.1—2010），从相关工程应用结果来看，十几年来发展不大。

2.4 碳纤维混凝土

碳纤维混凝土是将短切碳纤维掺加到混凝土中，形成有特殊用途的混凝土，碳纤维的掺入不仅可显著提高混凝土的强度和韧性，而且其电学性能也有明显改善。

碳纤维混凝土中乱向分布的碳纤维能阻止混凝土内部微裂缝的扩展并阻滞宏观裂缝的发生和发展，对其抗拉强度和抗剪、抗弯、抗扭等均有明显改善，有试验结果表面，当碳纤维体积率为 1.18%时，碳纤维混凝土试件劈裂拉伸强度提高 122%，重量百分比小于 5%时，对混凝土地增强作用呈线性增长趋势。此外，碳纤维混凝土还具有良好的耐化学腐蚀性、抗渗透性、耐磨性、耐干缩性及耐久性。

利用碳纤维良好的导电性能，研究发现，在混凝土中掺入短切碳纤维，可使其具有自感知内部应力、应变和损伤程序的功能，可用于智能材料及结构系统的研究和开发应用中。

利用碳纤维轻质的特点，用于建筑幕墙板时，强度高、厚度小、施工方便迅速，同样，碳纤维混凝土因良好的耐磨、耐干缩、抗渗、耐化学腐蚀等性能，也是理想的路面材料。

碳纤维虽然在航空航天、军工等领域得到了较广泛应用，但由于价格等原因，其在建筑产业的应用尚未普及。目前，碳纤维布在建筑、桥梁及水利工程结构加固方面已经有了较广泛的应用，国家也已经出台了相关规范，未来还会有更多应用和发展。

需要提醒注意的是碳纤维具有导电性能，使用中应根据使用区域，使用环境充分论证，做好检测和防护措施。

2.5　纤维素纤维混凝土

广义的纤维素纤维是直接从植物里面提取加工得到的各种纤维，包括天然纤维素纤维与人造纤维素纤维，可溶性纤维与不溶性纤维等，而狭义的用于纤维混凝土的纤维素纤维是指一种提取于高寒地区特种植物，经化学处理和机械加工而成的高强力短纤维。其具有天然的亲水性，在混凝土之中与水泥等水化物有很好的亲和性，能与混凝土形成更好的黏结。由于其有单丝直径小，在单位体积内分布量更大的特点，提高了混凝土的抗裂性能。掺加强韧纤维素纤维对混凝土拌和料的和易性没有任何影响，而因其亲水性，较聚丙烯纤维有较大的优势。有试验结果证明，掺加纤维素纤维的混凝土，其抗压强度、抗折强度及劈裂抗拉强度的增强作用优于聚丙烯纤维，抗腐蚀能力的增强效果明显优于聚丙烯纤维，对混凝土抗裂性能增强效果显著。

纤维素纤维的应用标准目前大多采用行业类似标准[《水泥混凝土和砂浆用合成纤维》(GB/T 21120—2018)] 及企业标准，国家层面尚未出台相应的标准规范，已经应用的南水北调等工程均是按照设计指标进行控制，更多的应用有待进一步考证。

目前，纤维素纤维已经在南水北调中线工程、黄河龙口枢纽工程等水利水电工程，上海虹桥交通枢纽工程、高铁隧道衬砌等地下工程，码头工程，民用建筑工程等有较大范围的应用，但因其生产原料、工艺等限制，未实现国内规模生产，使用价格及推广范围一定程度上会受到限制。

2.6　其他纤维混凝土

玻璃纤维是一种性能优异的人造无机纤维，种类繁多，其绝缘性好、耐热性强、抗腐蚀性好、机械强度高，但性脆、耐磨性较差。人体接触玻璃棉会出现尘肺改变、接触性皮炎、结膜炎等内外组织损伤，连续的玻璃纤维于2017年被世界卫生组织国际癌症研究机构列入致癌物清单中。我国在玻璃纤维生产及制造领域也制定了严格准入标准。而玻璃纤维工厂化制成品因具有轻质高强、耐腐蚀、易切割和无磁性等特性，广泛应用于路面桥面铺装、基坑施工、沿海工程、隧道新意法施工、TBM工法、CT室等，体现出一定专业优势。

石棉是指自然界中以纤维形式存在的、具有商业价值的链状硅酸盐，作为非金属材料，由于它具有耐热、保温、耐磨、电绝缘以及耐化学腐蚀等优良的性能被各个领域广泛应用。但石棉尘的吸入可导致石棉肺或致癌问题，世界各地陆续出台了相关的禁用政策。我国也较早开始石棉替代品的生产使用、危害及防护措施研究，在一些城市和区域，石棉制品已经被列入禁止使用的范畴，但国家层面还未见明确条文禁止，只在某些行业应用中有涉及石棉规范文件。

虽然上述两类纤维掺入混凝土，对混凝土早期部分性能有一定改善，但其抗老化能力有限，另外混凝土工程不可避免的拆除亦会造成纤维粉末对环境的污染，因此对于有使用年限要求且暴露性强的混凝土中不建议采用。

3　发展现状及未来方向

纤维混凝土技术自20世纪初传入我国，并逐步在工程建设领域应用，取得成果。随着国产建筑用合成纤维的成功开发，合成纤维在混凝土中的应用得到了快速发展，随着材料技术的研发，混凝土增强用纤维也向多样化、高性能发展，使碳纤维、玄武岩纤维等无机材料更多地应用于工程实践。但纵观各种纤维材料的生产及应用现状，仍存在规模不大，生产不系统、行业市场规范性差等问题，而且大部分的应用仍需要试验先行，施工规范仍不健全，长期使用后的效果仍有待时间验证等问题。

在材料科技与建筑技术日益发展的今天，可用于提高或改善混凝土性能的纤维会越来越多，施工选择范围也会越来越大，建筑行业混凝土施工在选择纤维增强材料时，应充分考虑材料的适应性：①价格的适宜性；②材料相互作用的适应性；③原材料及生产的适合性。在传统生产工艺基础上采用质优价廉的相关产品，在先进生产技术应用的基础上匹配更环保节能的纤维产品，才能更好地发挥其互相补充的效果，起到保证质量、价格便宜、方便施工、增效减能，促进行业发展的效果。在国家“五位一体”总体布局的积极推行和倡导下，随着科技的进步，性能好、环保集约型材料必将越来越多地得到应用发展。对混凝土强度等性能增强作用大、价格低、施工方便、环保、多功能、智能化等导向的纤维必将会受到更多青睐。

4 结语

目前，我国生产的用于混凝土中的纤维品类众多，不仅在纤维混凝土的应用方面取得了较为丰富的经验、可喜的成果，材料行业和设计施工领域相应的规范也陆续得到了补充和完善。随着材料和施工技术的发展，纤维与水泥混凝土混合物的施工特性、形成产品的性能及相应建筑物后期耐久性等的研究仍需下大工夫，深入研究，不断推陈出新。只有客观地看待纤维产品的优缺点，对纤维产品的研发、应用及后期使用效果进行长期地、深入地全面研究和分析，才能为未来发展提供更为科学的依据。

参考文献

[1] 沈荣熹，王璋水，崔玉忠. 纤维增强水泥与纤维增强混凝土 [M]. 北京：化学工业出版社，2006.

[2] 李启棣，吴淑华. 钢纤维混凝土的特性及其应用 [J]. 铁道建筑，1989 (2)：9-14.

[3] 胡强，苏骏. PVA纤维增强混凝土的发展现状及工程应用 [C] //陆新征. 第27届全国结构工程学术会议论文集. 北京：工程力学杂志社，2018.

[4] 唐德胜，邓健，周天斌. PVA纤维及抗裂防水剂对面板混凝土抗冻抗渗性能的影响 [M] //水电水利规划设计总院，中国水力发电工程学会混凝土面板堆石坝专业委员会. 土石坝技术. 北京：中国电力出版社，2019.

[5] 张丽辉，刘建忠，周华新，等. 聚甲醛纤维对混凝土性能的影响 [J]. 混凝土与水泥制品，2018 (1)：58-62.

[6] 曹玲玲，王勇，王依民. 聚甲醛纤维的发展与应用 [J]. 合成技术及应用，2008，23 (1)：38-41.

[7] 陈峰. 玄武岩纤维混凝土的发展及研究前景 [J]. 福建建材，2011 (5)：8-9，65.

[8] 王斌. 纤维素纤维在南水北调中线沙河渡槽高强混凝土中的试验分析 [J]. 南水北调与水利科技，2012，10 (2)：145-149.

碳纤维复合材料混凝土加固技术及应用

田长连/中国水利水电第十一工程局有限公司

【摘　要】随着我国科学技术和经济实力的发展，纤维混凝土已在建筑行业获得青睐，在增大建筑物荷载、改善结构状态、抗震加固、消缺处理、抗冲耐磨、防止混凝土裂缝等方面得到越来越多的应用。本文论述了碳纤维混凝土的特性、应用前景、应用范围、施工工艺和施工中的注意事项，并举例进行了论证，可为类似工程提供借鉴和参考。

【关键词】碳纤维混凝土　加固应用　技术工艺　应用范围

1　引言

很多建筑物由于受到建造年代、结构使用功能改变、技术条件或自然灾害等因素的影响，出现承载力不足、变形能力变差、抗震能力降低或抗疲劳能力下降和裂缝严重影响其正常使用等现象，不能满足现行《混凝土结构设计规范》（GB 50010—2010）和《建筑结构抗震设计规范》（GB 50011—2010）的要求，因此，需要对其进行加固、补强。我国在结构加固和补强方面做了大量的研究和实践，工程中常用的结构加固方法有加大截面法、外包钢加固法、预应力加固法、粘钢加固法和粘贴碳纤维复合材料加固法等。传统的加固方法整体水平比较落后、施工方法和施工工艺比较复杂，对结构的自重和使用面积有一定的影响，而粘贴碳纤维复合材料加固法具有高强高效、耐腐蚀、施工便捷、少增加结构尺寸、不进行大的结构处理、施工简单、工期短等优点，在工程中得到了广泛的应用。

2　工程概况

赞比亚慕松达（Musonda）水电站位于赞比亚罗普拉省（Luapula）曼萨市（Mansa）北部的卢翁戈（Luongo）河上，是20世纪50—70年代，赞比亚政府在其东北部实施农村供电计划而开发建设的系列小水电项目之一，主要向附近曼萨市和居民点供电。该电站始建于1959年，最初安装了2台单机容量1MW卧式水轮发电机组；1971年扩机安装了第3台容量1MW机组，1974年和1985年分别再次扩建了2台容量1MW机组；目前，电站总装机容量为5MW。

由于运行年久，电站现有部分水工建筑物损坏，多数设备已陈旧老化、技术落后、自动化程度低，整体协调运行不畅，运行维护不方便，影响了电站的安全稳定运行，制约了电站的发电效能，电站发电能力已远不能满足供电区域发展需要。为此，赞比亚国家电力公司拟对该电站进行修复及扩建，以延长其使用年限，扩大其装机容量至10MW，以满足供电区的电力需求。扩建方案为将1～5号机组由1MW扩容至1.1MW，并另外再新建一座厂房，内装2台2.25MW水轮发电机组，总装机容量10MW。

现有慕松达水电站工程老厂房为地面式厂房，为单层钢筋混凝土框架结构，根据合同要求，已建厂房内的1台7.5t手动桥机需更换为1台10t电动桥机。需尽快对原7.5t手动桥机梁结构进行加固改造。

3　碳纤维复合材料的优良性能

碳纤维复合材料（carbon fiber reinforced polymer，CFRP）加固混凝土结构技术是一种新型、高效的结构加固技术。工程中采用的碳纤维加固混凝土结构技术是利用树脂胶结材料，将碳纤维材料粘贴于混凝土结构表面，以达到结构加固补强及改善结构受力性能的目的。与传统的加固方法相比，碳纤维加固技术具有以下优良性能：

（1）高强度高弹性模量。碳纤维的强度高，极限抗拉强度约为钢材的10倍，弹性模量和钢材相近。因此，在加固修补混凝土结构中可以充分利用其高强度、高弹性模量的特点来提高混凝土结构及构件的承载力和延展性，改善其受力性能，达到加固修补的目的。

（2）抗腐蚀能力强、耐久性好。碳纤维材料化学性质稳定，不与酸、碱、盐等化学物质发生反应，因而碳纤维加固后的钢筋混凝土结构具有良好的抗腐蚀性和耐久性，解决了其他加固方法所遇到的化学腐蚀问题；同时也免去了粘钢加固所需的定期防锈维护，节省了维护费用。

（3）热膨胀系数小。碳纤维材料的热膨胀系数非常小，其在纤维方向的热膨胀系数几乎等于零，这一特性是目前其他任何材料无可比拟的，垂直于纤维方向的热膨胀系数虽然比较大，但各项同类同性制品中与其他材料相比又最小。

（4）施工简便，工作效率高。碳纤维布加固不需要大型施工机械和重型设备，施工占用场地少，无湿作业，碳纤维布柔性好，可以根据设计尺寸用剪刀或刀片将其任意裁剪，操作简单，施工速度快。据有关资料统计，粘贴碳纤维的加固工效是粘贴钢板加固工效的4～8倍。

（5）施工质量易于保证。碳纤维布是柔性材料，即使被加固构件的表面不是非常平整，经过修补后，有效粘贴率可达到95%以上。

（6）对结构影响小。碳纤维材料重量轻，厚度薄，经加固修补后的构件，增加原结构的自重及尺寸较小，基本不影响结构的使用空间。

（7）适用范围广。可用于不同结构类型（如建筑物、构筑物、桥梁、隧道、涵洞等）、不同结构形状（如矩形、圆形、曲面结构等）、不同材料的构件（如混凝土结构、木结构、钢结构等）加固，也可用于构件的不同部位（如梁、板、柱、节点、拱、壳、墩等）及不同薄弱因素的加固。尤其重要的是，对于一些大型土木工程结构，如大型桥梁的桥墩、梁及桥面板，隧道等，采用旧的加固手段几乎不能实施，而采用该项加固技术却能顺利解决。

除此之外，碳纤维材料还有其他的一些优势，如透电磁波、隔热等，这就使得碳纤维加固技术在混凝土结构加固方面产生良好的综合效益。

4　碳纤维复合材料加固混凝土结构

碳纤维复合材料的耐久性好，抵抗酸、碱腐蚀的能力强，对原结构的影响较小，施工方便，具有其他加固手段所不具备的优点。用碳纤维复合材料进行混凝土结构的加固，可以有效提高混凝土结构的承载能力，改善结构的变形性能，增强结构的抗震能力，提高结构的抗疲劳性能，综合加固效果显著。在实际工程中，用来加固的碳纤维材料主要是碳纤维布。碳纤维布加固技术在混凝土结构中的应用已较成熟，主要集中在以下几个方面：

（1）提高受剪承载力。碳纤维布对构件抗剪的贡献类似于箍筋的作用，与混凝土共同承受剪力。另外，碳纤维布具有对核心混凝土的约束作用，并能承担拉应力，防止主筋过早屈服，抑制剪切裂缝的出现和发展。因此，碳纤维布可以明显提高钢筋混凝土构件的受剪承载力，增强构件的变形能力。影响受剪加固效果的主要因素有碳纤维布的材料性能、碳纤维布的宽度和层数、黏结剂质量、粘贴质量、剪跨比、加固前构件的受荷情况、锚固方式等。

（2）提高受弯承载力。由于碳纤维布具有抗拉强度高的特性，可以将碳纤维布粘贴在构件的受拉表层，使之与混凝土共同承担拉应力，以提高构件的受弯承载力，达到加固补强的目的。粘贴碳纤维布后，受弯构件的受弯承载能力明显提高，有效抑制了裂缝的开展，构件的变形能力和延性性能得到显著改善。影响受弯加固效果的主要因素有碳纤维布的材料性能、碳纤维布的宽度和层数、黏结剂质量、粘贴质量、加固前构件的受荷情况、纵筋配筋率、构件截面尺寸等。

（3）提高抗震能力。由于碳纤维布能够约束构件的开裂，提高构件的刚度和抵抗变形的能力，当需要提高构件的抗震能力时，亦可用碳纤维布进行增强和增韧。尤其对于钢筋混凝土梁柱节点和受轴向力作用的钢筋混凝土柱，往往要求进行构件的抗震设计。采用碳纤维布粘贴于梁柱节点范围，或对钢筋混凝土柱进行包裹，可以明显改善结构中混凝土构件的延性，增加耗能能力，具有良好的抗震加固效果。此时，应考虑轴压比、碳纤维布用量、配箍率、长细比等因素对碳纤维布加固构件的变形能力和抗震性能的影响。

（4）提高抗疲劳能力。对于承受动力荷载或重复荷载的构件，设计时要求具有足够的抗疲劳性能，抗疲劳能力的大小与其截面尺寸、配筋率、纵筋类型和荷载级别等有关。用碳纤维布进行钢筋混凝土梁和预应力钢筋混凝土梁的加固，经200万次重复荷载作用后，加固构件的强度和刚度不会降低，也不会发生剥落和脆断现象。如果采用预应力碳纤维布加固的形式，由于预应力碳纤维布的存在，使构件中纵筋的应力幅值有所降低，减少了发生疲劳破坏的可能。而始终处于高应力状态的碳纤维布具有良好的抗疲劳性能。其综合效应使所加固构件的疲劳寿命大大提高，疲劳变形有所减小，构件的疲劳抗裂性能得到较大提高，从而延长构件的使用寿命。

5　碳纤维布加固混凝土结构的施工

5.1　施工程序

混凝土表面处理→配制并涂刷底层树脂→配制找平材料并对不平整处修复→配制并涂刷树脂→粘贴碳纤维片材。

5.2 施工工艺

吊车梁加固施工工艺见图1。

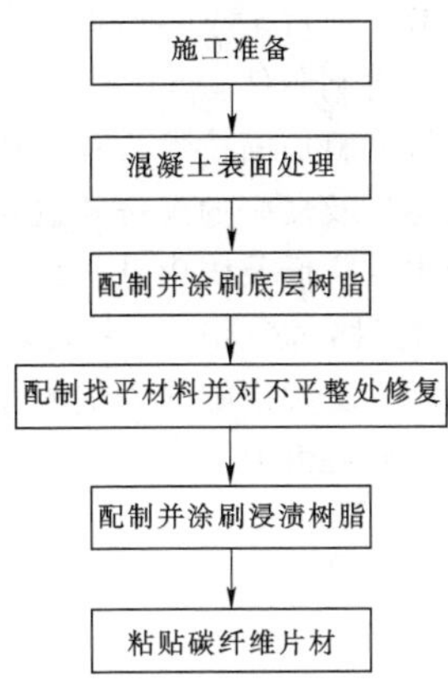

图1 吊车梁加固施工工艺框图

5.3 施工工艺说明

5.3.1 施工准备

先阅读设计施工图纸，后根据已建厂房的吊车梁实际情况，确定加固部位。

5.3.2 混凝土表面处理

对混凝土表面不平整处进行打磨平整，除去表面浮灰、油污等杂质，直至露出混凝土结构新面，转角粘贴处要进行倒角处理并打磨成圆弧状，混凝土表面清理干净并保持干燥。

5.3.3 配制并涂刷底层树脂

根据工艺规定配制底层树脂，用滚筒刷将底层树脂均匀涂刷在混凝土表面上，等胶体表面指触干燥后，方可再进行下一步施工。

5.3.4 配制找平材料并对不平整处修复

根据工艺规定配制找平材料，对混凝土表面凹陷部位用找平材料填补平整，且不应有棱角。转角处用找平材料修复为光滑的圆弧。

5.3.5 配制并涂刷浸渍树脂

根据工艺规定配制浸渍树脂并均匀涂抹于所要粘贴的部位，胶层厚度应满足设计要求。在搭接、拐角等部位应多涂抹一遍。

5.3.6 粘贴碳纤维片材

根据设计图纸要求的尺寸裁剪碳纤维片材，按产品供应商提供的工艺规定配制粘接树脂；将碳纤维片材表面擦拭干净无粉尘，擦拭干净的碳纤维片材应立即涂刷粘接树脂，胶层呈突起状，平均厚度不小于2mm；将涂有黏结树脂的碳纤维片材用手轻压贴于需粘贴的位置，用橡皮滚筒顺纤维方向均匀平稳压实，使树脂从两边溢出，保证密实无空洞。

粘贴碳纤维材料之前，首先应确认粘贴表面干燥。气温在5℃以上，相对湿度大于85%时，如无有效措施不得施工。碳纤维纵向接头必须搭接20cm以上。该部位应多涂树脂，碳纤维横向搭接5cm以上。粘贴碳纤维布，用滚筒沿纤维方向多次滚压，挤除气泡，并使粘贴用黏结剂充分浸透碳纤维布。多层粘贴应重复上述步骤。待纤维表面指触干燥后方可进行下层的粘贴。粘贴时，在碳纤维和树脂之间尽量不要有空气。

5.4 质量保证措施

（1）吊车梁加固施工宜在5℃以上环境温度下进行。

（2）在表面处理和粘贴碳纤维片材前，应按加固设计部位放线定位。

（3）树脂配制时需按产品使用说明中规定的配比称量置于容器中，用搅拌器均匀搅拌至色泽均匀。搅拌用容器内及搅拌器上不得有油污及杂质。

（4）树脂用量需根据现场实际环境温度决定树脂的每次拌和量，并按使用要求严格控制使用时间。

5.5 安全保证措施

（1）碳纤维材料为导电材料，施工碳纤维片材时应远离电气设备及电源，并采取可靠的防护措施。

（2）与碳纤维配套的树脂原料应密封储存，远离火源，避免阳光直接照射。

（3）树脂的配制和使用场所，应保持通风良好。

（4）现场施工人员必须采取相应的劳动保护措施。

6 碳纤维复合材料的应用范围及不足

碳纤维复合材料加固混凝土结构技术仍存在一些不足之处：

（1）碳纤维是一种线弹性脆性材料，只有当构件发生较大变形时，才能充分发挥其高强高弹模的性能。而混凝土结构对变形有比较严格的控制，在一定程度上限制了碳纤维复合材料能力的发挥。

（2）碳纤维布加固混凝土结构后，容易发生粘贴剥离破坏，使加固后混凝土结构呈现明显的脆性破坏形态，对结构的可靠度水平有所影响。

（3）目前对碳纤维复合材料加固混凝土结构在长期荷载、冲击荷载作用下受力性能和耐久性的研究较少，在类似方面应用时需有专门论证。

（4）对于碳纤维材料加固混凝土梁、柱的抗剪及抗弯加固机理和计算方法已有了成熟的研究和应用成果，但对碳纤维材料加固剪力墙等方面的研究理论还较缺乏。

（5）进行碳纤维复合材料加固时，采用建筑结构胶作为碳纤维复合材料和混凝土结构的黏结剂，该黏结剂对温度比较敏感，使加固构件的受力性能受温度的影响较大，应进一步加强该方面的研究工作。

（6）碳纤维复合材料具有较强的导电性能，其导电强度与碳纤维掺入量、截面积、环境湿度和接地电阻有关，虽然碳纤维复合材料已被黏结的树脂胶封闭绝缘，但对于雷电区域、强电场和易漏电的设备与设施，如施工工艺不好、防护措施不当，采用此工艺时应谨慎论证并做好相关检测和防护。

(7) 高强度的碳纤维复合材料生产工艺复杂、造价高，高强度国产碳纤维还在发展中，也是影响其推广的重要因素。

7 结论

赞比亚慕松达水电站老厂房这种空间比较狭窄的混凝土结构，桥机轨道梁采用碳纤维复合材料加固的方案优势明显，施工占地不大，厂房和轨道具有防雷电和接地措地，故施工安全，工效高，加固效果好，养护3天后就能够承受荷载，运行至今一切正常，为老厂房机组的提前安装创造了有利条件。

总之，碳纤维材料加固技术具有与其他传统加固方法无法比拟的优越性及良好的经济效益和社会效益。随着碳纤维材料成本的降低及国内外研究的不断深入，注意克服其不足的特性，该项技术在混凝土结构缺陷加固、防冲耐磨、增强防裂措施的领域和应用中会越来越广泛，具有较大的发展潜力。

本栏目审稿人：张志良

两河口水电站大坝心墙基础固结灌浆成果分析及评价

杨培洲　李丰年/雅砻江流域水电开发有限公司
刘国泰/中国水利水电建设工程咨询西北有限公司

【摘　要】 两河口水电站砾石土心墙土石坝岸坡地层的岩性，总体为变质砂岩夹板岩及砂岩板岩互层，开挖后大坝建基面岩体以Ⅲ$_2$类和Ⅳ类为主，右岸中高高程建基面主要为Ⅴ类岩体。岩体卸荷程度相对较高，且倾坡外的中缓倾角节理较发育。固结灌浆施工出现抬动和劈裂现象，导致施工效率低、质量难以保证。经及时调整优化设计参数及施工方案，采取降低浅层卸荷岩体灌前裂隙冲洗和压水试验压力、降低浅层灌浆压力、采用抬动临界流量控制灌浆法等综合技术措施，成功地解决了卸荷岩石基础固结灌浆技术难题，取得了良好的灌浆效果。

【关键词】 两河口　土石坝　固结灌浆　成果分析

1　概况

两河口水电站位于四川省甘孜藏族自治州雅江县境内的雅砻江干流上，电站坝址在雅砻江干流与支流鲜水河的汇合口下游约 2km 河段，为雅砻江中、下游的“龙头”水库。电站的开发任务以发电为主，兼顾防洪。水库的正常蓄水位高程 2865m，总库容为 107.67 亿 m^3，调节库容 65.6 亿 m^3，具有多年调节能力。电站装机容量 3000MW，多年平均年发电量 110 亿 kW·h。大坝为砾石土直心墙堆石坝，最大坝高为 295m，坝顶高程 2875m，河床部位心墙底开挖高程 2580m。河床及左、右岸心墙基础设 1m 厚混凝土盖板。

大坝基础基岩固结灌浆布置在砾石土心墙堆石坝心墙基础范围内，心墙基础厚 1m 混凝土盖板兼作固结灌浆盖重。基础固结灌浆按照间排距 2.5m 梅花形布置，左坝肩、河床段及右坝肩高程 2640m 以下固结灌浆孔深 8m，右坝肩高程 2640～2700m 固结灌浆孔深 12m，右坝肩高程 2780～2875m 固结灌浆孔深 15m。左、右坝肩心墙基础局部弱风化、弱卸荷深度较深，固结灌浆须在这些部位适当加深处理，最大加深深度左岸为 15m（高程 2764～2870m）、右岸为 20m（高程 2640～2706m）。

两河口水电站坝址为横向谷，岩层陡倾下游，地层岩性总体为变质砂岩夹板岩及砂岩板岩互层。断层以顺层压性为主，破碎带宽度较小。其中左岸建基面主要发育 5 组优势裂隙，有两组为陡倾角顺坡向裂隙（N65°W/SW∠70°～80°、N30°～75°E/NW（SE）∠65°～85°），右岸开挖揭示主要发育 4 组优势裂隙，有一组为陡倾角顺坡向裂隙（N75°～90°W/SW（NE）∠75°～80°），由于裂隙的相互切割，造成坝基岩体完整性较差，需要固结灌浆进行处理，以提高岩体完整性，满足坝基承载要求。

2　大坝基础固结灌浆主要施工方法及要求

2.1　固结灌浆施工参数及质量检查方法

（1）河床廊道及下游侧盖板的灌浆孔间排距为

2.5m，河床廊道上游侧及左右岸高程2581～2600m灌浆孔间排距为3m，左右岸高程2600～2700m孔间排距为2.5m。河床及左岸高程2581～2700m基岩孔深为8m，右岸高程2581～2700m基岩孔深分别为8m、12m、20m。钻孔均垂直混凝土盖板，梅花形布置，钻孔孔径均为76mm。

（2）灌浆的分段及灌浆压力见表1。

表1 河床及左右岸坡固结灌浆分段及灌浆压力表

基岩孔深/m	分段长度/m	裂隙冲洗及简易压水压力/MPa	灌浆压力/MPa	
			Ⅰ序孔	Ⅱ序孔
8	0～2	0.10	0.3	0.3～0.5
	2～8	0.56	0.7	0.7
12	0～2	0.10	0.3	0.3～0.5
	2～7	0.56	0.7	0.7
	7～12	0.80	1.0	1.2
20	0～2	0.10	0.3	0.3～0.5
	2～5	0.56	0.7	0.7
	5～10	0.80	1.0	1.2
	10～15	1.00	1.2	1.5
	15～20	1.00	1.2	1.5

根据灌浆试验成果，为防止产生抬动破坏，大坝左右岸盖板固结灌浆灌前第1段裂隙冲洗和压水压力调整为0.1MPa，同时灌后检查孔第1段裂隙冲洗及压水试验压力调整为0.1～0.2MPa。基岩孔深为8m时Ⅱ序孔自下而上施工，裂隙冲洗及简易压水压力全孔用0.1MPa，第2段用0.56MPa。施工过程中，压力控制以不发生抬动为原则。

（3）固结灌浆压水无压无回水的灌浆孔段开灌水灰比采用3∶1，其他正常孔段灌浆时开灌水灰比采用5∶1进行施工。采用5∶1、3∶1、2∶1、1∶1、0.8∶1、0.5∶1共6个比级的P·O42.5普通硅酸盐水泥浆液，灌浆过程浆液变换原则按规范要求执行。

（4）灌浆段在规定压力下，注入率不大于1L/min，继续灌注30min，即可结束灌浆。

（5）质量检查方法及标准：固结灌浆质量检查采用钻孔取芯、压水试验、物探检测的方法进行，质量评价以声波为主压水成果为辅。质量标准如下：

1）声波测试合格标准：①Ⅳ类、Ⅲ类岩体区域灌后岩体声波纵波速度V_p>5000m/s，或灌后声波比灌前提高10%，其测点合格率应在85%以上，波速小于设计标准85%的测点不超过总测点数的3%，且不集中；②Ⅴ类岩体区域及遇断层破碎带等特殊情况时，灌后岩体声波纵波速度V_p>4500m/s，或灌后声波比灌前提高10%，其测点合格率应在85%以上，波速小于设计标准85%的测点不超过总测点数的3%，且不集中。

2）压水检查合格标准：①帷幕轴线（上下游9.5m范围）盖板基础的岩体透水率$q \leqslant 5$Lu认为合格，孔段合格率不少于90%，不合格孔段透水率值不超过设计规定值的150%且不集中；②其他盖板的岩体透水率$q \leqslant$ 5Lu认为合格，孔段合格率不少于80%，不合格孔段岩体透水率值不超过设计规定值的200%并不集中。

2.2 固结灌浆主要施工方法

河床及岸坡固结灌浆孔按两序加密原则进行施工，钻孔采用风动冲击成孔，孔径76mm。先施工Ⅰ序孔，后施工Ⅱ序孔，同一单元内周边孔优先施工。灌浆使用"分段阻塞、孔内循环"式灌浆法。基岩孔深8m时，Ⅰ序孔自上而下分段灌浆，Ⅱ序孔自下而上分段灌浆；孔深12m、20m时，所有孔均自上而下分段灌浆，射浆管距孔底距离不大于50cm。

接触段灌浆时，阻塞位置为混凝土与基岩接触面以上约20cm，以下各段均阻塞至待灌段以上约50cm处。

2.3 抬动控制措施

大坝心墙基础混凝土盖板厚约1m，无法有效制约抬动，且两岸岩体顺坡向裂隙发育，不利于抬动控制，对施工质量及进度影响较大。固结灌浆施工过程中累计出现抬动变形295段次，抬动变形值为5～330μm。初期施工对地层认识不足，个别抬动超标，后期采取了针对性措施，抬动得到控制。采取的主要措施如下：

（1）灌浆站尽量布置在作业面附近，高差不宜大于15m，进浆管流量控制在35～50L/min。

（2）降低灌前裂隙冲洗、压水试验和灌浆的压力，使灌浆压力与岩体条件相匹配。

（3）加强抬动监测，遇到抬动发生时，采用抬动临界流量控制灌浆法，以流量控制压力，逐步升压最终达到设计灌浆压力，或施工中发生抬动时可根据情况适当降低灌浆压力。

（4）遇到大吸浆量孔段时，采用分级升压灌浆，确保流量与压力相适应。

3 大坝基础固结灌浆成果分析

河床及左右岸高程2581～2700m固结灌浆，自2016年6月6日开始施工，至2018年6月4日，完成固结灌浆146个单元，累计完成固结灌浆61997.77m，灌注水泥1978.20t，平均单位水泥注入量为31.91kg/m。

3.1 灌前压水试验成果统计及分析

河床及左右岸坡高程2581～2700m范围累计完成固结灌浆灌前压水15079段，各序孔灌前压水试验成果统计见表2，透水率频率曲线及频率累计曲线见图1。

表 2　　河床及左右岸坡高程 2581～2700m 固结灌浆灌前压水试验成果统计表

部位	孔序	总段数/段	灌前压水透水率频率（段数/频率）						平均透水率/Lu
			0Lu	0～1Lu	1～5Lu	5～10Lu	10～50Lu	＞50Lu	
河床及岸坡	Ⅰ	7434	3166 段/42.6%	1211 段/16.3%	1120 段/15.1%	537 段/7.2%	878 段/11.8%	522 段/7.0%	9.52
	Ⅱ	7645	4228 段/55.3%	1807 段/23.6%	929 段/12.2%	299 段/3.9%	298 段/3.9%	84 段/1.1%	2.63
	小计	15079	7394 段/49.0%	3018 段/20.0%	2049 段/13.6%	836 段/5.5%	1176 段/7.8%	606 段/4.0%	6.06

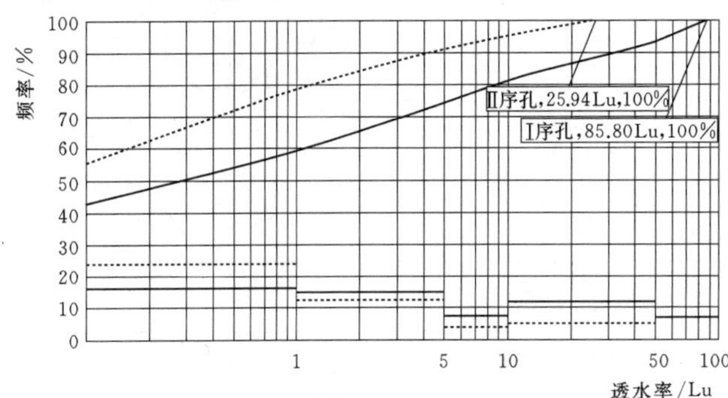

图 1　河床及左右岸坡固结灌浆灌前透水率频率曲线及频率累计曲线

由表 2 和图 1 可知，河床及左右岸坡高程 2581～2700m 固结灌浆Ⅰ序孔灌前平均透水率为 9.52Lu，Ⅱ序孔灌前平均透水率为 2.63Lu，Ⅱ序孔较Ⅰ序孔递减 72.4%，说明透水率随着灌浆次序的递增而减小；透水率较小孔段的频率值增大，透水率较大孔段的频率值减小，岩体裂隙得到有效充填，岩石完整性逐步提高，符合灌浆一般规律，灌浆效果明显。

3.2　单位注灰量统计及分析

河床及左右岸坡高程 2581～2700m 范围累计完成固结灌浆 61997.77m，灌注水泥 1978.20t，平均单位注灰量为 31.91kg/m，累计完成灌浆 15318 段。平均单位注灰量频率统计见表 3，单位注灰量频率及频率累计曲线见图 2。

由表 3 和图 2 可见，河床及左右岸坡高程 2581～2700m 固结灌浆Ⅰ序孔平均单耗 49.2kg/m，Ⅱ序孔平均单耗 14.68kg/m，Ⅱ序孔较Ⅰ序孔递减 70.16%。说明平均单耗随着灌浆次序的递增而减小，平均单耗较小孔段的频率值增大，平均单耗较大孔段的频率值减小，岩体裂隙得到有效充填，岩石完整性逐步提高，符合灌浆一般规律，灌浆效果明显。

表 3　　河床及左右岸坡高程 2581～2700m 固结灌浆单位注灰量频率统计表

部位	孔序	总段数/段	平均单耗/(kg/m)	单位注入量频率					
				0kg/m	0～10kg/m	10～50kg/m	50～100kg/m	100～500kg/m	＞500kg/m
河床及岸坡	Ⅰ	7569	49.20	3858 段/51.0%	1888 段/24.9%	461 段/6.1%	303 段/4.0%	920 段/12.2%	139 段/1.8%
	Ⅱ	7749	14.68	5183 段/66.9%	1833 段/23.7%	214 段/2.8%	167 段/2.2%	332 段/4.3%	20 段/0.3%
	小计	15318	31.91	9041 段/59.0%	3721 段/24.3%	675 段/4.4%	470 段/3.1%	1252 段/8.2%	159 段/1.0%

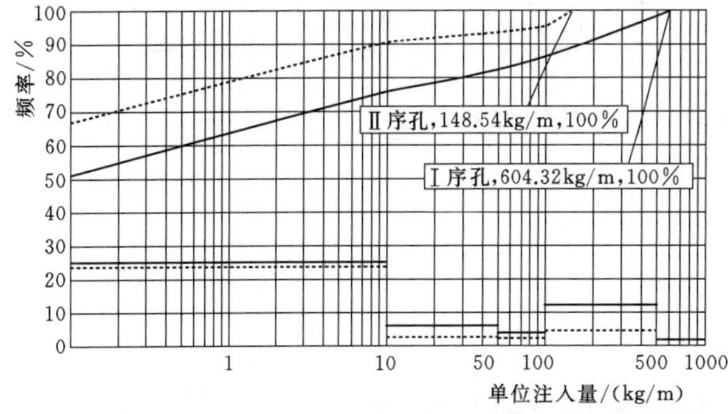

图 2　河床及左右岸坡固结灌浆单位注灰量频率及频率累计曲线

4　质量检查成果及评价

4.1　物探检测

（1）单孔声波：河床及左右岸坡高程 2581～2700m 固结灌浆完成单孔声波检测 146 个单元，有 3 个单元检测不合格，单孔声波一次检测合格率为 97.9%。不合格单元均进行处理并复检合格。

固结灌浆单孔声波检测 146 个单元，共完成灌前单孔声波检测 406 孔，灌前波速平均值为 5083m/s；完成灌后单孔声波检测 408 孔，灌后波速平均值为 5335m/s。灌后声波波速较灌前提高 0.1%～19.7%，波速提高幅度符合灌浆一般规律，检测结果满足设计要求，说明灌浆效果良好。检测成果见表 4。

（2）对穿声波：河床及左右岸坡高程 2581～2700m 固结灌浆检测对穿声波 246 组，灌前 121 组，对穿声波波速平均值为 5002m/s；灌后 125 组，对穿声波波速平均值为 5204m/s，灌后对穿声波波速较灌前提高 0.2%～14.0%。波速分布情况显示，灌浆后 5000m/s 以上波速测点占比较灌前有明显提升，符合灌浆一般规律，说明灌浆效果良好。检测成果见表 5。

(3) 变形模量：大坝河床及左右岸坡高程 2581～2700m 固结灌浆完成弹性模量检测 43 个单元 70 个孔，灌前 28 个孔，变形模量值多分布在 5～11GPa 之间，占比为 73.27%；灌后 42 个孔，变形模量值多分布在 7～15GPa 之间，占比为 77.03%。灌后变形模量较灌前提高 2.2%～35.8%，说明灌浆效果明显。检测结果统计见表 6。

表 4　　河床及左右岸坡高程 2581～2700m 固结灌浆单孔声波统计表

部位	灌序	孔数/个	平均波速/(m/s)	波速分布/%			提高率/%
				<4000m/s	4000～5000m/s	≥5000m/s	
大坝左岸	灌前	165	5030	6.12	28.40	65.48	0.3～14.6
	灌后	164	5299	0.57	12.04	87.39	
大坝右岸	灌前	168	5089	5.07	32.04	62.88	0.1～15.6
	灌后	168	5334	0.94	13.91	85.15	
合计	灌前	406	5083	5.58	29.27	65.15	0.1～19.7
	灌后	408	5335	0.67	12.90	86.42	

表 5　　河床及左右岸坡高程 2581～2700m 固结灌浆对穿声波统计表

部位	灌序	数量/组	平均波速/(m/s)	波速分布/%			提高率/%
				<4000m/s	4000～5000m/s	≥5000m/s	
大坝左岸	灌前	56	4970	1.34	44.50	54.16	0.5～9.5
	灌后	56	5154	0.53	22.60	76.88	
大坝右岸	灌前	59	5013	1.70	42.84	59.03	0.3～14.0
	灌后	58	5216	1.01	22.98	79.58	
合计	灌前	121	5002	1.49	42.14	56.37	0.2～14.0
	灌后	125	5204	0.69	21.55	77.76	

表 6　　固结灌浆弹性模量检测结果统计表

部位	灌序	孔数/个	平均变模值/GPa	变模值分布特征/%						提高率/%
				0～5GPa	5～7GPa	7～9GPa	9～11GPa	11～15GPa	>15GPa	
大坝左岸	灌前	13	8.26	3.31	25.55	43.73	21.14	4.41	1.86	2.6～35.8
	灌后	17	9.36	4.05	10.79	35.19	33.77	14.11	2.11	
大坝右岸	灌前	15	9.41	3.30	14.96	27.94	27.57	19.71	6.51	2.2～34.5
	灌后	23	10.65	0.97	10.22	23.64	25.71	30.38	9.08	
合计	灌前	28	8.84	2.21	14.75	32.06	26.46	19.20	5.32	2.2～35.8
	灌后	42	9.68	2.63	14.28	30.83	26.51	19.69	6.07	

(4) 全景图像检测：河床及左右岸坡高 2581～2700m 固结灌浆完成全景图像检测 146 个单元 221 孔，其中灌前 38 个孔，灌后 183 个孔。全景图像显示浅层岩体内裂隙较发育，混凝土与基岩结合面充填密实，裂隙内可见明显的水泥浆结石充填，充填率在 85%以上，说明灌浆效果良好。

4.2　检查孔压水试验

河床及左右岸高程 2581～2700m 完成压水检查 146 个单元，共完成灌后压水检查孔 454 个，其中 4 个单元不合格，经过处理后复检合格。检查成果见表 7。

表 7　　河床及左右岸坡高程 2581～2700m 固结灌浆压水检查结果统计表

部位	检查孔数/个	压水段数/段	检查孔压水透水率分布段数/频率					最大透水率/Lu	最小透水率/Lu
			0Lu	0～5Lu	5～7.5Lu	7.5～10Lu	>10Lu		
河床	102	195	55 段/28.2%	128 段/65.6%	9 段/4.6%	3 段/1.5%	0 段/0.0%	8.71	0
左岸	167	334	191 段/57.2%	143 段/42.8%	0 段/0.0%	0 段/0.0%	0 段/0.0%	4.44	0
右岸	185	504	336 段/66.7%	167 段/33.1%	1 段/0.2%	0 段/0.0%	0 段/0.0%	3.70	0
合计	454	1033	582 段/56.3%	438 段/42.4%	10 段/1.0%	3 段/0.3%	0 段/0.0%	8.71	0

4.3 第三方压水检测成果

河床及左右岸坡高程2581～2700m固结灌浆完成第三方压水检查146单元，一次检查合格139个单元，一检合格率95.2%，不合格单元处理后复检合格。检测结果满足设计要求，灌浆质量良好。检查成果见表8。

表8　河床及左右岸坡高程2581～2700m固结灌浆第三方压水检查结果统计表

部位	检查孔数/孔	压水段数/段	检查孔压水透水率分布段数/频率					最大透水率/Lu	最小透水率/Lu
			0Lu	0～5Lu	5～7.5Lu	7.5～10Lu	>10Lu		
左岸	74	141	97段/68.8%	43段/30.6%	1段/0.6%	0段/0.0%	0段/0.0%	6.43	0
右岸	84	212	110段/51.9%	101段/47.6%	1段/0.5%	0段/0.0%	0段/0.0%	6.46	0
合计	190	413	217段/52.5%	194段/47.0%	2段/0.5%	0段/0.0%	0段/0.0%	6.46	0

综上所述，河床及左右岸坡高程2581～2700m固结灌浆质量检查采用了钻孔取芯、孔内全景图像、单孔声波、对穿声波、变形模量、压水试验，检查比例及检测成果满足设计要求，灌浆施工过程各工序质量受控，固结灌浆质量满足设计要求，达到处理目的。

5 结语

两河口水电站为砾石土心墙坝，坝高295m，心墙基础混凝土盖板基岩浅层岩体顺坡向裂隙发育，卸荷相对较大，完整性较差，同时岸坡岩体侧向抗抬能力较弱，施工中易发生抬动劈裂，可能给施工质量造成隐患。固结灌浆施工中，通过大量试验及实践，采取针对性措施，有效地解决了抬动对工程质量及进度的影响，岩体完整性有了较大提高，防渗性能有了较大的改善，达到了固结灌浆处理目的，灌浆效果良好。

两河口深孔帷幕灌浆生产性试验施工分析

陈伏牛　韩建东　赵彦辉/中国电建集团西北勘测设计研究院有限公司

【摘　要】两河口水电站帷幕灌浆防渗要求高、难度大，帷幕灌浆最大孔深 155.5m，孔斜控制是难点，深孔帷幕灌浆施工质量控制意义重大。通过右岸高程 2575.50m（底层）灌浆平洞深孔帷幕灌浆生产性试验施工，结合工程特点，分析研究制定合理可行的灌浆施工参数、工艺、方法等，可为后续深孔帷幕灌浆施工提供依据和参考，并通过帷幕灌浆形成连续、密实、完整的防渗幕体，达到防渗目标。

【关键词】深孔帷幕灌浆　生产性试验　灌浆平洞

1　概述

1.1　工程概况

两河口水电站位于四川省甘孜藏族自治州雅江县境内的雅砻江干流上，电站坝址在雅砻江干流与支流鲜水河汇合口下游约 2km 河段。坝址控制流域面积为 6.57 万 km^2，占全流域面积的 48%，坝址处河流多年平均流量 666m^3/s。两河口水电站为雅砻江中、下游的“龙头”水库，对其下游雅砻江梯级电站以及金沙江、长江干流电站的梯级补偿作用显著。电站的开发任务以发电为主，兼顾防洪，并促进地方经济社会发展。电站采用坝式开发，水库正常蓄水位 2865.00m，水库总库容为 107.67 亿 m^3，消落深度为 80m，调节库容 65.6 亿 m^3，具有多年调节能力。电站装机容量 3000MW，多年平均年发电量 110 亿 kW·h。两河口水库调蓄可大幅增加雅砻江下游梯级电站枯水年枯期出力和枯期电量。

两河口水电站工程为Ⅰ等大（1）型工程。枢纽工程由拦河大坝、泄水建筑物、地下引水发电系统等及中后期导流工程组成。拦河大坝为砾石土心墙堆石坝，最大坝高 295m，坝顶高程 2875.00m，总填筑方量约 4200 万 m^3。枢纽泄洪最大水头约 250m，最大下泄流量约 8200m^3/s，最大流速约 53.76m/s。泄水建筑物包括洞式溢洪道、深孔泄洪洞、竖井非常泄洪洞和放空洞。引水发电系统采用“单机单管供水”及“三机一室一洞尾水”的布置格局，地下厂房安装 6 台单机容量 500MW 的立轴混流式水轮发电机组。

枢纽防渗帷幕由大坝防渗帷幕和地下厂房防渗帷幕组成。大坝防渗帷幕包括在河床基础廊道内实施的河床基础帷幕、在左右岸灌浆平洞内实施的坝肩帷幕、在左右岸坡混凝土板上实施的上下两层灌浆平洞间的三角区帷幕及在灌浆平洞内实施的搭接帷幕。厂区主体帷幕轴线与主厂房纵轴线平行，布置于距离厂房上游边墙 55m 处，通过折线与右岸坝肩帷幕连为一体。

大坝帷幕灌浆通过沿心墙基础面布设的河床基础灌浆廊道，左、右两岸分层设置的灌浆平洞及左、右两岸盖板进行。左、右两岸分别在高程 2575.50m、2640.00m、2700.00m、2760.00m、2820.00m、2875.00m 处设置了 6 层帷幕灌浆平洞，各层平洞轴线位于同一竖直断面内。河床灌浆廊道和左、右两岸灌浆平洞基础布置两排灌浆帷幕，左、右岸坝肩盖板基础布置三排灌浆帷幕。河床廊道基础帷幕及左、右两岸底层灌浆平洞基础帷幕为铅直帷幕，其他各层灌浆平洞及左、右岸坝肩盖板基础灌浆帷幕为倾向上游的斜孔帷幕，上下相邻两层灌浆平洞基础帷幕通过设置于下层平洞朝向上游的搭接帷幕连接，搭接帷幕每排 6 孔、5 孔交错布置。帷幕灌浆最大深度 155.5m，搭接帷幕深度 12m。

地下厂房采用坝厂联合防渗型式，下游侧与大坝防渗帷幕衔接，上游侧在 402＃公路与右岸导流洞闸室交通洞的岔口处衔接，共 5 层，从上至下依次为高程 2875.00m、2819.45m、2759.38m、2699.34m、2640.59m，每层长度 595m，除两端衔接段采用折线连接（折角分别为 145°和 168°）外，主体帷幕轴线与主厂房纵轴线平行，布置于距离厂房上游边墙 55m 处。厂区帷幕高程 2875.00m、2819.45m 廊道总体上各布设 1 排灌浆孔，高程 2759.38m、2699.34m、2640.59m 廊道总体上各布设 2 排灌浆孔。上、下两排深孔帷幕搭接处布置浅层搭接帷幕。

大坝帷幕灌浆防渗底线以透水率 $q \leqslant 3$Lu 作为相对不透水层界限，灌浆帷幕深入相对不透水层 5m。由于坝前最大水头近 300m，在长期高水头作用下，考虑坝基帷幕的可靠性，河床基础防渗帷幕底高程为 2420.00m。深孔帷幕灌浆生产性试验区选在右岸高程 2575.50m 灌浆平洞内，灌浆孔 155.5m，先导孔 165.5m。

1.2 工程地质

河床覆盖层厚 0～12.4m，平均厚度约 3.3m，为冲积漂卵砾石夹砂层，结构单一，分布不均。下伏基岩为两河口组中、下段（T_3lh^2、T_3lh^1）的变质砂岩及板岩。从上游到下游出露地层依次为 $T_3lh^{1(2)}$ 层变质粉砂岩夹板岩、$T_3lh^{1(3)}$ 厚—巨厚层变质粉砂岩夹板岩、$T_3lh^{1(4)}$ 层变质粉砂岩与板岩不等厚互层、$T_3lh^{1(5)-①}$ 层变质细砂岩、$T_3lh^{2(2)-②}$ 层薄层状变质砂岩与板岩互层、$T_3lh^{2(3)}$ 层粉砂质板岩、$T_3lh^{2(4)}$ 层粉砂质板岩夹绢云母板岩。从上游到下游出露断层依次为 f_6、f_1、f_3、f_{25}、f_9、f_{10}、f_{11}、f_4、f_{12}、f_{13}、f_{14}、f_{27}，断层以顺层挤压为主，陡倾下游。断层破碎带宽度 0.1～100cm，厚度变化大，以小于 50cm 为主，主要充填片状岩、方解石及石英脉、糜棱岩等，断层破碎带内物质挤压紧密。河床岩体以弱风化及弱卸荷为主，据钻孔揭示弱下风化带深度 3.66～42.1m，风化不均，以 10～20m 为主。

河床压水试验表明，漂卵砾石夹砂层的覆盖层透水性强，河床基岩弱下风化岩体以中等透水为主，新鲜岩体以弱透水～微透水。河床部位覆盖层以下垂直埋深 0～50m 段的基岩 $q \leqslant 15$Lu，垂直埋深 50～150m 段基岩 $q < 10$Lu，垂直埋深 160～180m 段基岩 $q \leqslant 3$Lu。

2 深孔帷幕灌浆生产性试验

2.1 试验目的

验证深孔帷幕孔排间距、灌浆压力、浆液水灰比、灌浆分段等参数的合理性，钻孔灌浆方法及施工工艺、灌浆材料、特殊情况处理措施、质量检查方法及合格标准等的可行性，以便为后续深孔帷幕灌浆施工提供依据和参考。

2.2 试验技术要求

（1）施工参数及工艺：深孔帷幕灌浆生产性试验布置两排帷幕灌浆孔，排距 1.5m，孔距 2.0m，排内分三序，梅花形布置；孔底偏距按 2.5m 控制；灌浆分段按 2m、3m、5m 等终孔段不大于 10m 为 1 段；灌浆采用“孔口封闭、自上而下、孔内循环”灌浆法；使用 P·O 42.5 普通硅酸盐水泥[1]，浆液水灰比为 5∶1、3∶1、2∶1、1∶1、0.8∶1、0.5∶1，开灌水灰比 5∶1，遇灌前压水无压无回水时开灌水灰比调整为 3∶1，浆液由稀到浓逐级变换。灌浆压力见表 1。

表 1　各段灌浆压力表

入岩孔深/m	0～2	2～5	5～10	10～20	>20
Ⅰ序孔灌浆压力/MPa	0.6～1.0	1.0～2.0	2.0～3.0	3.0～4.0	4.5
Ⅱ序孔灌浆压力/MPa	0.8～1.5	1.5～2.5	2.5～3.5	3.5～4.5	5.0
Ⅲ序孔灌浆压力/MPa	1.5～2.0	2.0～3.0	3.0～4.0	4.0～5.0	5.5～6.0

施工顺序为先施工下游排，再施工上游排，排内先施工Ⅰ序孔，再施工Ⅱ序孔，后施工Ⅲ序孔。同一排相邻两个次序孔之间，以及后续排第一序孔与其相邻前序排最后次序孔之间，在岩石中钻孔灌浆的高差不小于 15m。

施工前由测量人员测放灌浆孔孔位点，并用红色油漆标示清楚。深孔帷幕钻孔使用 XY-2 回转地质钻机配合金刚石钻头进行造孔。为了防止帷幕灌浆钻孔时损伤钢筋，在混凝土衬砌钢筋制安时预埋 $L=0.6$m、$\phi130$ 导向钢管。钻孔参数：灌浆孔第 1、2 段（预埋孔口管段）孔径为 91mm，其余各段孔径为 75mm，抬动孔孔径为 75mm。孔口管镶筑：灌浆孔第 1、2 段自上而下分段钻孔和卡塞灌浆，完成后镶铸 $L=5.6$m（基岩深度 5m，混凝土厚 50cm，外露 10cm），$\phi89$ 孔口管（无缝钢管），孔壁间隙用 0.5∶1 的水泥浆灌注并待凝 72h。灌浆孔的孔口高程为 2575.50m，孔底高程（帷幕底线）为 2420.00m，基岩钻深为 155.5m，先导孔加深 2 段至 165.5m。孔向均为铅直。孔位偏差不大于 10cm。钻孔段长：第 1 段 2m，第 2 段 3m，其余各段均为 5m，终孔段不大于 10m 为 1 段。钻孔冲洗：钻孔完成后使用大流量水冲洗钻孔，排除孔内岩粉、渣屑。先导孔及检查孔均采取岩芯。

（2）孔斜控制：深孔帷幕灌浆生产性试验中，为控制钻孔孔斜、确保形成闭合的防渗幕体，钻孔每段都进行孔斜测量，发现偏斜后及时纠偏。帷幕灌浆孔测斜采用上海地学仪器研究所质量中心生产的 KXP-1 型测斜仪。孔底孔斜控制标准见表 2。

表 2　帷幕灌浆钻孔允许偏差值

孔深/m	20	30	40	50	60	80	100	>100
允许偏差/m	0.2	0.4	0.6	1.0	1.2	1.60	2.0	2.5

（3）压水试验：深孔帷幕灌浆生产性试验的先导孔，裂隙冲洗后采用五点法进行压水试验，其余灌浆孔裂隙冲洗后进行简易压水试验。五点法压水试验自上而

下分段进行，压水试验要求如下：

1）采用三级压力进行升压和降压，共进行五个阶段的压水试验，即 P1—P2—P3—P2—P1（P1＜P2＜P3）。先导孔灌前各段的压水压力见表 3。

表 3　先导孔灌前压水压力表

钻孔类型	段次	入岩孔深/m	压水压力/MPa		
			第一级压力	第二级压力	第三级压力
先导孔	1	0～2.0	0.15	0.30	0.50
	2	2.0～5.0	0.24	0.48	0.80
	3	5.0～10.0	0.30	0.60	1.00
	4	以下段长均为 5.0m，终孔段段长不大于 10m	0.30	0.60	1.00

2）每个阶段在稳定压力下每 5min 测读一次压入流量，连续 4 次读数中最大值与最小值之差小于最终值的 10%，或最大值与最小值之差小于 1L/min 时，本段压水试验即可结束，并取最终读数作为计算岩体透水率 q 的计算值。

裂隙冲洗和简易压水试验裂隙冲洗采用压力水进行，裂隙冲洗和简易压水试验压力均采用灌浆压力的 80%，并不大于 1MPa，冲洗至回水清净时止，并不大于 20min。简易压水试验，在稳定压力下，压水时间 20min，每 5min 测读一次压水流量，取最后的流量值作为计算流量，其成果以透水率 q 表示。灌浆孔各段次裂隙冲洗和简易压水压力见表 4。

表 4　灌浆孔各段次裂隙冲洗和简易压水压力表

入岩孔深/m	0～2	2～5	5～10	10～20	＞20
Ⅰ序孔压水压力/MPa	0.5～0.8	0.8～1.0	1.0	1.0	1.0
Ⅱ序孔压水压力/MPa	0.6～1.0	1.0	1.0	1.0	1.0
Ⅲ序孔压水压力/MPa	1.0	1.0	1.0	1.0	1.0

3　深孔帷幕灌浆生产性试验施工

3.1　生产性试验施工

（1）灌浆施工方法：孔口管段（第 1、2 段）采用“自上而下、分段卡塞、孔内循环”灌浆法，第 1 段卡塞位置至混凝土与基岩接触面以上约 20cm 处，第 2 段卡塞至段顶以上约 50cm 处，灌浆结束后镶铸 ϕ89、L=5.6m 的孔口管；孔口管以下均采用“孔口封闭、自上而下、孔内循环”灌浆法。射浆管与孔底之间的距离不超过 50cm。为避免混凝土抬动变形，采取分级升压措施。灌浆注入率与压力控制关系见表 5。

表 5　注入率与压力控制关系表

注入率/(L/min)	≥50	50～30	30～15	＜15	备注
灌浆压力/MPa	0	0.4P	0.7P	1.0P	P 为对应孔段的设计压力

浆液变换原则：当灌浆压力保持不变，注入率持续减少时，或注入率不变而压力持续升高时，不得改变水灰比；当某级浆液灌入量已达 300L 以上或灌浆时间已大于 30min，而灌浆压力和注入率均无改变或改变不显著时，应改浓一级水灰比；当注入率大于 30L/min 时，可根据具体情况越级变浓。

结束标准：正常灌浆孔段在设计灌浆压力下，注入率不大于 1L/min，继续灌注 30min 即可结束。

封孔：灌浆孔全孔灌浆结束后，用钻杆向孔内注入 0.5：1 的浓浆，把孔内积水或稀浆置换出孔口。待返出浓浆后上提钻杆不大于 20m，再向孔内注入 0.5：1 的浓浆，待返出浓浆后继续上提钻杆，依次进行，直至到达孔口位置。安装孔口封闭器，用全孔最大灌浆压力进行全孔一次灌浆封孔，带压封孔时间不少于 60min。

（2）深孔帷幕孔斜控制措施：主要包括钻孔前和钻孔过程中的孔斜预防。

1）钻孔前孔斜预防措施如下：

（a）开孔时均使用罗盘复核钻机水平度及钻机摆放方位角，廊道内帷幕灌浆施工时将钻机与底板混凝土用地锚进行固定，确定钻孔角度符合要求后方允许开孔钻进。

（b）认真做好机械的就位安装和开孔工作，钻杆尽可能短直，上下立轴卡盘对中性能好。不使用立轴晃动的钻机开孔。开孔时要校正钻机，使立轴中心对准孔位。孔口管要下正、固牢。

（c）开孔与浅孔钻进阶段，立轴钻杆不能太长，如立轴过长在钻进过程中摆动会更大。立轴长度采用 1.0～1.5m 为宜。

（d）不使用弯曲的钻具或过短的钻杆。钻杆钻具弯曲后连接不正，从而影响钻进方向。过短的钻杆，在孔内发生歪斜时比长钻杆的歪斜度更大，产生的孔斜度也更为严重。

（e）采用规格合理连接同心的钻具，粗径钻具与钻杆直径接近，做到粗径钻具不弯不扁，壁厚均匀，刚度足够，长度适当。

（f）金刚石钻头按编号按序使用，不使用胎体出露过多、切屑具剥落、过度偏磨、内外保径刃磨蚀的金刚石钻头。

（g）深孔钻进使用材质较好的钻杆，每根钻杆检查其垂直度。

（h）钻具的材质（如垂直度、刚度、丝扣疲劳情况等）符合标准。

(i) 对钻孔作业人员进行技术培训，上岗前进行技术交底，使其熟悉设备的机械性能和地层特点，配置经验丰富、操作熟练的钻工，并经常总结钻孔防斜经验，指导现场钻孔孔斜控制。

2) 钻孔过程中孔斜控制措施如下：

(a) 每次提钻后，及时检查钻杆丝扣情况，若发现丝扣螺纹变形（成圆弧形、扁形钝化）、螺纹丝扣断裂等，及时予以标记和更换，避免将损坏的钻杆再次用于钻进。

(b) 开孔钻进时采用合理的钻进参数，做到轻压慢转，保证孔向。

(c) 钻孔达到一定深度需减压钻进时，要特别注意钻压的调整梯度（梯级递减如 1kN 为一级），同时要注意提升吊环与立轴及钻孔中心线保持在一条直线上。

(d) 定期对钻机进行维护调试，如调试钻机液压卡盘、校正立轴等，调试完成后再投入施工。

(e) 经常检查各种钻孔器具，发现有磨损较严重的情况时及时更换。

(f) 遇地层岩性变化时，不论是由软变硬还是由硬变软，或者是由完整变破碎、破碎变完整等情况，均采用减压减速钻进，控制进尺速度、冲洗液流量及钻压等。即实行两界面两减压措施，由软到硬时起到扶正打窝、修平孔底的作用；由硬到软时做到平稳减压的作用。

(g) 经常检查钻机有无移位，立轴钻进的方向有无变化，发现问题及时纠正。每段测量一次方位角及倾角，出现偏差立即纠正。

(h) 帷幕灌浆浅孔段的钻孔偏斜不大时，可调整钻机立轴方向，将钻机的立轴方向适当向钻孔偏斜的相反方向偏转，获得一定的纠偏效果。

(i) 孔口管埋设段的钻孔孔径为 91mm（埋设 ϕ89 孔口管），其余段孔径为 75mm。由于大孔径换成小孔径后钻头中心很难与原中心线保持一致，容易产生钻孔偏斜，为此施工过程中除孔口管预埋段外，其余孔段施工过程中不换径施工至孔底。

(3) 孔斜纠偏：孔斜纠偏要点如下：

1) 帷幕灌浆施工过程中，若接近终孔几段的实测孔斜已接近设计孔底偏斜控制标准，则可将钻具加长至原来的 2 倍以上。钻具加长后会增加孔壁对整个粗径钻具的控制力，通过上部孔壁及摩擦力及钻压的作用，使原有的孔斜度不再继续增加。

2) 若某孔段测斜时发现偏斜值已超出设计允许偏差范围，先不纠偏处理，可按正常程序进行灌浆，当接近结束标准时，用 0.5：1 的纯水泥浆液把孔内稀浆置换出孔外，并带压封孔，待凝 24～48h 后再扫孔。扫孔时注意控制钻压，接近出现偏斜的部位以上 2～3 段时每段检测孔斜，钻孔时降低钻进速度，逐渐调整钻孔偏斜度。

3) 深孔帷幕灌浆生产性试验孔深均超过 155.5m，所以主要以控制孔底偏距为目标。若钻孔偏斜超过设计要求，可采取补救措施，通常在旁边布置一个检查孔，一方面检查灌浆质量；另一方面作为补强孔，弥补原来灌浆孔偏斜过大的缺陷。

(4) 特殊情况处理：发现串、冒、漏浆时，根据具体情况采用嵌缝、表面封堵、低压、浓浆、限流、限量、待凝等方法进行处理。灌浆必须连续进行，若因故中断，尽快恢复灌浆，否则应立即冲洗钻孔，再恢复灌浆。若无法冲洗或冲洗无效，则进行扫孔，再恢复灌浆；恢复灌浆时，使用开灌比级的水泥浆进行灌注，如注入率与中断前相近，则采用中断前水泥浆的比级继续灌注；如注入率较中断前减小较多，应逐级加浓浆液继续灌注；如注入率较中断前减小很多，且在短时间内停止吸浆，应采取补救措施。

钻孔遇掉钻、卡钻、无回水等异常情况时，可根据实际情况缩短灌浆段长，即立即停钻将其作为单独的一段进行灌浆处理，完成后继续钻进。或报请监理人同意后进行物探检测，在探明岩体裂隙发育情况后制定针对性的处理措施。

遇灌注量大时可采用低压、浓浆、限流、限量、间歇等措施处理，并尽量不采取待凝措施。如确需待凝，则待凝时间一般不少于 24h。对于因采取变浆、间歇、待凝等处理措施后突然不吸浆的孔段，应换用稀浆灌注或冲孔、扫孔后复灌。灌浆孔段遇特殊情况时，无论采用何种措施处理，其复灌前均应进行扫孔，复灌后达到规定的结束条件。

(5) 涌水处理：遇涌水的灌浆孔段，灌前测记涌水压力和涌水量，采取以下措施处理：

1) 钻孔遇涌水量 $Q \geqslant 5L/min$ 时继续钻进 50cm 左右停钻，并将其作为独立的一个灌段处理。

2) 涌水孔段灌浆起始水灰比为 5：1，采取逐级变浆（当涌水流量 $Q \geqslant 50L/min$ 或涌水压力大于 0.15MPa 时，可视情况进行越级变浆）和分级升压措施进行灌注。

3) 涌水孔段的灌浆压力调整为“原孔段灌浆压力＋涌水压力”。

4) 若涌水流量不大于 5L/min，或压力不大于 0.10MPa，注入率不大于 1L/min 时，继续灌注不少于 60min 可结束灌浆；若涌水流量为 5～15L/min（含 15L/min），或涌水压力为 0.10～0.15MPa（含 0.15MPa），则继续灌注不少于 60min，闭浆（不少于 4h）并待凝不少于 24h 后扫孔复灌至结束；若涌水流量大于 15L/min，或涌水压力大于 0.15MPa，继续灌注不少于 90min，闭浆（不少于 4h）并待凝不少于 24h 后扫孔复灌至结束。

5) 根据施工情况，灌浆孔段待水泥浆液达到初凝状态（闭浆4h）后，扫孔至灌浆段以上10～15m位置处继续进行待凝，时间不少于24h。钻进遇涌水的大吸浆孔段原则上不采用间歇措施，优先采用低压、浓浆、限流、限量等措施连续灌注至结束。

（6）抬动控制主要做好以下各项工作：

1）抬动观测装置在灌浆施工前安装完成。在压水试验、灌浆、封孔等施工工序中，都要监测被灌岩体的抬动变形情况。

2）大坝基础防渗帷幕灌浆施工抬动观测采用人工观测方式。施工过程中由专人观测抬动千分表，每隔10min记录一次千分表读数。观测抬动变形使用的千分表必须经常检查，确保其灵敏性和准确性。

3）当抬动变形值上升速度较快时，立即通知灌浆作业人员采取降压、限流等措施，防止发生抬动破坏。若施工过程中发现抬动变形值超过设计允许值，应立即降压、停灌并查找原因，同时报监理工程师共同研究处理措施。

4）施工过程中，严格防止碰撞千分表，保证千分表装置能在正常工作状态下进行观测，确保观测精度。

5）每班开始施工前，质量管理人员应检查抬动装置是否完好。若抬动装置失效，则应重新布置抬动观测孔。

3.2 灌浆试验施工成果

（1）灌前透水率：灌前压水842段（27个孔），其中Ⅰ序孔253段，Ⅱ序孔186段，Ⅲ序孔403段，最大透水率116.80Lu，平均透水率0.49Lu。各序孔灌前压水透水率频率统计见表6。

表6　灌前压水透水率频率统计表

灌浆次序	孔数/孔	总段数/段	透水率累计段数/频率					最大透水率/Lu	最小透水率/Lu	平均透水率/Lu
			<1Lu	1～3Lu	3～10Lu	10～50Lu	>50Lu			
Ⅰ	8	253	216段/85.4%	17段/6.7%	14段/5.5%	4段/1.6%	2段/0.8%	116.80	0.0	1.45
Ⅱ	6	186	180段/96.8%	4段/2.2%	2段/1.1%	0段/0.0%	0段/0.0%	8.62	0.0	0.14
Ⅲ	13	403	401段/99.5%	0段/0.0%	2段/0.5%	0段/0.0%	0段/0.0%	6.10	0.0	0.06
合计	27	842	797段/94.7%	21段/2.5%	18段/2.1%	4段/0.5%	2段/0.2%	116.80	0.0	0.49

由表6可知，试验Ⅰ序孔灌前平均透水率为1.45Lu，Ⅱ序孔灌前平均透水率为0.14Lu，Ⅲ序孔灌前平均透水率为0.06Lu。Ⅱ序孔较Ⅰ序孔递减90.3%，Ⅲ序孔较Ⅱ序孔递减57.1%，说明随着灌浆次序的增加，灌前透水率逐步降低，符合灌浆一般规律。

（2）单位注灰量：试验施工共钻孔4213.5m，灌浆4200m，灌注普通水泥70518kg，平均单位水泥注入量为16.79kg/m。灌浆842段（27个孔），其中Ⅰ序孔253段，Ⅱ序孔186段，Ⅲ序孔403段，平均单位注灰量为16.79kg/m。单位注灰量频率统计见表7。

表7　单位注灰量频率统计表

灌浆次序	灌浆/m	总段数	单位注灰量频率（段数/频率）					单耗/(kg/m)
			<10kg	10～50kg	50～100kg	100～500kg	>500kg	
Ⅰ	1258.60	253	198段/78.3%	28段/11.1%	6段/2.4%	16段/6.3%	5段/2.0%	36.51
Ⅱ	948.95	186	143段/76.9%	35段/18.8%	8段/4.3%	0段/0.0%	0段/0.0%	10.28
Ⅲ	1992.45	403	315段/78.2%	88段/21.8%	0段/0.0%	0段/0.0%	0段/0.0%	6.86
合计	4200	842	656段/77.9%	151段/17.9%	14段/1.6%	16段/2.0%	5段/0.6%	16.79

由表7可知，试验Ⅰ序孔平均单位注灰量为36.51kg/m，Ⅱ序孔平均单位注灰量为10.28kg/m，Ⅲ序孔平均单位注灰量为6.86kg/m。Ⅱ序孔较Ⅰ序孔递减71.8%，Ⅲ序孔较Ⅱ序孔递减33.3%，说明说明随着灌浆次序的增加，单位注灰量逐步降低，符合灌浆一般规律，灌浆效果较明显。

（3）孔斜检测：生产性试验共完成27个灌浆孔，其中下游排14个孔，上游排13个孔。灌浆孔最大孔底偏距为2.46m，最小孔底偏距为0.43m，均小于孔底偏距允许值（小于2.5m）。说明孔斜控制整体较好，且满足灌浆试验技术要求。

（4）涌水处理：试验中有6个灌浆孔（30段）钻进遇地下涌水。其中涌水孔段占下游排灌浆总段数439段的6.8%，单段最大涌水量为87L/min，孔口最大涌水压力为0.18MPa，涌水温度12～20℃。孔深小于50m涌水7段，占总出水段数的23.3%；孔深50～100m涌水7段，占总出水段数的23.3%；深部（孔深大于100m）涌水16段，占总段数的53.4%。涌水孔段按照涌水处理措施灌浆处理后均无明显渗水现象，说明措施得当，效果较好。

（5）抬动控制：试验中有4个孔（6段）出现了抬动变形，且在下游排。抬动孔段占下游排灌浆439段的1.4%。其中裂隙冲洗1段，灌前压水2段，灌浆2段，压水和灌浆过程中均观测到抬动变形1段。由于试验区为全断面混凝土衬砌，加强了钢筋配筋，加之抬动控制到位，故施工中最大抬动变形值为26μm，小于设计允许变形值200μm，且无继续增大趋势，未发生较大抬动变形。

4 质量检查

4.1 压水检查

（1）监理工程师根据灌浆试验成果资料结合现场施工情况，共布置了3个灌后检查压水孔，压水成果见表8。

表8　　灌后检查压水成果表

孔号	总段数/段	透水率累计段数/频率				最大压水透水率/Lu	最小压水透水率/Lu
		0Lu	0～1.0Lu	1.0～1.5Lu	>1.5Lu		
J-1	31	12段/38.7%	19段/61.3%	0段/0.0%	0段/0.0%	0.69	0
J-2	31	12段/38.7%	19段/61.3%	0段/0.0%	0段/0.0%	0.52	0
J-3	31	13段/41.9%	18段/58.1%	0段/0.0%	0段/0.0%	0.76	0
合计	93	37段/39.8%	56段/60.2%	0段/0.0%	0段/0.0%	0.76	0

由表8可知，灌后检查压水93段中，最小透水率为0Lu，最大压水透水率为0.76Lu，满足设计1Lu防渗标准。

（2）监理检查完成后，业主布置1个灌后第三方检查压水孔。压水成果见表9。

表9　　第三方压水检查成果表

孔号	总段数/段	透水率累计段数/频率				最大压水透水率/Lu	最小压水透水率/Lu
		0Lu	0～1.0Lu	1.0～1.5Lu	>1.5Lu		
SJ-1	32	15段/46.9%	17段/53.1%	0段/0.0%	0段/0.0%	0.36	0

由表9第三方压水检查成果可知，压水检查共32段，最大压水透水率为0.36Lu，满足设计质量检查合格标准。

4.2 钻孔取芯

先导孔平均取芯率为87%，*RQD* 值为81%，检查孔平均取芯率为91%，*RQD* 值为88.6%。检查孔的取芯率较先导孔提高了4%，说明灌后岩体完整性得到提升，灌浆效果较明显，且检查孔岩芯裂隙内有明显的水泥浆液结石填充。

4.3 物探检测

（1）灌后全景图像检测155.3m，经检测6.6～7.1m、8.0～8.3m、9.4～10.6m、24.3～25.0m、36～40m、107.2～108.2m、117.0～124.7m、129.0～129.3m等孔段裂隙较发育，裂隙内可见明显水泥浆结石充填，岩体整体较完整，灌浆效果较好。

（2）灌后声波检测155.3m，经检测全孔段平均波速为5526m/s，波速大于5000m/s的测点占94.56%，无波速小于4000m/s的测点，岩体整体较完整。

5 结语

右岸高程2575.50m灌浆平洞深孔帷幕灌浆生产性试验施工，通过采用钻机地锚加固、钻机立轴校正、粗径钻具加长、每段测斜等孔斜控制措施，深孔帷幕孔斜控制取得了较好的效果；通过采取灌浆压力+涌水压力进行灌浆、闭浆、待凝、扫孔复灌等涌水处理措施，深孔帷幕灌浆孔涌水处理取得了较好的效果。

试验证明，试验区粉砂质板岩地层完整性较好，可灌性较差。在帷幕灌浆中采用的灌浆参数、施工工艺、灌浆质量控制措施和质量检查方法及标准等，均满足规范[2]要求，是合理可行的。基岩灌后透水性明显减小，有效提高了基岩的整体性、均匀性及抗渗性能，并形成了连续、密实、完整的防渗幕体，取得了良好的效果，达到了试验目的，为后续深孔帷幕灌浆施工提供了依据和参考。

本文通过深孔帷幕灌浆生产性试验施工分析，论证了砂板岩弱下风化岩体及新鲜岩体帷幕灌浆的可灌性、合理性、可行性，可供同类地质条件工程施工借鉴。

参考文献

[1] 颜碧兰，江丽珍. 通用硅酸盐水泥：GB 175—2007 [S]. 北京：中国标准出版社，2007：1-6.

[2] 夏可风，赵存厚. 水工建筑物水泥灌浆施工技术规范：DL/T 5148—2012 [S]. 北京：中国电力出版社，2012：11-20.

两河口水电站大坝三角区帷幕灌浆设计浅析

朱先文　唐　瑜/中国电建集团成都勘测设计研究院有限公司

郜永勤/中国水利水电第十二工程局有限公司

【摘　要】在我国西南高山峡谷地区正在兴建一批高土石坝工程，为减少坝基渗漏，防止渗透破坏，其坝基一般采用帷幕灌浆进行防渗。高山峡谷地区高土石坝两岸岸坡一般较陡，在岸坡布置灌浆廊道施工难度大且影响施工工期，因此在岸坡与两岸山体灌浆平洞之间形成了灌浆三角区。三角区盖重混凝土较薄，且岩体受爆破影响卸荷松弛，灌浆难度大，为此本文对三角区灌浆设计及施工进行了研究。降低压力、增加辅助帷幕、增长孔口管、适当采用化学灌浆等施工措施，可使灌浆质量达到设计要求，保证基础防渗安全。

【关键词】堆石坝　砂板岩帷幕灌浆　化学灌浆

1　引言

随着我国西南地区水电工程高坝建设的不断发展，防渗帷幕作为解决水库渗漏问题的主要工程技术手段得到了广泛的应用。灌浆工程规模大、水头高、地质条件复杂。大坝防渗帷幕为地下隐蔽工程，帷幕效果将直接关系到水库蓄水后工程的安全运行。岩石作为帷幕灌浆浆液的载体，其属性将对帷幕的灌浆效果产生很大影响。帷幕施工过程中，如何结合现场施工及地质条件对帷幕的布置方案、灌浆参数、灌浆材料进行分析比选，获得可靠的灌浆帷幕是防渗帷幕设计及施工面临的难题之一。

两河口水电站为雅砻江中、下游的“龙头”水库，电站位于四川省甘孜州雅江县境内的雅砻江干流上。两河口水电站为Ⅰ等大（1）型工程，采用拦河大坝、左岸泄洪系统、右岸引水发电系统、左右岸导流洞的枢纽建筑物总体布置格局。拦河大坝为土心墙堆石坝，最大坝高295m，为已建和在建的同类坝型中最高的大坝之一，建设难度大。大坝采用固结灌浆、帷幕灌浆、心墙盖板、接触黏土、砾石土心墙的防渗体系。两岸岸坡高陡，采用1m厚混凝土心墙盖板作为固结灌浆和帷幕灌浆的盖重。心墙盖板与基础开挖面平行，其与两岸山体内灌浆平洞构成灌浆三角区。三角区布置3排帷幕，排距1m，孔距2m，向上游倾角为5°，与山体内灌浆帷幕通过搭接帷幕连接成封闭的防渗体系。三角区帷幕典型剖面布置见图1。

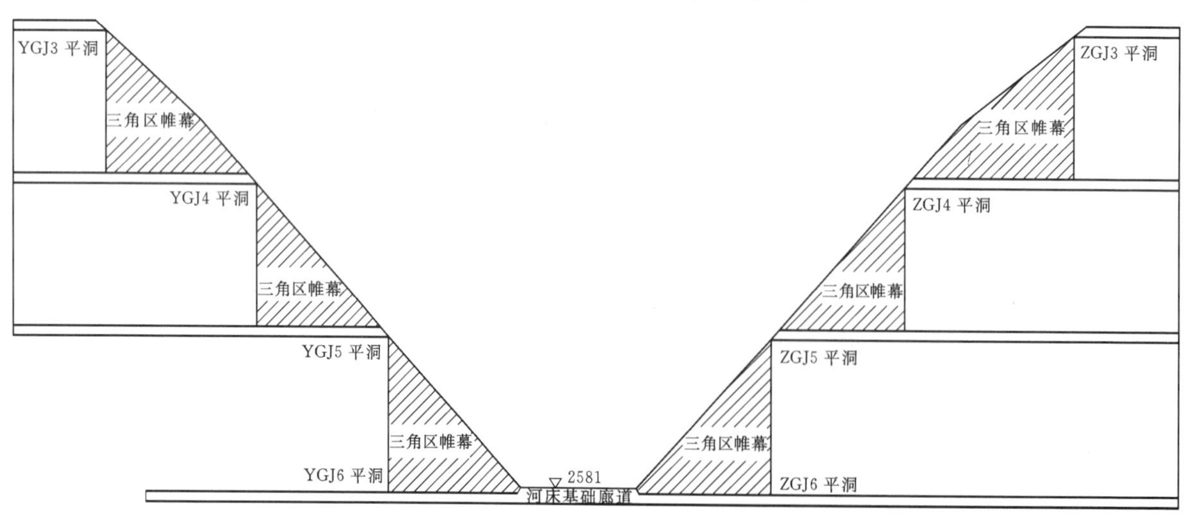

图1　三角区帷幕典型剖面布置图

2 三角区工程地质条件

坝址区两岸基岩为两河口组中、下段（T_3lh^2、T_3lh^1），以变质砂岩夹粉砂质板岩为主，砂板岩比例分布不均，岩体风化较弱，但局部卸荷较强。相对隔水岩体（$q<3$Lu）河床部位垂直埋深160～180m，正常蓄水位处两岸水平埋深200～250m。

左岸帷幕灌浆三角区平洞及开挖揭示，高程2820～2875m岩性为$T_3lh^{2(2)-②}$层薄层砂岩及$T_3lh^{2(3)}$层粉砂质板岩，高程2580～2820m岩性为$T_3lh^{2(2)-①}$变质粉砂岩夹粉砂质板岩。边坡发育f_4、f_{12}顺层断层，层面裂隙及顺坡裂隙发育。岩体总体位于弱风化弱卸荷带内，岩体质量分级为$Ⅳ_2$类，断层及其影响带为Ⅴ类，岩体透水性以弱透水为主，中等透水性次之，f_4、f_{12}断层及其影响带透水性强。

右岸帷幕灌浆三角区平洞及开挖揭示，高程2760～2875m岩性为$T_3lh^{2(3)}$、$T_3lh^{2(4)}$层粉砂质板岩，发育f_{13}顺层断层，层面裂隙及顺坡裂隙发育，岩体位于弱上风化强卸荷带内，岩体质量分级为Ⅴ类，岩体位于强卸荷带内，岩体透水性为弱透水～强透水性。高程2620～2760m岩性为$T_3lh^{2(2)-②}$层薄层砂岩及$T_3lh^{2(3)}$层粉砂质板岩，发育f_4、f_{12}顺层断层，层面裂隙及顺坡裂隙发育，高程2580～2620m岩性为$T_3lh^{2(2)-①}$变质粉砂岩夹粉砂质板岩，总体位于弱风化弱卸荷带内，岩体质量分级为$Ⅳ_2$类，断层及其影响带为Ⅴ类，岩体透水性以弱透水为主，中等透水性次之，f_4、f_{12}断层及其影响带透水性强。

3 三角区帷幕设计方案

3.1 帷幕防渗标准

两河口水电站大坝防渗帷幕灌浆后岩体透水率标准为$q\leqslant1$Lu。根据现场三角区施工情况，在主帷幕上游增设了辅助帷幕，辅助帷幕灌浆后岩体透水率标准为$q\leqslant3$Lu，帷幕质量检查以压水试验为主。

3.2 帷幕布置

根据两河口水电站坝基水文地质条件及坝基帷幕灌浆试验，结合三维渗流计算成果，提出坝基帷幕设计方案。大坝轴线所在平面的大坝基岩地基采用灌浆帷幕形成坝基防渗面，防渗面上以基岩透水率$q\leqslant3$Lu作为相对不透水层界限，灌浆帷幕深入相对不透水层5m。

两岸山体内每隔60m布置一条灌浆平洞，三角区帷幕布置于心墙盖板之下。三角区布置帷幕灌浆孔3排，孔距2m，排距1m，帷幕底线深入下层灌浆平洞以下8m。三角区帷幕最大深度为68m，帷幕孔采用向上游倾斜5°布置。

3.3 灌浆参数

根据试验及现场施工情况确定大坝三角区帷幕灌浆压力（见表1）。

表1　坝基三角区帷幕灌浆压力设计值

孔深/m	0～2	2～5	5～10	10～20	>20
Ⅰ序孔灌浆压力/MPa	0.6	1.0	2.0	3.5	4.5
Ⅱ序孔灌浆压力/MPa	0.8	1.5	2.5	4	5

4 基于灌浆施工的加强方案

4.1 三角区灌浆特殊情况及原因分析

两河口工程大坝三角区帷幕施工过程中，频繁出现灌浆抬动、劈裂、串浆等现象，且三角区水泥灌浆后一次检查合格率较低。而同区域不论是深孔帷幕灌浆还是搭接帷幕灌浆，其压水检查一次合格率均能达到100%。

针对三角区灌浆特殊的情况，初步研究认为灌浆压力、地质条件、灌浆材料是导致三角区灌浆合格率低的主要因素。

首先，三角区灌浆压力低于深孔帷幕与搭接帷幕，是造成浆液不能完全填充岩石裂隙的原因之一。鉴于大坝三角区灌浆盖重薄，若进一步提高三角区的灌浆压力，灌浆抬动、劈裂等现象将进一步加剧，对已灌浆岩体造成二次破坏，其合格率将进一步减低，因此三角区帷幕灌浆压力和压水检查压力不宜提高。

其次，三角区侧向埋深浅且顺坡裂隙、陡/缓倾角卸荷裂隙发育。其中，大坝左岸三角区主要有2组优势裂隙，分别为N55°～90°W/SW（NE）∠55°～85°陡倾角裂隙及N40°～75°E/NW（SE）∠65°～85°中陡倾角裂隙，且两组裂隙相互切割；大坝右岸三角区主要有2组优势裂隙，分别为N75°～90°W/SW（NE）∠75°～80°陡倾角裂隙及N0°～30°E/SE∠40°～60°中等倾角裂隙，此外还有贯穿三角区帷幕并顺层发育的f_4和f_{12}断层。由于钻孔角度与陡倾裂隙交角较小，浆液扩散范围受其影响较大，且有倾坡外裂隙和顺层断层发育，是造成灌浆难度大的主要地质原因。

最后，灌后检查孔不合格段的透水率普遍在1～3Lu范围，说明水泥灌浆对中、缓倾角裂隙和较为宽大裂隙填充效果较好，水泥灌浆起到了一定的防渗效果。经现场化学灌浆对比分析可知，以水泥浆液为主的颗粒悬浮液在裂隙充填过程中，受裂隙宽度影响充填效果稍差；以环氧树脂为主的真溶液化学浆液在该类微细裂隙内的渗透性较好，微细裂隙内其整体填充效果也优于水泥浆液。因此，经化学灌浆后，灌后质量检查能达到1Lu的设计标准。

4.2 三角区灌浆设计加强方案

基于两河口工程重要性及可研阶段审定的防渗控制标准，因三角区帷幕灌浆出现4.1节所述情况，结合施工情况及地质条件分析影响成幕的因素，为构建安全完善的防渗体系，设计对三角区灌浆进行了加强方案研究。方案要点如下：

（1）为增加基础防渗的渗径，在三角区主帷幕上游增设两排辅助帷幕，辅助帷幕垂直盖板并向上游倾斜5°，辅助帷幕排距1m，孔距2m，深度15～30m，按孔底段透水率不大于3Lu控制深度。

（2）为防止抬动和灌浆劈裂对已灌浆岩体产生二次破坏，加深孔口管深度，适当降低三角区帷幕灌浆和压水检查的压力，以不抬动灌浆为原则，动态调整设计压力。

（3）对水泥灌浆超过一检不合格且透水率大于3Lu部位先用水泥灌浆补灌处理；对水泥灌浆一检不合格且透水率小于3Lu部位采用化学灌浆补强。

5 结语

在分析两河口坝基基本地质条件，坝基防渗标准的基础上，提出了大坝三角区帷幕灌浆的设计方案，即主要采用增加帷幕厚度的方式保证基础防渗安全。基于动态设计的理念，对于三角区灌浆异常部位，及时调整帷幕设计参数和灌浆工艺，采取增设辅助帷幕、减低灌浆及压水压力、化学灌浆补强等加强措施。两河口水电站三角区渗控设计与工程实践，解决了砂板岩相间、裂隙发育的复杂坝基渗控设计难题。

本栏目审稿人：李林

钻床攻丝装置在闸门门槽制造中的应用

殷明杰/中国水利水电第十二工程局有限公司

【摘　要】 针对闸门门槽制造中大螺栓孔攻丝工序，在现有设备不具备攻丝的情况下，如果采用外协则成本很大。为确保螺纹的加工精度，同时考虑到加工的易操作性、攻丝效率和加工成本，本文从自有加工设备条件下进行技术攻关，设计了一种钻床攻丝装置。该钻床攻丝装置结构简单，容易操作，并且攻丝效果好，经济效益明显。

【关键词】 钻床攻丝装置　门槽　制造

1　引言

仙居抽水蓄能电站为日调节纯抽水蓄能电站，安装4台375MW立轴单级混流可逆式水轮发电机组，总装机容量为1500MW。尾水闸门为潜孔式平面闸门，共4扇。孔口尺寸5.2m×4.2m，闸门的设计水头163m（含水锤），总水压力37394kN（含水锤压力）。门叶分二节制造，节间用螺栓进行连接，运至工地后用螺栓拼接成整体，拼接部位再进行封焊。门槽为全封闭箱形结构，门槽上下游流道9m长范围内设有钢板衬砌，此段钢板衬砌作为门槽的一部分。门槽结构由门槽段、腰箱和顶盖三大部分组成。门槽段总长9.0m，门前门后各4.5m，腰箱高为9.1m，顶盖外形尺寸为6.14m×2.17m×0.68m（长×宽×高）。为便于检修，在顶盖与腰箱、进人孔盖与顶盖之间采用螺栓连接，同时设置可靠的密封装置。单套门叶重量45t，单套门槽结构重量249t。门槽结构见图1，其中座圈为顶盖与腰箱的连接部件，进人孔座为进人孔盖与顶盖的连接部件。

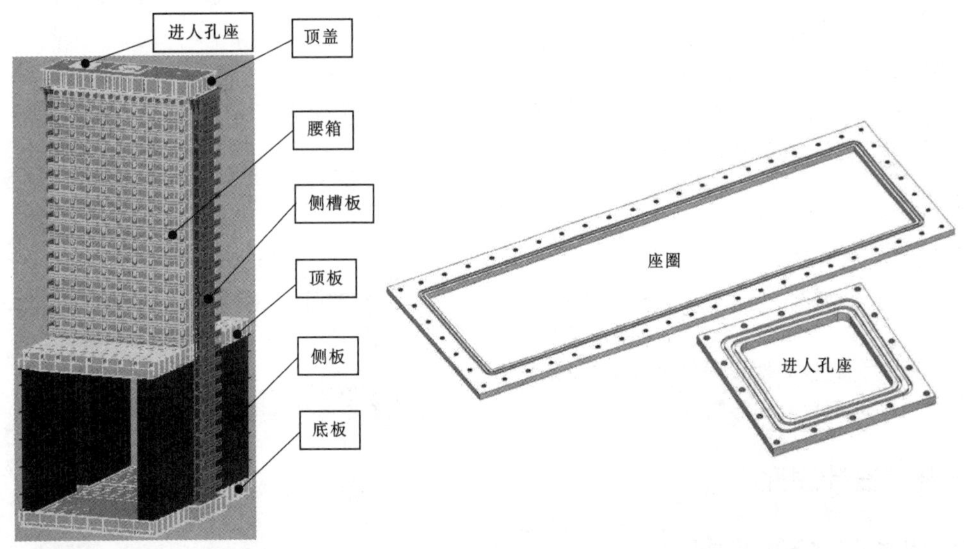

图1　门槽结构图

闸门门槽制造攻丝的特点如下：

(1) 进人孔座攻丝螺纹为M30，座圈的攻丝螺纹为M48，人工攻丝已无法完成，必须采用机械攻丝方式。

(2) 进人孔座与顶盖之间采用强度等级为8.8级M30×80螺栓，顶盖与腰箱之间采用强度等级为8.8级M48×160镀锌钝化螺栓连接，4套门槽共272只螺孔需要攻丝，攻丝工作量很大。

(3) 座圈尺寸较大（6140mm×2170mm），一般情况下，座圈的攻丝加工需要用数控机床，但中国水利水电第十二工程局有限公司无此设备，需外协加工，将产生很大的加工成本。从自身已有加工条件分析，经技术攻关，设计了一种钻床攻丝装置保证攻丝加工的顺利实现。

2 攻丝方案

2.1 攻丝方案的分析

攻丝作为机械加工中的一个重要环节，其加工质量的好坏直接影响到闸门和门槽的使用安全。对于M48的螺栓孔，采用手动攻丝已无法实现，只能采用机械攻丝的方法。根据现有设备的情况，同时考虑加工的易操作性、攻丝质量和攻丝的效率，选择采用钻床攻丝的方式。

钻床攻丝方法已被广泛应用，钻床攻丝加工范围大，承受较大的切削力，尤其是比较大的、重的零件用钻床攻丝非常方便。攻丝的过程类似于螺纹配合时的旋入，即丝锥与工件之间有一个转动和旋入的过程。在这个过程中，相互旋动和进量之间有固定关系。即进给总量应该等于丝锥的螺距。用钻床攻丝时，这种相互旋动和进量之间的固定关系是由钻床决定的，钻床给出的相互旋动和进量之间的相互关系，与丝锥的螺纹存在一定差距，所以攻丝不可能是完美的。

2.2 钻床攻丝装置方案确定

目前，一般钻床攻丝时，通过操作主轴手柄、钻床正反转手柄，刚开始攻丝时手动给一些力，以使丝锥能够攻进去，当攻进去几扣后，将钻床的自动进给调到空档（也就是钻床不提供进给），进给量由丝锥带动自由进给。此方法切削扭矩大，易造成丝锥折断，并且螺纹精度得不到保证。

针对上述问题，专门设计了一种钻床攻丝装置，该装置通过设置弹性缓冲件以及与之配合的轴承、轴承座、和限位螺栓等结构，通过弹性缓冲件可以对丝锥的进给量进行补偿，从而改善攻丝的螺纹精度。

3 钻床攻丝装置设计原理

(1) 钻床攻丝装置，包括钻床、钻床攻丝组件、丝锥和定位顶尖，钻床攻丝组件的钻套上端安装于钻床，丝锥和定位顶尖分别与丝锥定位盘配合使用。钻床攻丝装置见图2。

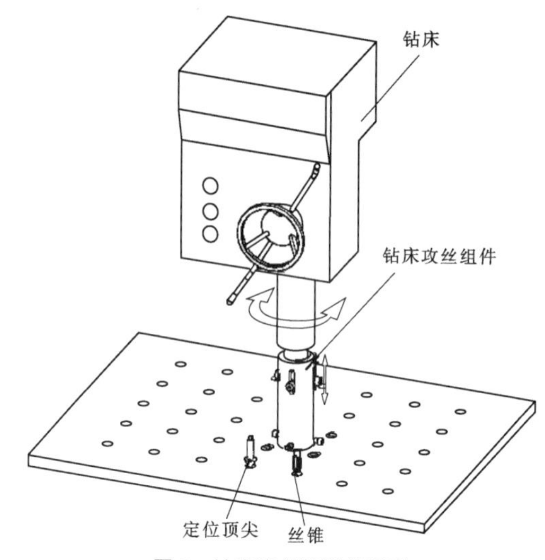

图2　钻床攻丝装置结构图

(2) 钻床攻丝组件包括管套、丝锥定位盘、第一轴承、第一轴承座、弹簧（弹性缓冲件）、第二轴承座、第二轴承、钻套以及限位螺栓；丝锥定位盘安装于管套下端；管套内设有空腔，第一轴承、第一轴承座、弹性缓冲件、第二轴承座和第二轴承从下至上依次连接并设于空腔内，钻套的一端伸入空腔并与第二轴承连接；管套侧壁设有纵向设置的腰形孔，限位螺栓的一端穿过腰形孔与钻套连接，另一端限位于管套外壁。在攻丝时，弹性缓冲件可以给丝锥一个外压力，从而利于丝锥下攻，并且弹性缓冲件可以更好地适应丝锥的螺距，也就是弹性缓冲件可以对丝锥的进给量进行补偿，从而改善攻丝的螺纹精度。钻床攻丝组件结构见图3。

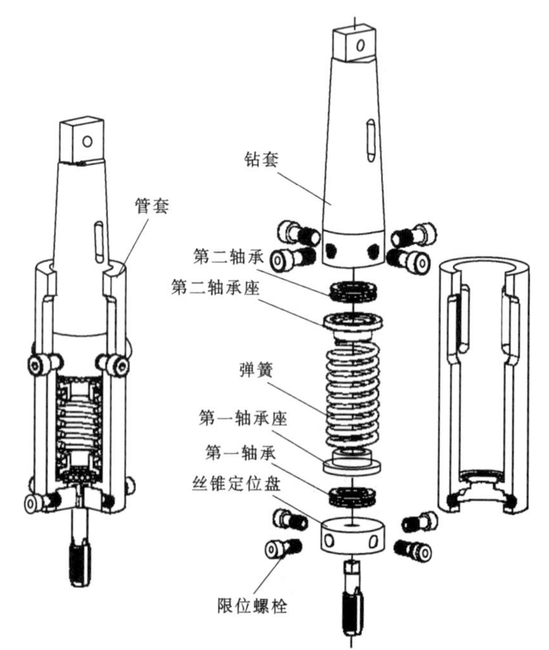

图3　钻床攻丝组件结构图

4 钻床攻丝装置装配

按照图3钻床攻丝组件的结构进行装配：

（1）钻床攻丝组件的管套内为空腔，第一轴承、第一轴承座、弹性缓冲件、第二轴承座和第二轴承从下至上依次连接并装配于空腔内。

（2）钻套的一端伸入空腔并与第二轴承连接。

（3）管套内设有凸台，第一轴承座朝向弹性缓冲件的一侧设有第一凸台，第二轴承座朝向弹性缓冲件的一侧设有第二凸台，弹性缓冲件的两端分别套于第一凸台和第二凸台外侧。

（4）管套侧壁设有纵向设置的腰形孔，限位螺栓的一端穿过腰形孔与钻套连接，另一端限位于管套外壁。

（5）丝锥定位盘安装于管套下端，丝锥定位盘设有第一安装孔，管套下端设有第二安装孔，丝锥定位盘插入管套下端，顶紧螺钉穿过第二安装孔和第一安装孔从而将丝锥定位盘安装于管套下端。

（6）丝锥或定位顶尖安装在丝锥定位盘上，与丝锥定位盘配合使用。

（7）钻床攻丝组件的钻套的上端安装于钻床。

5 钻床攻丝装置的实施

（1）起初弹性缓冲件处于自由状态，限位螺栓位于腰形孔的上端；当处于攻丝状态时，钻床下压钻套，使得弹性缓冲件处于压缩状态，此时限位螺栓位于腰形孔的下端。通过设置弹性缓冲件以及与之配合的轴承、轴承座和限位螺栓等结构，在攻丝时，弹性缓冲件可以给丝锥一个外压力，从而利于丝锥下攻，并且弹性缓冲件可以更好地适应丝锥的螺距，也就是弹性缓冲件可以对丝锥的进给量进行补偿，从而改善攻丝的螺纹精度。弹性缓冲件工作状态见图4。

（2）丝锥是用于攻丝的组件，定位顶尖是用于找正位置的组件，攻丝前，先利用定位顶尖找正待攻丝的孔的位置，再安装丝锥进行攻丝。丝锥定位孔为方形孔，丝锥及定位顶尖均具有与方形孔配合方形结构，只需要将丝锥或定位顶尖的方形结构插入方形孔中，即可将丝锥或定位顶尖安装于丝锥定位盘上。

（3）该钻床攻丝步骤如下：

1）将定位顶尖安装于丝锥定位盘，操作钻床，移动钻床攻丝组件，使得定位顶尖找正闸门节间连接板上已钻削好的底孔中心。

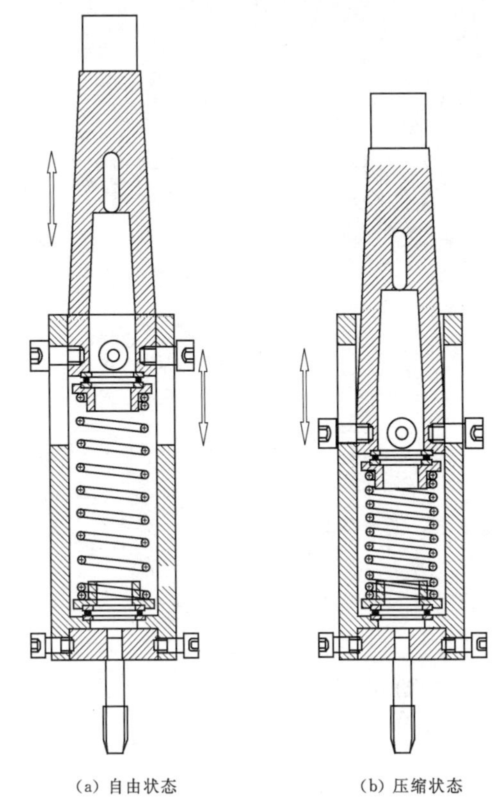

(a) 自由状态　　(b) 压缩状态

图4　弹性缓冲件工作状态图

2）找正底孔中心后，锁紧钻床，操作钻床升高钻床攻丝组件，将定位顶尖拆下，将丝锥安装于丝锥定位盘。

3）操作钻床，使得丝锥插入工件的底孔中，然后下压钻套，使得限位螺栓位于腰形孔的下端，锁紧钻床。

4）将钻床的自动进给调到空挡，启动钻床带动丝锥转动，进行攻丝。

5）启动钻床带动丝锥转动之后，初次转动1～2圈时，检查和校正丝锥的位置。攻丝过程中，丝锥每转动1～2圈，反转1/4～1/2圈。

6 结语

该钻床攻丝装置可以现场对大型工件进行攻丝加工，且结构简单、操作方便，减少了大型加工设备的投入，成本低，效率高、攻丝质量好，经济效益明显。其在仙居抽水蓄能电站尾水事故闸门门槽制造中得到成功应用，对于类似工作的施工具有一定的借鉴价值。

小断面、长距离输水隧洞微盾构顶管施工技术

李宜田　齐宏文/中国水电建设集团十五工程局有限公司

【摘　要】国内某大型调水引水项目引进并采用了微盾构顶管施工技术，全机械化施工，人工投入少，工程进度快，安全环保。顶管施工单台最高日进尺达32m，最高月进尺达441m，其可回退技术，更是填补了盾构机械法施工可回退技术的行业空白。本文介绍了该设备的结构及主要特点、顶管技术及施工中遇到不良地质时的处理措施，对于相似类型工程具有较大的推广应用价值。

【关键词】小断面长距离　隧洞　微盾构　顶管施工

1　引言

水资源短缺及时空分布不均是我国水资源开发利用和管理中面临的难题和制约，在建和即将建设的一大批引调水工程，是优化我国水资源配置战略格局、缓解资源型缺水矛盾、提高水资源安全保障能力的重要举措，对促进当地经济社会发展发挥着重要支撑和保障作用。

在这些引调水工程施工中，长距离输水隧洞是制约整个工程建设进度的关键线路。许多重点项目大断面长距离输水隧洞为了加快工程进度都采用了TBM施工，进度快、质量好、安全环保。部分调水项目小断面长距离输水隧洞仍然采用传统的钻爆施工工艺，由于断面太小，无法大型机械施工，只能采取人工为主的施工工艺，但其施工效率很低，安全隐患突出，成本居高不下，导致施工进度非常缓慢，严重影响了整个工程的进度。

国外同类型项目，对于小断面长距离输水隧洞采用微盾构顶管施工技术，采用全机械化施工，减少了人工投入，安全环保，确保了工程进度，取得了良好的效果。国内某大型调水引水项目线路总长21.3km，其中隧洞16.32km，设计输水流量4.76m^3/s，加大输水流量5.76m^3/s，无压洞内径2.65m，有压洞内径2.00m，引进了这项技术和设备，采用微盾构顶管技术施工，顶管施工单台最高日进尺达32m，最高月进尺达441m；其可回退技术，更是填补了盾构机械法施工可回退技术的行业空白。这项技术对于同类型工程，具有极大的推广应用价值。

2　微盾构顶管设备

2.1　设备的选型及适用范围

德国海瑞克股份公司（Herrenknecht AG）生产的AVN2000型泥水平衡小型隧道掘进设备，装有锥形破碎器。适用直径范围1200～3500mm。该机型尤其对于传统机械无法进入的小尺寸隧洞施工，有着很大的潜力。

此设备采用泥水平衡式掘进原理，可以用于所有地质条件，从淤泥、黏土到非黏性土壤，直至砂砾和岩石。根据隧道直径的大小，可采用顶管工艺和管片衬砌工艺。

2.2　设备的主要结构与组成

隧道微盾构顶管设备主要由小型泥水平衡盾构机、顶进系统、泥水分离站、泥浆循环系统、控制室及地下通风系统等组成。整个系统中，关键设备主要是盾构机、泥水分离站（尤其是泥水分离站电机及压滤机）。

2.2.1　泥水平衡盾构机

泥水平衡盾构机属于封闭式全断面掘进设备，主要由刀盘、锥形破碎机、水流喷嘴、进浆管路、排浆管路、通道门、铰接头、激光标靶、润滑系统等组成，设有液压泥水环路，配备与具体地质条件相匹配的刀盘挖掘土壤。

在掘进和前行的同时，由开挖仓内的一台锥形破碎器将石块和其他大体积障碍物破碎到可由输送系统输送的粒径。然后，渣土在排浆管入口前要通过类似过滤器

的开口，最后通过泥水环路连同悬浮液一并排出。可以利用扩径装置和改装的刀盘，将挖掘半径扩大。

2.2.2 顶进系统

顶进系统由主顶液压泵、主顶液压缸、油管和操作台等4部分组成，是旋转挖掘系统和所施工管道的顶推动力装置。辅助顶进系统由若干中继顶进站组成。

该设备的主顶系统由6根双级油缸组成，最大顶力21000kN，最大行程4m，辅助顶进系统由若干中继间组成，每个中继站由26根油缸组成，行程700mm，可实现最大17000kN的顶推力。

2.2.3 泥水分离站

泥水分离站是机械化隧道掘进过程的关键核心。分离的速度和效果制约顶管的施工速度和效率。项目选配了海瑞克股份公司的配套设备，效果较好。

在泥水平衡盾构施工中，膨润土悬浮液充当了稳定隧道掌子面以及传输媒介两个角色。海瑞克设备利用高效和连续的流程，将开挖的渣土从膨润土悬浮液中分离出来并进行清除。经过分离的悬浮液重新回到泥水环路重新被利用。

2.2.4 泥浆循环系统

膨润土悬浮液主要用来支撑开挖掌子面，并以液体的方式运送开挖出来的物料。悬浮液可以根据项目所需进行配置。膨胀系数也可以通过自动调节混合装置的选项而实现。

项目选用科迅生产的泥浆循环系统。该设备采用电气集中控制，其所配管汇（混浆管汇、泥浆枪管汇、泥浆泵吸入管汇、补给管汇等）均为内置管汇，方便安装，拆卸和运输。在极地低温地区，罐体配备供热系统和保温系统。

2.2.5 控制室

对人员无法进入的小直径隧道，通过安装在始发井处的控制室作为指挥中心。通过先进的数据处理和控制技术，控制室内的隧道掘进机操作手可通过在控制室操作，丝毫不差地操纵机器。并掌握隧道掘进作业中一切，并且知道机器的准确位置。地下传感器和测量仪器记录隧道掘进的相关参数，例如速度、驱动扭矩、刀盘接触压力或者开挖仓内的支撑压力。电脑应用程序将测量数据和目标数据加以对比，如果超过了允许范围，将发出警示，以提醒操作员及时调整设备以避免沉降或隆起。

2.2.6 地下通风系统

主要采用高压轴流风机和柔性通风管向隧道供风。项目选用了瑞典SWEDFAN的轴流风机和柔性通风管为隧道通风。

3 设备的主要特点

（1）设备适用范围广。通过选用不同的刀盘，设备可适用于不同地质。对于软质土壤或混合地质状况，可使用标准或混合地质刀盘；对于稳定围岩的隧道掘进，则使用配有滚刀的硬岩刀盘。

（2）高效的泥水分离加速隧道掘进进度。超细颗粒的分离净化至关重要，否则膨润土悬浮液和传输媒介将会变得过于稠密。只有高效的泥水分离才能保证高效的隧道掘进。根据地质情况和碎石的大小，海瑞克泥水分离站通过多步骤分离工序及增加辅助设备，如垂直沉淀槽等，有效分离极小的固体微粒以保持泥浆的密度不变，提高掘进效率、降低掘进成本以及减少泥浆以及运输部件的损耗。

（3）采用可变式喷射水流，挖掘渣土输送顺畅。多种不同的喷射系统可避免黏土在破碎机锥筒内形成堵塞。高压喷枪将开挖仓内的黏砂土或黏土剥离，从而避免黏结。通过改变喷嘴大小，可以调整悬浮压力，优化渣土流动。

（4）折叠机构刀盘，使设备回收成为现实。隧道掘进、尤其是在小型隧道掘进时，当遇到盲孔隧道或者两边同时掘进时，常常无法使用常规工艺回收掘进设备，造成废孔或废弃设备。该项目使用的微盾构顶管设备，开发了一种设有折叠机构的特殊刀盘，达到要求的掘进长度后，刀盘折叠起来，然后掘进设备整个被拖回始发井，但顶管仍然留在土壤中。提高了设备再次利用和掘进进度。图1为可折叠机构刀盘。

图1 可折叠机构刀盘

（5）远程助力，实现超长距离顶进。最长掘进距离取决于多个因素，例如管壳摩擦系数、可用顶管压力以及顶管的公称直径。该设备采用自动润滑系统，往环形间隙注入膨润土，从而减少管道外表面与土壤之间的摩擦。如果隧道直径允许人员进出，可安装液压中继顶进站，以延长顶进距离。中继顶进站沿管串分布，间隔则视每个项目的具体情况而定。采用中继顶进站，始发井与接收井之间的距离可以超过1000m，具体取决于项目地质条件以及所用中继顶进站的数量。

该项目顶进中继站采用每300m增设一个中继顶进站。最大单向一次顶进了1702m。最高日进尺22.5m，最高月进尺398m。

(6) 高精度的导向与纠偏技术，实现准确控制。掘进导向系统采用进口高精度的陀螺仪UNS导向系统，可实现长距离高精度测量。纠偏技术依赖于导向精度和设备的控制精度，目前的纠偏油缸通过PLC系统可实现毫米级微动的准确控制。

4 微盾构顶管关键技术

在整个隧洞施工行业中，硬岩掘进机（TBM）与盾构施工技术已经比较成熟，但是都主要应用于大断面的隧洞施工中。而小直径的隧道通常采用钻爆法施工，其施工效率低、安全问题突出。顶管施工的特点为速度快、隧洞一次成型、顶进距离长、环保、安全、工艺简单，尤其在小直径水工隧洞方面更加具备一定的优势。

目前，国内外软土地层超长距离顶管施工技术已经获得了比较长足的发展，技术水平也相对成熟，但是在硬岩施工领域发展缓慢。近年来，随着技术的不断进步，超长距离硬岩顶管施工所面临的设备、工艺、管材质量、触变泥浆性能及长距离精确导向等关键技术问题逐步得到了解决，为超长距离硬岩顶进施工奠定了基础。

4.1 根据不同的地质条件选用不同的顶管机刀盘

对于黏土、黏岩、泥沙、大块孤石选择携带且具有破岩功能的泥水平衡机；对于岩性无变化的黏土与直径小于20cm的卵砾石，选择土压或者泥水平衡顶管机，且需要二次破碎舱；对于圆砾、石灰岩和局部溶洞，选择携带滚刀泥水平衡顶管机，需要二次破碎舱且能够换刀；对于泥岩、卵砾石、岩石等软硬不均或岩性变化较大的复杂地层，选择携带滚刀、齿刀、刮刀复合刀盘泥水平衡机，需要二次破碎舱且能够换刀。

4.2 针对不同的地质条件，膨润土的配比要求

泥浆润滑减摩剂又称触变泥浆，是由膨润土、CMC（粉末化学浆糊）、纯碱和水按一定比例配方组成。根据不同的地质条件进行配备，施工中随时进行调整。

对砂性土，含水量高，渗透性强时，采用浆液的黏度要高，失水量要小，并对土层要起一定支承作用；对黏性土，采用的浆液相对要小些。

4.3 特殊环境条件下的顶管掘进

前期应进行详细的地质勘测，充分发现地下构筑物，进而在设计中进行调整。如果在地质勘测中未发现，在施工过程中发现的应及时与设计单位沟通，协商预留合理的安全距离，进行设计变更，若无法进行变更，则采用竖井开挖直接取出、慢速进行磨顶处理、顶管回退等技术进行处理。

4.4 长距离顶进轴线精度的控制

在超长距离顶管施工中均采用了高精度的陀螺仪和激光导向相结合的技术，满足超长距离顶管施工对导向精度的要求。纠偏技术依赖于导向精度和设备的控制精度，目前的纠偏油缸通过PLC系统可实现毫米级微动的精确控制。同时，测量人员根据掘进速度定期进行测量控制，一旦出现异常，及时进行纠偏。

4.5 管道顶进轴线与设计轴线的管位偏差控制

在施工过程中，测量人员应该对顶管施工进行实时测量，发现出现偏差应该及时纠正，重新调整千斤顶行程、顶力，同时调整千斤顶的安装精度，始终保持顶力合力线与管道中心线相重合；对顶管后背进行加固处理，对施工进行质量控制，保证后背不发生位移，并应使后背平整。

顶进纠偏可采取调整纠偏千斤顶的办法进行纠偏操作，若管道偏左则千斤顶采用左伸右缩方法，反之亦然，如同时有高程和方向偏差，则先纠正偏差大的一面。当发生较大的偏差时，施工管理人员应该根据偏差发生的趋势合理采取纠正措施，做到勤调微纠。

4.6 布置支洞可解决长隧道施工

如果隧洞距离较长，可以设置支洞，在支洞内进行中继间布置，需要解决液压缸和钢筋混凝土管运输问题，并需解决洞内吊装问题，并采取各种安全措施，确保施工。同时支洞开挖位置的准确测量，确保中继间的正确设置。

4.7 混凝土预制顶管的制作

超长距离顶管一方面受制于管材的强度和承载力，另一方面也受制于管材的制造精度。管材的强度和承载力受到地材、制作工艺水平的影响，其传力的效果也受到制造精度的制约，精度差容易使管材受力不均，产生局部应力而发生爆管。

管材制造精度很大程度受制于模具精度的影响，而模具的设计理念、材料性能、制作精度都因工程需求不断进步，从质量、精度、工艺水平上均具备了满足长距离顶管的要求。

该项目采用的顶管，规格为2000mm×3000mm，混凝土强度为C50，管子的承压能力根据设计要求进行制作。无压隧洞由施工单位在现场建立混凝土管道预制场，采用了先进、高效的芯模振动施工工艺，自动化程度高，成型速度快，产品质量可靠。

5 顶管过程中遇到不良地质处理

5.1 改善地质条件，为顶管施工创造有利条件

在顶管施工中的基底处理常采取的措施包括：采用超前钻孔或超前地质预报确定前方地质情况，对于不良地质地段采取预加固措施，其中承载力过低地段、土体软硬不均匀地段、覆盖层过薄地段或地面有建筑物对管道施工造成压力的地段，可以采用预注浆、水泥搅拌桩、高压喷射注浆等加固，为顶管施工创造稳定、均匀的地质条件。

5.2 施工过程中遇到卡管问题及处理措施

5.2.1 发生卡管的常见原因

（1）复杂地质条件：施工洞段岩石具有膨胀性、崩解性、流变性和易扰动性等特点，遇水膨胀、软化且易崩解，导致管材四周被挤压、包裹，摩阻力急剧增加，从而抱死。

（2）管壁外沉渣问题：携渣泥浆无法将石渣全部有效携带出去；设备本身没有有效阻止石渣向后流动的能力，且盾体上的注浆孔由于制造原因是封闭的，无法使用。

（3）现场操作问题：操作手经验不足，对掘进的理解不够深刻，存在操作失误的情况。

（4）膨润土润滑效果不佳：施工的洞段裂隙水丰富，膨润土流失较为严重，导致润滑效果不佳，甚至局部没有膨润土，不能形成有效的润滑浆套。

（5）中继间的空间布置形式：中继间布置间距不能有效应对复杂地质条件。

5.2.2 采取的处理措施

（1）安装应变计，监测具体卡管位量。

（2）在管节上开孔冲洗底部沉渣。

（3）受困点确认后在管壁冲洗无效的前提下，通过继续增加单管节平均受到的顶力，使管节重新恢复顶进。

（4）破管支护并安装临时中继间。施工步骤为：施工准备→管材破除→围岩收敛观测→支护→管道冲洗、清渣→管节闭合及中继间安装→向前推进。

6 结语

小断面、长距离输水隧洞传统的钻爆法施工，由于炸药单耗、设备改造、超挖超填、安全投入等因素，成本难以控制；施工工效很低，计划工期更是难以保证，同类型项目实际发生的施工成本远大于投标报价。采用微盾构顶管施工技术，投入专用设备，人工投入少、工程进度快、安全又环保。对于小断面、长距离输水隧洞的快速施工，具有较大的推广应用价值。

参考文献

［1］ 张绍炜，李启文，赵彦春，等. 超长距离硬岩顶管施工技术在观景口水利工程中的研究与应用［C］//中国水利水电勘测设计协会. 水工隧洞技术应用与发展. 北京：中国水利水电出版社，2018.

装配式标准化钢结构厂房预埋螺栓施工研究

刘战均　张　玲　韩红岩/中国水利水电第三工程局有限公司路桥分局

【摘　要】钢结构装配式建筑作为一种承重结构体系，由于具有自重轻、强度高、塑性韧性好、抗震性能优越、工业装配化程度高、施工工期短、综合经济效益显著、造型美观等诸多优点，近年被越来越广泛地应用，技术与标准化已经趋向成熟。针对现场装配主要采用螺栓或焊接连接，能方便外围护墙和内隔墙的施工，但螺栓悬空设置不易固定，钢结构安装质量要求高，因此联结螺栓的埋设精度成为钢结构安装施工的关键技术。本文通过韩城标准化厂房项目对高大钢结构厂房的宽大基础预埋螺栓施工实践进行不断探索调整，对钢柱预埋螺栓施工工艺予以总结，以资借鉴。

【关键词】装配式　钢结构　预埋螺栓　施工

1　工程概况

陕西省韩城市普迪陶瓷仿古砖标准化厂房项目，厂区占地面积216亩（1亩≈666.67m^2），制砖车间和釉料车间为门式刚架轻型房屋钢结构。其中制砖车间长509.3m（两端H形柱轴线间距）、宽75m（H形柱轴线间距），单层门式刚架及钢框架结构，梁底高30m。釉料车间长32m、宽30m，主体为单层门式刚架及钢框架结构，梁底高6m。采取钢柱和钢梁作为钢结构主体。

2　预埋螺栓施工顺序

成品钢柱采用旋转吊装法或者滑行吊装法起吊，通过预埋螺栓连接安装在混凝土基础上。根据钢结构柱的平面布置，先从角柱或边柱开始，沿纵轴方向固定预埋螺栓，如果为多跨度钢结构，应以中间跨纵轴向两侧纵轴流水施工，以减小测量和施工误差，提高整体安装精度。常规的预埋螺栓施工工艺流程如下：

测量控制网→预埋件埋设放线→基础钢筋绑扎→基础模板安装和预埋螺栓支架搭设→定位板安装、固定→螺栓组安装复核→混凝土浇筑、螺栓复核→混凝土浇筑、螺栓复核→成品保护。

3　施工方法

3.1　测量控制网建立

依靠项目已有测量控制点，根据工程设计定位坐标及高程，加密测设轴线和高程控制网，方便对不同部位的水平位置和高程进行精确测量。

3.2　定位板制作

根据施工图纸预埋地脚螺栓与混凝土基础轴线的相对位置，并考虑模具的组装要求，确定模具钢板的平面尺寸，刻出模具钢板的纵横轴线十字线，然后按模具轴线确定预埋螺栓的相对位置进行钻孔。模具的钻孔位置、孔径要与钢结构柱的螺栓孔位、孔径完全吻合，钢板厚度宜不小于4mm。

3.3　安装

（1）由于地脚螺栓埋在基础上，在浇筑混凝土时，将预埋角钢固定在预埋螺栓正下方的混凝土上。在已经安装完毕的基础模板上，用经纬仪在模板上口画出螺栓十字中心线，作为螺栓安装支架和螺栓安装的初步安装位置。

（2）根据模板上的标记位置用脚手架管搭设独立的螺栓组安装支架，并初步固定，然后将定位板放置于安装支架上。将地脚螺栓按要求插入带孔定位板（上画垂直十字丝的钢板）预留孔内，将螺杆上部用螺帽上下固定，并边拧边校核单组螺栓的相互尺寸。通过仪器的测量与调整，使螺栓组能够满足精度要求，然后用电焊把地脚螺栓与预埋角钢焊接起来，防止施工时移位。具体安装形式如图 1 所示。

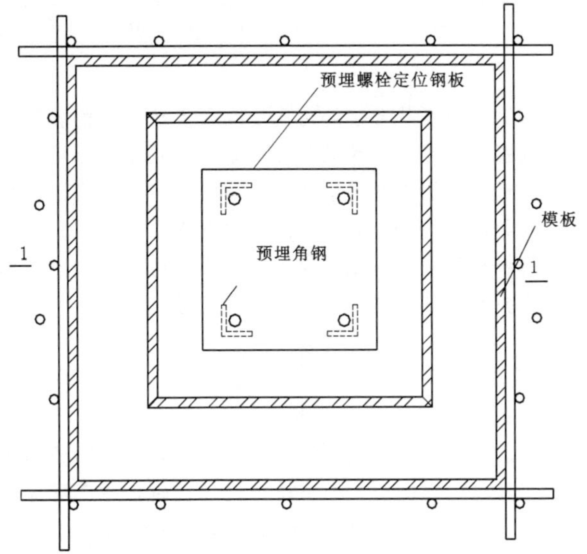

图 1　螺栓安装示意图

（3）用校准后的经纬仪调整、复核各个螺栓组的整体平面位置尺寸，应满足尺寸中心偏差不超过 2mm；用水平仪测量螺栓组的高度尺寸，应满足尺寸高度偏差不超过 2mm；用铅垂线校直垂直度，保证误差不超过 1mm。

3.4　定位复核

（1）经检查尺寸精度符合要求后，将螺栓支架上的扣件重新紧固并将所有螺母再重新检查一遍，要求所有螺母无松动现象。如果存在误差，通过松动扣件轻击轿杆微调模具直至使之完全重合。如果偏差过大，应松开轿杆扣件及与基础钢筋网架的加固连接，重新进行调整至符合精度要求。

（2）在混凝土浇灌完成之后混凝土初凝之前应派专人进行螺栓的再次校核，用全站仪检查轴线、用钢尺检查各基础承台螺栓组之间的距离、拉通线检查各基础螺栓组同一排预埋螺栓是否直线排列，如有偏差则立即调整，直到螺栓位置满足规范要求。

3.5　保护

（1）当螺栓组首次复核满足尺寸精度要求后，即可浇灌混凝土。在螺栓组附近浇灌振捣混凝土时要特别注意，既要捣实混凝土又不要碰撞螺栓，要精心施工，以免引起螺栓移位变形。

（2）为防止混凝土浇灌完成之后螺栓被污染，在混凝土浇灌之前，应将螺栓丝扣部分打油后用塑料薄膜包扎好。

（3）混凝土施工完后，应立即派人用层板制成的盖子盖在螺帽上面进行保护，防止螺栓丝口被破坏。

（4）钢柱安装时，应将柱吊于基础上方轻轻落下，防止重落冲击和碰撞地脚螺栓，到位后将地脚螺栓套入柱底板螺孔内不得碰撞变形。

4　大跨度厂房基础处理方法

制砖车间长 509.3m、宽 75m，钢结构混凝土基础的设计尺寸较大，最大宽度为 3.5m，常规施工方法整体误差较大，较难保证预埋螺栓精度要求和施工效率，经过现场的工程实践，采取分段安装结合预埋套管法和独立的支架辅助法较好地解决了以上困难。

4.1　分段安装结合预埋套管法

厂房轴线总长较大，根据现场施工条件和进度符合，制砖车间按照 1～32 轴线之间、33～73 轴线之间，74～88 轴线之间开设 3 个工作面进行安装。在长轴方向设置整个能够调整的预埋套管装置。预埋套管的内部直径约为预埋螺栓的 2～2.5 倍，预埋套管按预埋螺栓的固定方法浇筑在混凝土基础中，利用套管大于螺栓的调节余量供必要时调整预埋螺栓的平面位置和标高，经过二次复核调整，最终确认螺栓精确位置后，采用无收缩高强砂浆或高强树脂将预埋螺栓固定在预埋套管之中。

4.2　支架辅助法

由于钢结构混凝土基础设计尺寸达 3.5m，周边模板较难满足预埋螺栓的支持精度要求，因此利用独立的支架系统和定型模具预埋螺栓，螺栓具有微调性，施工操作精度高，整体偏差小 。支架由立杆、横杆、斜拉杆和纵杆组成门架式系统。具体操作如下：

（1）沿厂房基础纵轴线在两侧外侧拉线，在基础承台垫层区域设置立杆，立杆采用 ϕ20 螺纹钢，间距 2.0m，立杆应打入地基土 30cm 左右，浇筑垫层混凝土进一步固定，顶部高度高出纵向水平杆约 20cm。

（2）立杆安装后顶部布设横向水平杆、纵向水平杆，采用 ϕ18 和 ϕ20 螺纹钢，组成井字架，水平杆安装必须经过测量在立杆上进行画线来保证水平设置，高度应保证预埋螺栓顶符合设计高度并留有上下调整移动的空间。

（3）由于基础施工宽度较大，可将基础两侧立杆和上部水平杆用斜拉杆连接，形成门字形架构系统。根据系统高度及宽度，基础底部设置水平和纵向杆，与在斜拉杆和立杆连接成整体，拉杆距离一般为 1～1.5m，以保证系统刚度和稳定不变形为原则。

（4）测量进行纵横向轴线点放样，然后把定型模根据设计位置固定在独立的支架系统上，预埋螺栓安装与复核同步骤（3）。

5 质量控制及验收

（1）钢结构安装前对建筑物的定位轴线、基础轴线和标高、地脚螺栓位置等进行检查，并进行基础检测和办理交接验收。当基础工程进行交接时，每次交接验收不应少于1个安装单元的柱基基础，并符合下列规定：基础混凝土强度达到设计要求；基础周围回填夯实完毕；基础轴线标志和标高基点准确、齐全。

（2）基础顶面直接作为柱的支承面和基础顶面预埋钢板或支座作为柱的支承面时，其支承面、地脚螺栓（锚栓）的允许偏差符合表1规定。

表1　支承面、地脚螺栓（锚栓）的允许偏差表

项　　目		允许偏差
支承面	标高	±3.0mm
	水平度	$L/1000$
地脚螺栓（锚栓）	螺栓中心偏移	5.0mm
	螺栓露出长度	0～20.0mm
	螺纹长度	0～20.0mm
预留孔中心偏移		10.0mm

注　L 为支承面短边长。

（3）采用坐浆垫板时，应采用无收缩砂浆。柱子吊装前砂浆试块强度应高于基础混凝土强度一个等级。坐浆垫板的允许偏差应符合表2规定。

表2　坐浆垫板的允许偏差

项　目	允　许　偏　差
顶面标高	0～3.0mm
水平度	$L/1000$
位置	20.0mm

注　L 为坐浆垫板短边长。

（4）过程加强监控，尤其是混凝土在浇筑前和浇筑后，加强与已预埋螺栓的复核测量。必须复验预埋件其轴线、标高、水平线、水平度、预埋螺栓位置及露出长度等，超出允许偏差时，做好技术处理。对纵向轴线较长的钢结构，由于视觉和仪器的局限，可采取分段预埋及加密控制网的方法，确保控制精度符合要求。

6 结语

我国的装配式建筑近年发展迅速，尤其是钢结构属于绿色建材，在国家大力支持下近年被越来越广泛地应用。根据住建部的要求，到2025年我国装配式建筑所占新建筑比例为50%。发展装配式钢结构建筑，应充分发挥其建造质量和施工工期的优势，预埋螺栓是质量保证的关键之一。因此，对预埋螺栓的施工控制研究存在其必要性。韩城标准化厂房项目整体重量约2553t钢结构，安装预埋螺栓施工工艺开展的研究是从成功的实例中提炼，尤其高大钢结构厂房的宽大基础预埋螺栓施工总结，对快速高精度施工起到较好的保证作用，希望对类似工程起到一定的推广价值。

大跨径钢管拱肋斜拉桥安装关键技术

龚妇容/中国水利水电第十一工程局有限公司

【摘　要】 本文通过对浙江省舟山市岱山岛新江南大桥结构分析和建模计算，采取钢筋混凝土边拱与钢管主拱同步施工工艺，保证了该桥在台风季来临前的钢管拱合龙，降低了台风带来的安全隐患；利用斜拉扣挂技术安装大跨径钢管拱肋，满足了空间受限情况下拱肋的安装精度，为类似钢管拱桥施工提供了施工经验。

【关键词】 大桥结构　建模分析　主边拱同步　斜拉扣挂　安装

1　工程概况

新江南大桥位于浙江省舟山市岱山岛交通咽喉位置，设计通航潮位 2.5m（20 年一遇），通航净空 54m，净高 16m，主桥采用 208m 中承式钢管混凝土桁架拱桥，边拱采用钢筋混凝土拱，通过在两岸边拱端横梁对拉系杆平衡主拱推力。

新江南大桥位于整体式路基段，全桥总长 854.4m，桥跨布置为[19.2＋25＋19.2＋25＋19.2＋14×25＋51.8＋(45.5＋208＋45.5)＋26.8]m，中跨拱桥计算跨径 205m，拱轴线采用悬链线，矢高 38.68m，矢跨比为 1/5.3，拱轴系数 $m=1.25$；边拱肋为悬链线箱拱，理论跨径为 40.2m，矢高为 13.1m，拱轴系数为 1.5，拱桥桥面系为 8m 钢筋混凝土Ⅱ型梁，采用先简支后固接体系。引桥采用预应力混凝土 T 梁，下部桥台采用柱式台、U 台接桩基础，桥墩采用柱式或墙式墩，桥台及桥墩采用桩基础。

2　施工中存在问题及方案选择

按照中承式钢管混凝土系杆拱桥结构受力，原设计施工顺序为边拱浇筑完成后再进行主拱肋的安装，根据工期推算，钢管桥主拱合拢时间将正值 8 月下旬台风季节。因岱山岛东临太平洋，每年都有台风过境，如主拱不能在合拢锁定工况下度汛，存在较大的安全风险；受二桥合一的老江南大桥及海域影响，钢管主拱肋安装期间无法设置侧向风缆，主拱的横向调位困难；鉴于安全、质量与工期要求，因此该钢管拱桥需要主拱与边拱同步施工，并重点解决大跨径钢管拱肋斜拉扣挂安装关键技术。本文通过利用迈达斯软件建立主桥结构模型，分析不同施工顺序拱座受力与位移，保证拱座位移在设计规范允许的条件下采用主拱肋安装与边拱施工同步的方案，保证主拱肋在台风来临前合拢；在侧向风缆无法设置的情况下达到主拱安装精度。

3　主边拱同步主要施工方案确定

新江南大桥主桥拱座基础采用 18 根直径 1.8m 的钻孔灌注桩，均为端承桩。承台采用哑铃型承台，承台厚度 2.5m。承台顶面设置高度 5.82m 的拱座，单侧宽度 7.4m。根据原设计方案，需要待边跨混凝土拱肋预应力张拉完毕、桥面板安装后方能吊装主跨钢管拱肋。按照设计方案施工，主跨钢管拱肋无法在台风季前完成合拢；主拱悬空状态无法经受台风侵袭，必须调整原设计方案中的加载顺序，采取边拱混凝土拱肋和主拱同步施工的方案，方可保证主拱肋在台风季之前合拢。

3.1　方案比选

施工方案一：为了保证施工期间主桥拱座及基础受力与位移满足设计规范要求，新江南大桥主桥原设计方案施工顺序为主桥拱座施工完成，在支撑体系上现浇施工混凝土边拱，混凝土等强进行预应力张拉（支撑体系不拆除），再进行拱上立柱与预应力横梁施工，安装边拱桥面板，完成以上工作后再进行钢管主拱肋的吊装。

施工方案二：根据现场实际施工情况，如果按照原设计方案施工，钢管主拱肋无法在台风季前合拢，主拱悬空状态无法经受台风侵袭，届时将存在重大安全隐患。因此，项目采取钢筋混凝土边拱结构施工与钢管主拱肋安装同步的施工方案，保证钢管主拱肋在台风来临前合拢。

3.2 建模计算

为实现主边拱能够同步施工，需要在结构受力分析上，将使用两个模型分别模拟以上两种施工方案，对比拱座基础结构的内力和位移状态，对基础进行验算，拱座受力和位移状态需满足。

本次核算采用电算程序 MIDAS Civil 2019 版本，计算模型采用空间模型。模型共有 5930 个节点，单元总数 11781 个；内部弹性连接 368 个，刚性连接 74 个；边跨拱肋在边墩处简支支承，在拱脚处固结。主跨拱肋与主墩承台拱座封铰前采用铰接（释放 R_y 约束），封铰后固结。

3.3 方案对比分析

为实现主边拱同步施工，需要在结构受力与位移分析上，核算主边拱同步施工的安全性。将使用两个计算模型分别模拟以上两种施工方案，对比拱座基础结构的内力和位移状态，对基础进行验算，拱座受力和位移状态需满足设计规范。荷载组合按照《公路桥涵设计通用规范》（JTJ D60—2013）、《公路钢筋混凝土及预应力混凝土桥涵设计规范》（JTG 3362—2018）、《公路钢结构桥梁设计规范》（JTG D64—2015）、《公路桥涵地基与基础设计规范》（JTG D63—2007）执行。

利用计算模型对方案一与方案二进行详细分析，计算每一步工序完成后，拱座及基础的受力状态与位移情况，对比方案一与方案二实施全过程拱座与基础出现的最不利状态。

从对比分析结果得出：方案一与方案二的每个阶段反力除竖向力 F_Z、横桥弯矩 M_Y 有所区别外，承台底所承受的顺桥向水平力 F_X、顺桥弯矩 M_X 均基本相同。

通过以上详细计算分析，采用方案一在全桥施工期间拱座出现最大水平位移为 0.92mm，采用方案二在第主拱肋合拢段安装前，拱座出现最大位移 0.435mm，满足设计要求；通过对桩基进行受力分析亦满足设计要求。结论：主边拱同步施工在理论上可行。

3.4 施工工艺流程

（1）主边拱同步施工工艺流程。缆索吊试吊→P22 侧第 1～第 3 段主拱肋吊装→P23 侧第 13～第 11 段主拱肋吊装、P22 侧边拱肋完成→P22 侧第 4～第 6 段主拱肋吊装、P23 侧边拱肋完成→P23 侧第 10～第 8 段主拱肋吊装→合拢段安装。

（2）大跨径钢管拱肋斜拉扣挂施工工艺流程。缆索吊试吊→双合岸、江南岛岸第 1 段拱肋吊装→安扣索→拱肋标高调整→拧紧螺栓、接头焊接→相应的临时一字横撑安装焊接→双合岸、江南岛岸第 2 段拱肋吊装，内法兰连接第一段，安扣索→拱肋标高调整→拧紧螺栓、接头焊接→相应的临时一字横撑安装焊接→…… 直至双合岸、江南岛岸第 6 段拱肋吊装，内法兰连接第 5 段，安扣索→拱肋标高调整→拧紧螺栓、接头焊接→相应的临时一字横撑安装焊接→合拢段吊装并焊接→拱顶横撑安装并焊接。

3.5 施工组织

为了降低主拱吊装期间对边拱混凝土结构的影响，对主拱安装进度进行细化：①安装 P22 侧 1～3 节段拱肋及临时横撑；②安装 P23 侧 1～3 节段钢管拱肋及临时横撑，同时浇筑 P22 侧边拱；③安装 P22 侧 4～6 节段钢管拱肋及永久横撑，同时浇筑 P23 侧边拱混凝土；④安装 P23 侧 4～6 节段钢管拱肋及永久横撑；⑤吊装第 7 节段合拢段；⑥复核各段拱肋标高与计算标高，采用千斤顶对标高误差超过设计允许值的节段进行微调整。就位合拢段，选择在清晨 6：00 开始对左右侧合拢段同时进行锚固。（拱肋空中就位时，先依靠缆索吊吊具的走行进行粗定位，待接头几乎完成对接时再使用手拉葫芦进行辅助精确对位，然后安装扣索，最后完成吊扣体系转换，横撑与左右侧拱肋同步安装。）

4 大跨径钢管拱肋斜拉扣挂施工

拱肋线形监测主要包括拱肋测点偏位和标高两部分内容。通过监测拱肋偏位与标高分析其在各个施工阶段的横向偏位和竖向挠度变形。主拱肋线形主要是拱肋节段安装过程中各个观测高程点的控制，一方面要满足成拱后的拱轴线形要求，另一方面要尽可能避免松索成拱后出现较大的马鞍形。理想状态为松索成拱后与一次成拱线形一致。

各拱肋节段预抬高值是控制拱肋节段安装线形控制的关键，对此，需要根据拟定的拱肋节段安装顺序来计算。

4.1 拱肋节段加工

拱肋在厂内制作时需进行预拼，以确保现场安装时的进度和精度。预拼完成后，在每个节段接头处设置临时法兰及临时扣点，临时法兰应先用螺栓成对锁紧之后再焊接于接头对应的两个相邻节段，最后再解体后运至施工现场。

4.2 拱肋斜拉扣挂

扣挂系统由扣塔、扣索、锚索、拱肋扣点、扣锚梁和锚碇组成。

扣塔：采用 8 片贝雷桁架片 + 4 根 L200mm × 125mm × 12mm 角钢组成，塔底固结。

扣索、锚索：扣索、锚索均采用 1860MPa 的 ϕ15.24 钢绞线，安全系数 $K \geqslant 2$。

扣索安装：扣索先锚固于主拱肋端头的扣点上，利用临时辅助卷扬机将扣索牵引至扣塔上，利用手拉葫芦将扣索装入扣塔上张拉平台的锚箱中。

扣索一端固定于主拱肋的锚固点，另一端在扣塔张拉锚梁上张拉、调整。锚索一端固定于锚碇端的锚固点，另一端在扣塔张拉锚梁上张拉、调整。扣塔两侧同一索号的扣锚索采用按比例同步张拉和调整扣锚索索力。

锚固体系：扣索的固定端采用P形锚具锚固于拱肋的扣点上，调节端设于扣塔张拉锚梁上，使用OVM防松工具锚进行张拉调节。锚索固定端采用P形锚具锚固，调节端设于扣塔张拉锚梁上，使用OVM防松工具锚进行张拉调节。

扣点：扣点用于连接扣索和拱肋钢管，采用扣耳+锚箱的结构形式，扣耳在工厂内与拱肋上弦管按设计要求整体焊接，锚箱与扣耳通过销轴连接。施工时，扣耳、锚箱与主拱圈节段整体吊装。

4.3 拱肋定位

拱肋吊装的第一步是铰座安装，拱肋第一节钢管拱需要与拱脚铰座进行连接，因此根据定位坐标放样，精确安装拱脚段铰座。

用一套缆索起重机上2个吊具吊运拱脚段至拱座预埋件处，用手拉葫芦调整拱肋的横向偏位，使拱肋的铰管顺利入槽，安装并张拉扣索，拱肋端头的线形符合设计要求后，取下吊具，上下游对应拱肋安装完成后，两组主索抬吊安装相应横撑。

吊运后续各节拱肋至前一段的端头，通过千斤顶、手拉葫芦调整拱肋的位置，使接头法兰螺栓孔全部对位，安装法兰螺栓，此时安装并张拉扣索，拱肋端头的线形符合设计要求后，将接头螺栓拧死，取下吊具。

在拱肋吊装就位时，先均不对该扣索之前的扣索进行调索作业，只调整当前节段的标高及偏位：

(1) 拱肋上下高程调节依靠扣索进行，通过第三方监控单位对拱肋标高进行监测，根据设计方和施工监控方现场共同发布的调索索力和拱肋标高，对每一号索采用张拉设备逐根、分级、对称张拉，调索作业同时用频谱分析仪对索力进行测试，以确保调索顺利开展。扣锚索张拉工艺：根据监控提供的扣锚索索力，采用24t穿心千斤顶逐根对称分级张拉扣锚索，边张拉边松钩，逐渐将吊钩的力转换为由扣索承担，最终吊钩不承受力后，将起吊千斤索拆除。扣锚索张拉力控制以扣塔顶不产生水平位移为控制目标，张拉过程中，扣塔的偏位控制在20mm内。

(2) 因老江南大桥影响，无法采用横向调位缆风来进行拱肋的安装，因此拱肋横向偏位通过肋间缆风（配置手拉葫芦）与千斤顶实现。当接头法兰密贴后，拱肋前端向内侧偏，拧松内侧钢管接头螺栓，在接头部位焊接千斤顶安装基座，安放手摇液压机械千斤顶，将接头位置慢慢顶开，使拱肋前端向外侧移动，达到设计位置后，在内侧钢管接头法兰间塞钢垫片，并将两法兰盘焊接定位，再拧紧螺栓。

4.4 拱肋合拢

拱肋第6段以及相应横撑安装完成后，尽快地实施合拢段的安装。

合拢前应对拱肋线形进行精调，线形调整选择在傍晚或清晨进行（温度变化幅度不大）。通过调索以调整拱肋标高；在接头间设置千斤顶，以加塞钢垫片调整横向偏位。使两岸合拢口的线形达到设计、监控要求。

4.5 各拱肋节段间拼装

各吊段间拼装接头，先用高强螺栓连接，最后焊接法兰盘周边，具体操作过程如下：

(1) 对孔。在节段间螺栓孔基本重合的瞬间（相错10mm以内），将小撬棍插入孔内拨正，然后通过起落吊钩使其他孔眼对合。用小锤轻敲冲钉入孔眼（每个接头对角法兰各穿1个），使法兰螺栓孔完全对合。

(2) 穿螺栓。螺栓连接后暂时不拧紧，待本段拱肋吊装完，且偏位与标高校核无误后，分别拧紧段间螺栓。

(3) 焊接。调整好扣索，松完吊具，将拱肋标高调整至预定标高，焊接各段间接头焊缝。

4.6 拱肋吊装施工监测

(1) 预埋拱座的定位。用全站仪放样出拱肋的四个坐标原点，在任意一个坐标原点架设全站仪复核各原点间的相互关系。

根据拱肋轴线坐标推算出拱脚座面上缘及下缘四点坐标，然后进行精确放样。根据此四点来控制拱座的平面位置，用水准仪控制四点标高。拱脚在预埋拱座上就位后，再对其轴线及分段点标高进行校核、调整，使其符合设计要求。

(2) 拱肋拼装焊接中的测量监控。在拱肋设计轴线的延长线上，即拼装肋片的两端架设全站仪，在拱肋拼装焊接的过程中，随时监测拱肋的实际轴线，若与设计有偏差，随时反馈调整。

(3) 拱肋吊装就位的空间定位。吊装前，在拱肋各分段端头顶部设置测点，吊装时利用全站仪观测测点坐标控制拱肋轴线及标高。

(4) 拱肋吊装过程中的测量监控。吊装过程中由于重量的增加、段间法兰连接时的碰撞、焊接及风力的影响，均有可能使拱肋空间位置产生变化。因此，在拱肋各段吊装和连接的过程中，随时对其的轴线和标高进行监控，发现变化及时调整。

(5) 拱肋节段预抬高量的控制。利用千斤顶调整扣索索力来调整拱肋的预抬高量。

（6）拱肋轴线偏位控制。如安装过程中，安装节段端头出现轴线偏位，利用在接头处设置临时千斤顶与肋间调位缆风进行纠偏，并在接头处加塞钢垫片进行调整。

（7）塔架偏位观测。在塔架垂直于桥轴线方向设一个测站和一个后视点，在塔架顶面上、下游两侧各设一个固定标尺。吊装时用全站仪观测塔架顶部的偏移。

（8）吊装锚碇的位移观测。在锚碇设定标志点，起吊拱肋后用全站仪观测锚碇有无位移变化。

（9）拱肋安装精度要求。拱肋安装精度控制见表1。

表1　　拱肋安装精度控制表

项　目	L	规定值或允许值
轴线偏位/mm	≤60m	10
	＞60m	L/6000，且不超过40
拱圈高程/mm	≤60m	±20
	＞60m	L/3000，且不超过50
两对称接头相对高差/mm	≤60m	20
	＞60m	L/3000，且不超过40
同跨各拱肋相对高差/mm	≤60m	20
	＞60m	L/3000，且不超过30
同跨各拱肋间距		±30

4.7　桥梁施工监控

（1）桥梁施工监控主要内容包括：线形监控，主拱肋（根据施工计划）的线形监测、应力监测、温度监测，吊杆索力监测、系杆索力监测、拱肋监测（包括制作、安装）、钢结构梁、柱监测、拱座的水平位移监测，缆、扣塔偏位监测、扣锚索索力监测、主锚碇位移监测、索塔基础沉降监测、桥墩的基础沉降监测、应力监测、温度监测，老拱桥拱脚安全监测，并利用监测数据进行计算分析，及时掌握结构实际状态，提供施工监控信息，指导后续施工，提供交工验收所需的施工监控成果报告。

（2）桥梁施工监控方法：

1）本桥的应力（应变）监测是通过表面焊接或预埋应变计的方法实现的。随着施工进程的推进，采集各施工工况下主梁的应变值，从而可以换算得到结构应力状态。根据各控制截面实测应力情况来判断结构受力情况。

2）移变化采用全站仪进行测量，在拱肋安装过程中采用动态跟踪观测，即每段拱肋吊装到位后进行观测竖向高程和横向偏位，确保在焊接连成整体之前其实测三维坐标和设计值误差满足规范要求，同时在后续工况通过监测其坐标变化来反映其受力情况。

3）观测工作，结合变形观测进行。观测采用24h的定时温度观测，并与相应变形观测同步进行。

4）前可供现场索力量测的方法主要有三种：压力表量测法、压力传感器量测法、振动频率量测法。本项目主要采用振动频率量测法检测。

（3）拱肋线形监测：

1）测点布置。拱肋线形监测主要包括拱肋测点偏位和标高两部分内容。通过监测拱肋偏位与标高分析其在各个施工阶段的横向偏位和竖向挠度变形。拱肋测点分别布置在每段拱肋上弦杆端头1m处，在钢管的中心线处焊接一个可以支放棱镜的螺母。

2）线形测量工作。拱肋安装坐标及后续工况三维坐标变化采用全站仪进行测量，在拱肋安装过程中采用动态跟踪观测，即每段拱肋吊装到位后进行观测竖向高程和横向偏位，确保在焊接连成整体之前其实测三维坐标和设计值误差满足规范要求，同时在后续工况通过监测其坐标变化来反映其受力情况。

5　结语

根据中承式钢管混凝土拱桥加载顺序，建立主桥结构模型，分析不同施工顺序拱座受力与位移，保证拱座位移在设计规范允许的条件下采用主拱肋安装与边拱施工同步的方案，保证了主拱肋在台风来临前合拢；在侧向风缆无法设置的情况下采用场内精准预拼保证制作精度，拱肋在空中就位时，依靠缆索吊吊具的走行进行粗定位，待接头几乎完成对接时再使用手拉葫芦进行辅助精确对位，然后安装扣索，利用扣索对主拱肋进行上下调位，利用千斤顶和手拉葫芦对主拱肋进行左右调位，保证了主拱安装精度。

本栏目审稿人：张建中

利益共赢相关方视角下 PPP 项目运作研究

祁慧敏/中国电建集团

【摘 要】 本文通过对 PPP 的发展、动因和概念分析，提出 PPP 项目运作过程中的常见问题，找出 PPP 模式中各相关方的利益诉求和常见冲突，对冲突产生的原因进行分析，提出了利益各方如何实现利益共赢目标的建议。

【关键词】 PPP 项目共赢　运作

PPP 是 Public－Private Partnership 的英文缩写，译为公共部门与私人合作模式或公私合作模式等，我国通常称之为政府与社会资本合作模式。2015 年国务院办公厅转发《关于在公共服务领域推广 PPP 指导意见的通知》（国办发〔2015〕42 号），对 PPP 进行了定义，即政府采取竞争方式择优选择社会资本方，然后双方签订合同，明确权利义务，由社会资本方提供公共服务，政府或使用者支付项目费用，保证社会资本方取得相应收益的系列合作方式的统称。

1 PPP 项目发展作用和意义

1.1 PPP 项目的作用

（1）缓解财政压力，减轻政府债务风险。2013 年以来我国财政赤字迅速加大，到 2017 年财政赤字翻了一番，且持续保持扩大的态势，截至 2018 年末，财政赤字达 2.4 万亿元。财政资金不能完全满足基础设施建设的需求，只有充分调动各类社会资本，共同参与基础设施建设，才能有效缓解财政压力，减轻政府债务风险。

（2）促进基础设施建设，推动我国城镇化快速发展。我国虽已初步完成到 2020 年常住人口城镇化率达到 60%左右的目标，但交通、教育、医疗等基础设施建设仍面临巨大的资金需求。PPP 促进了社会资本进入基础设施建设，推动了基础设施开工建设，有利于促进经济社会发展，推动我国城镇化发展进程。

（3）有效利用社会闲置资本。截至 2019 年，央行现金存款余额为 193 万亿元，同比增长 8.7%，呈逐年增加的态势。PPP 模式适应了目前我国流动性充裕的资本市场需要，参与项目建设，持续收益时间长，能够为社会资本带来良好的投资回报。

1.2 PPP 项目的意义

（1）推广运用 PPP 模式，有利于促进我国经济转型升级、支持新型城镇化建设。PPP 模式改变了以往主要靠政府投资来拉动经济增长的方式，转变为由政府投资和社会资本共同推动经济增长的方式，有利于整合社会资源，盘活社会存量资本，激发民间投资活力，拓展企业发展空间，提升经济增长动力，推动城镇化建设，促进经济结构调整和转型升级。

（2）推广运用 PPP 模式，有利于加快转变政府职能、提升国家治理能力。PPP 能够促进政府的规划、监管、服务职能与社会资本的效率、创新有机结合，减少政府对具体项目的过度干预，社会资本方可发挥管理和技术优势提供高水平服务。PPP 有利于政府和社会资本双方建立平等关系，促进政府简政放权，转变政府职能，培育契约文化，提升国家现代化治理水平。

（3）推广运用 PPP 模式，是深化财税体制改革、构建现代财政制度的重要内容。我国财税体制改革要求，要从以往单一年度的预算收支管理，逐步转向强化中长期财政规划。PPP 的实质是政府长期的购买服务；PPP 的运用与深化财税体制改革的方向和目标是一致的。

（4）推广运用 PPP 模式，能促进企业转型升级。在传统的投资管理体制下，设计、施工、物资供应等环节分开招标，施工标段划分过细，管理协调难度大，建设成本增加。PPP业务有利于采用工程总承包，强化企业的综合业务运营能力和资源整合能力，促进企业转型。

2 PPP项目存在的主要问题

2.1 运作不够规范

一些项目操作时透明度不够，不严格按照要求进行公开招投标，有关信息发布不及时，或招投标走过场，内定中标人。

2.2 政府合同意识不强

个别握有公权力的人员商业意识、合同意识、契约意识不强，签订合同不慎重或执行合同不严格。

2.3 参与方诚信欠缺

有的企业质量意识、环保意识不强，施工时标准不严，质量意识不强，减少实际投资等。企业诚信意识不强，导致对其诚信履约监管成本高、难度大。

2.4 非PPP项目存在

个别属采购行为的非PPP项目，被混淆成PPP项目操作，项目建设完成后，仍由政府进行回购，与PPP项目一般包含运营期的理念相悖。政府回购会推高政府负债，减弱融资能力，制约了PPP的可持续发展。PPP项目一般是以项目本身为信用获得融资，不需提供担保，债务不进资产负债表。

2.5 中介咨询能力不足

众多PPP模式失败案例的项目合同都没经过法律或咨询机构的评估和建议，导致诸多问题，致使项目失败。我国大多PPP项目聘请的中介机构中很多人员专业能力和经验不足，主动性、积极性不够，专业预判能力低，造成大量隐性问题，导致项目失败。

2.6 对中介机构的重视程度不够

个别地方要求中介机构必须进入当地政府认可的信息系统，或要求咨询机构具备某些附加条件后方可投标，或最低价中标，或内部指定，导致中介机构失去了竞标机会，发挥不了应有的作用。

3 PPP各相关方的利益诉求及冲突分析

3.1 PPP各相关方的利益诉求

3.1.1 政府方

（1）谋求经济发展。随着新型城市化的推进，满足当地经济发展需要，解决经常设施建设资金不足的矛盾，是政府鼓励并倡导推广PPP项目的出发点。

（2）解决资金缺口。地方债务增加，财政资金趋紧，不得不多渠道筹集资金，充分利用社会资本缓解财务压力，实现更多项目开工。

（3）提高项目的社会总效益。政府直接管理基础设施效率低、成本高、效益不良。社会资本方一般具有管理灵活、成本低、服务质量高的优势。PPP能够融合政府方和社会资本方各自优势，提升社会总效益。

3.1.2 企业方

（1）追逐更高利润。PPP项目易于采用工程总承包，节省工程总投资、缩短工期、提高施工利益，且有政府支持，风险小，资金回收有保证，受到了建筑企业的欢迎。

（2）推动转型升级。PPP模式有利于推动企业从传统的施工承包，转向设计、采购、施工一体化的总承包，有利于统筹安排企业资源，促进施工型企业转型升级。

（3）改善与政府、银行、中介机构关系。通过PPP项目，企业与政府、银行、中介机构之间形成良好的沟通联系，增进彼此了解与信任，有利于获取更多信息，提高项目中标率。

（4）化解产能过剩。PPP模式能够为传统水电、火电等建设单位向公路、铁路、市政等公共基础设施建设领域寻求市场，化解产能过剩。

3.1.3 金融机构

（1）追求更稳更高收益率。PPP项目收益率一般高于银行贷款业务，运作时间长，风险相对较低，是理想的投资渠道，深受银行类机构欢迎。

（2）投资业务结构调整。银行依靠吸取存款、发放贷款之间的利差，获得利润的方式不足以支持银行的可持续发展，必须调整业务结构，才能缓解越来越严峻的竞争压力。

3.1.4 中介机构

（1）追求利润。PPP项目相对其他业务来说，服务周期长，体量规模大，服务收益高，收益有保证，受到了众多中介机构的密切关注和积极参与。

（2）增加服务业绩。各中介机构都重视参与PPP项目，为政府、企业、银行等做好服务，建立长期合作关系，增强知名度，有利于市场开发。

3.2 PPP项目中各方常见的利益冲突

3.2.1 项目选择时地方政府内部的冲突

一些地方政府内决策程序不完善，PPP项目决策时间长，前期工作效率不高，反复更改，导致项目进展缓慢。

3.2.2 政府与社会资本方的冲突

一些地方政府干预过多，导致社会资本方缺少话语权，控制力弱，双方合作过程中配合难度大，效率低。

3.2.3 国企间的竞争冲突

近年来大型建筑企业之间的市场竞争非常惨烈，国企间的融资成本差别不大，主要竞争体现在技术和管理上，国企之间为了拿项目，往往不计成本，甚至超低价中标。

3.2.4 国企与民营企业间的竞争冲突

在重大基础设施上，国有大型企业综合规模和实力优于民营企业。但民营企业在一些较小的基础设施项目上，凭借成本低、效率高、服务质量好等优点，相对国企具备一定优势。

3.2.5 与现行制度间的冲突

按照现行土地政策，经营性用地必须采用“招拍挂”公开出让，PPP中确定社会资本方后，仍需通过“招拍挂”方式出让经营性用地，造成社会资本方中标PPP项目却无法获得土地使用权。在轨道交通、高速公路等关系社会公共利益的项目上，价格调整的需要进行听证，履行审批程序，时间长。社会资本方无法根据成本及供求变化及时调整价格，容易造成损失。

4 冲突原因分析

4.1 政府治理目标与企业经济利益最大化

（1）政府的公益性。PPP模式满足各类基础设施建设，具有社会公益性，一些地方的政府部门过分重视公益性，忽视了经济效益，相反企业更加注重经济效益而忽视社会公共利益。

（2）企业经济利益最大化。企业在利益最大化的目标下，对于高收益的PPP项目难以抗拒，明知风险大，但仍要奋力参与，其主要原因就是企业对于资本高收益的渴求，甘愿冒风险，由此而引发的项目失败是难以避免的。

（3）政府和企业的目标不同是造成制约项目顺利开展的重要因素。在政府的公益性与企业的经济利益如果不能很好地融合，往往会激化矛盾，影响项目的顺利进行。

4.2 市场经济下的契约精神与政府管理

（1）市场经济需要契约精神。在PPP项目中，公权力部门与社会资本双方理应为平等的市场主体，合作双方需要互相尊重和理解，及时协商沟通，解决问题，在合同的约定下，共同配合完成项目。如果双方长期缺少团队和配合意识，就会造成较多分歧，影响项目开展。

（2）政府行政命令式管理。在PPP项目的运作过程中，一些地方政府的分工边界如果界定模糊，管理方式不科学，过多干预项目，管得过细、过宽，利用市场优化配置资源的能力不强，就往往容易权力越位和错位，导致项目运行效率效果低。

4.3 项目涉及部门多，分工复杂

PPP项目涉及财政部、发展和改革委员会、建设部、国土部、环保部、税务、工商、安监等多个政府管理部门，履行不同的监管职责，项目协调程序长，难度大，如果部门间沟通不畅，会造成项目的执行效率不高。

5 共赢目标下各方如何应对

5.1 政府需要加强PPP项目的管控

（1）完善制度方面。我国目前还没有出台专门针对PPP项目建设的法律，难以统一协调PPP项目各方的利益冲突，不能有效保护和激励社会资本方进入和参与基础设施和公共服务，如出台专门的PPP法，与现行的预算法、政府采购法、招标投标法等法做好衔接，理顺相互之间的关系，同时指定具体部门，全面行使PPP项目管理的职责，统一监管，会更加促进PPP的顺利发展。

（2）加强宏观管控与指导。PPP项目涉及公众利益，应促进公众积极参与，通过合适方式提出意见。PPP项目库、项目采购公告、中标公告、各种统计资料、研究报告、可公开的项目合同等应该在专门网站上公开，促进PPP项目信息透明化。

（3）培育多层次的资本市场。PPP项目历时长、资金需求量大，资本市场的发达完善程度对于PPP市场至关重要。有了发达的资本市场，才能引入大量的社会或私人资本参与，为PPP项目提供充裕稳定的资金来源，还能有效约束资金使用，提高PPP实施的效率。

（4）加强项目督察，预防项目腐败。PPP操作过程中存在透明度不够、暗箱操作、项目腐败，扰乱PPP市场的运营秩序，影响极为恶劣，要加强项目审计与督察，对于违法乱纪的责任人应依法严查，及时向社会通报，发挥震慑作用。

5.2 企业需要提高PPP项目的运作能力

（1）加强高端营销。目前，各建筑类央企及地方国企是PPP项目市场上的主力，国企与地方各级政府良好的合作关系对项目落地起到十分重要的作用，企业高层领导间沟通会强化与政府方面的合作，有利于项目开发和推进，减小项目磋商谈判的压力，更加顺利推动PPP项目的实施。

（2）强化核心能力宣传。传统建设企业偏重于施工管理，对营销和宣传力度不够。企业应加强企业营销，特别是核心能力的宣传、推介，树立良好的品牌形象、展示公司的专业能力，促进社会的对企业实力的认可，助力市场开拓。

（3）与利益相关方建立长期的合作关系。PPP项目资金需求大、投资时间长、影响因素多、风险大，需要加强与法律、税务、银行等机构合作，降低项目风险。建议企业选择PPP项目服务经验丰富、具备良好合作基础、专业能力突出的法务、税务、审计等团队参与，为项目出谋划策，提前做好风险应对。

（4）强化内部资源整合能力，提高融资能力。PPP模式需要企业具备强大的资金、人员、技术的整合能力，企业要提升内部资源整合能力。PPP项目前期需要大量的投资，需要扩宽融资渠道，提升融资能力。

（5）加强人才队伍建设，提高风险管控能力。PPP项目交易结构复杂、参与主体多、涉及专业广，企业需要培养相应的工程、法律、财务、投融资等各类专业人员。PPP项目周期长、资金需求大、项目风险复杂，企业需要建立系统的风险管理流程，及时消除、控制风险。

5.3 金融机构需要加强PPP项目评价

（1）加强项目评价。PPP适合投资规模大、需求长期稳定、价格调整机制灵活、市场化程度高的基础设施及公共服务类项目，应选择那些得到政府大力支持、列入重点建设计划的地铁、轨道等基础设施和公共服务设施项目，这些项目预期运营收入稳定，风险低、收益好。

（2）加强对政府履约能力评价。要识别、测算政府在项目中的各项财政支出责任，科学评估项目实施对当前及今后年度财政支出的影响，确保PPP项目能够得到财政按期支付。通过财政承受能力论证的项目，才适合采用PPP模式，否则应慎重参与。

（3）加强对项目的企业能力评价。重点关注有资金实力强、信用评级高、财务指标良好、资产负债率较低的特大型、大型建设、开发和运营企业。企业具有较高的建设开发资质，有一定年限的独立开发经验，成功运作过多个成熟项目的企业。

（4）理性确定投资回报率。对金融机构来说，既要实现合理回报，又要避免暴利。通常PPP项目收益为8%～10%，过高的收益承诺背后可以是巨大的风险。作为负责任的社会资本方，在追求经济利益的同时，也必须兼顾社会效益，需要在投资收益与社会效益间平衡及理性选择。

5.4 中介机构需改善咨询服务能力

（1）提高尽责服务意识。中介机构应提高主动服务意识，除了要在税务、保险、法律等专业领域内提出全面系统、富有前瞻性的建议和意见外，要多关注相关政策变动，积极与参与各方沟通，了解相关需求，及时提供风险警示告知信息，围绕政策解读和操作实践组织对有关单位及人员进行培训，及时优质高效服务。

（2）提高风险识别能力。中介机构应利用专业的视角和专业分析技能进行分析判断，重点关注建设、税收政策及市场的变化，提前预判风险，加强对政府履约能力、财政支付能力等评价。

（3）加强专业学习，提升服务能力。中介机构应丰富完善内部人才结构，培养具有投资、营运、财务等不同专业、具备综合能力人员，发挥团队聚合效应，形成知识合力，全面系统地为项目提供服务。

6 结论

PPP在我国的出现和发展具有客观必然性，在充分运用PPP模式在缓解财政资金不足和促进经济发展作用的同时，应特别注意风险防范，重视规范流程操作，客观评价项目，各关节要做到合法合规，加强利益相关方的风险平衡、信息沟通，实现利益共赢目标。

浅议河道综合治理全过程造价管理

张　胜　张耀泽/中电建路桥集团有限公司

【摘　要】人民群众对于美好环境的向往，使河道功能不能拘泥于防洪排涝，而是与生态景观并行，这大大推进了我国河道综合治理项目的发展。本文就河道综合治理全过程造价管理进行浅析，以全面合理降低工程造价进而减少政府财政压力为出发点，建议政府、建设单位从决策、设计、发承包、实施、竣工及运营维护等6个阶段全面考虑，期望为今后的河道综合治理在全过程造价管理中的控制提供一定参考。

【关键词】河道　综合治理　全过程　造价管理

随着我国社会经济不断增长，人民对于环境的美好需求飞速增加，而河道水域作为环境优劣的重点评判对象大多处于劣质状态，因此河道综合治理显得愈发重要。作为水利行业中的新兴建设工程，河道综合治理不但具有一次性投资大、公益性强、运营周期长等特点，还存在技术不够先进、经验不够丰富等问题，对于造价控制提出了更高的挑战。本文从河道综合治理特点出发，探讨其全过程造价管理各阶段关注要点，并提出一定思考和分析，进一步加强河道综合治理投资控制及效益。

1　河道综合治理现状

历来，我国河道主要承担防涝泄洪的作用，往往忽视了其所本应具备的生态景观功能，这就导致对工业废水排放、有害垃圾倾倒、农用化肥、农村生活污水等污染河道的情况不够重视，久而久之，种类繁多的污染物持续进入河道之中，水质急剧下降，加之河岸土壤扰动、河底淤泥堆积、原堤坝修建不达标以及不合理的开发利用等影响，最终导致的河道水体遭到严重破坏。因此，国务院于2015年印发了《水污染防治行动计划》（以上简称《计划》），统一规划、分期落实，《计划》从全面控制污染物排放、推动经济结构转型升级等10个方面开展防治行动，明确要求2030年全国七大重点流域水质优良比例总体达到75%以上，城市建成区黑臭水体总体得到消除。

在以往的河道综合治理中，往往存在责任落实机制不完善、安全与景观冲突、河道生态遭到破坏等问题，为此，已有学者提出应以整体性为原则，统筹规划、综合考虑，不但要保障城镇人口安全，还要兼具生态观赏价值，符合城镇总体规划为前提；同时，应注重自然修复和人工干预的关系，充分利用河道生态治理理念，结合水文地质条件、水体流动规律、植被水平等自然因素，在确保河道固有生态平衡不被破坏的前提下，进一步合理规划综合治理方式，恰当选择诸如旁通道、曝气水车等生态治理方法。

2　全过程造价管理概述

1881年，英国皇家测量师协会的成立标志着工程造价管理专业的建立。随着工程造价理念的不断深化，20世纪末，现代造价管理理论逐步完善，英美两国先后提出了全生命周期造价管理和全面造价管理。与此同时，我国徐大图等学者提出了全过程造价管理，在不断完善细化中，最终由中国建设工程造价管理协会（以下简称“造价协会”）于2009年发布了《建设项目全过程造价咨询规程》（CECA/GC 4—2009），自此，我国工程项目全过程造价管理理念基本成型。但直至造价协会于2017年修订规程且各地方政府纷纷出台相关规范后才日益深入各行各业的全过程造价管理咨询规程。

3　河道综合治理全过程造价管理

依据《建设项目全过程造价咨询规程》（CECA GC 4—2017）划分并结合河道综合治理竣工后续维护的重要性，本文将河道综合治理全过程造价分为决策、设计、发承包、实施、竣工及运营维护等6个阶段，并就每个阶段造价管理及控制投资等分别作出阐述（见表1）。

表 1 河道综合治理全过程造价基本信息统计表

序号	项目阶段	造价依据	控制目标	参与方
1	决策阶段	项目建议书	投资估算	政府、建设、咨询
		可行性研究		
2	设计阶段	初步设计	设计概算	政府、建设、设计
		施工图设计	施工图预算	政府、建设、设计
3	发承包阶段	工程量清单	合同价	政府、建设、施工
4	实施阶段	施工组织设计	结算价	政府、建设、设计、监理、施工
5	竣工阶段	竣工文件	竣工结算、竣工决算	政府、建设、设计、监理、施工
6	运营维护阶段	运营维护方案	运营维护预算、结算	政府、建设、设计、监理、施工

3.1 决策阶段

决策阶段在建设项目实施过程中尤为重要，虽然本阶段费用一般不高，但却对项目总造价的影响作用高达80%～90%。河道综合治理项目一般筹划初期由水利部门主抓，但在决策阶段需要规划部门、财政部门、公安部门等多个部门配合、会审。由于各部门关注重点不一，尤其是未能对生态环保功能作统筹规划而在建设过程中无节制增加项目，项目建议书或可行性研究时期投资估算与预期不符，造成“三超”概算超估算、预算超概算、决算超预算现象。此外，河道综合治理整体性强、带动效应好，对后续周边项目开发影响较大，因此，重视可行性研究，在立项之初就应明确定位，辅以科学的决策体系、多方案评比、经济评价等手段，尽可能完善投资估算，保证项目预期效益。

3.2 设计阶段

设计阶段作为整个项目关键，具有纲领性作用，在批复的投资估算限额内，应严格按照规程分阶段完成初步设计及概算及施工图设计预算。一是在项目勘察阶段，无论是作为行政界限还是通航需要，河道通常具有流域跨县、点多面广、地质多变等特点，这就需要设立较多的、有代表性的勘察点位，可能会造成勘察费用超出收费标准的现象，须在设计概算中酌情考虑；二是初步设计概算作为建设项目的最高限额，应采取限额设计、优化设计、价值工程等手段严格控制造价，若因勘察的不确定性导致超出投资估算，必须控制在10%以内，否则需要重新立项审批；三是以治理河道所在区域地理、经济、人文等地方特色为基础，充分结合人民群众对河道景观功能的迫切程度，在初步设计中明确生态环保需求，确立相关指标，切忌做表面功夫；四是可以聘请设计单位或造价咨询单位在施工图纸及设计概算的基础上编制施工图预算，并充分考虑周边类似项目实际造价进行调整；五是选择经验丰富且能力优秀的勘察设计单位同样重要，首推公开招标方式。

3.3 发承包阶段

河道综合治理项目一般是公益性质的政府投资项目，除必须采用公开招标方式外，在具备条件的情况下还应采用工程量清单模式。清单模式作为招标控制价和投标报价的基础，大大加速了我国招投标市场规范化和透明化，层层审核、严格把关。由于河道综合治理隐蔽工程较多，河底情况知其大略，在评标过程中需重点关注不平衡报价甚至低于成本报价的情况，以此中标的承包商往往会通过工程变更、签证、索赔等手段增加利润，造成超概现象。同时，部分PPP项目采取费率招标的形式，虽有助于保障工期，但对控制造价极为不利，这种情况往往是项目条件不甚成熟而强行招标导致的，应尽量避免。此外，在合同中应明确合同价，合理设置材料设备价差调整方式，明确工程变更、索赔的原则、程序和范围。

3.4 实施阶段

在水利项目中，施工阶段投入的费用占项目总投资80%左右，如何合理降低投资和施工成本是关键所在：一是建设单位需主动作为、提前规划，平衡各方利益关系，充分发挥监理作用，达到控制投资的目的；二是对于河岸绿化、河底清淤等具有明显季节性和规律性的工程，参建各方需掌握潮汐、汛期等水位变化，对承包商编制的施工组织设计及重要专项施工方案予以审核并提出建议，并合理安排开工日期、施工顺序，施工便道位置尽量与最终防汛通道位置保持一致；三是建立计量结算管理制度，明确职责分工及工作程序；四是要求承包商编制施工成本计划并定期考核，河道综合治理通常工期较长，应运用动态管理的手段，定期核算、及时纠偏；五是严格控制工程变更和工程索赔事件发生，深化设计交底及图纸会审工作，变更程序应严格按照合同约定执行，不可随意增加项目。

3.5 竣工阶段

竣工阶段是项目最后阶段，也是考核项目经济效益的重要环节。其主要包括竣工结算和竣工决算两方面的造价管理工作，主要采用全面审核法，辅以指标审查法、分组审查法作为补充，重点关注项目实施过程中设计变更、工程签证、索赔、奖罚等审批程序、过程资料、质量验收资料完整性、严密性、闭合性。此外，还应严格审核竣工结算价定额套用、询价合理性、各类取费标准的同时杜绝遗留计算引起的低级错误。在竣工决算审计过程中，对于政府审计机构来讲，面对众多项目，人员精力有限，可聘请常年的造价咨询机构或者项目的全过程跟踪审计机构进行造价审计。

3.6 运营维护阶段

鉴于河道综合治理需保持长效稳定机制的特殊性，运营维护费用往往在总造价中占据不低的分量，应在全过程造价中予以考虑。若此费用未编入设计概算之中，则需另外立项，综合考虑安全防护装置、闸门维修、岸边保洁、定期清淤等事项。

4 案例

以某北方河道综合治理项目为例，政府聘请咨询单位编制可行性研究报告（代项目建议书）时，投资估算总投资约10亿元，由于政府前期规划及水利部门未与财政部门充分协商，最终在报批上会时因财政支出限制被削减至7亿元，无形中增加了政府及咨询单位工作量，造成成本增加。与此同时，政府急于实现，在概算未定的情况下就确定了社会资本方，故只能采用费率方式的开口合同，为“三超”埋下隐患。在上述不利的情况下，该项目充分吸取多方经验教训，在以公开招标方式确定勘察设计单位后，签订总价包干合同，勘察设计费用有所控制，经各方积极协商及通力协作，勘察、设计交底、图纸会审工作较细，在一定程度上降低了工程变更的概率。最终，该项目设计概算总投资约6.5亿元，在跟踪审计、建设、监理等单位密切配合下，过程中办理结算约6.0亿元，但由于该项目未考虑价差预备费，竣工决算存在超过概算总投资的可能性，运营维护阶段预计为0.16亿元/年。经初步核算，该项目工程造价“S”曲线图见图1。

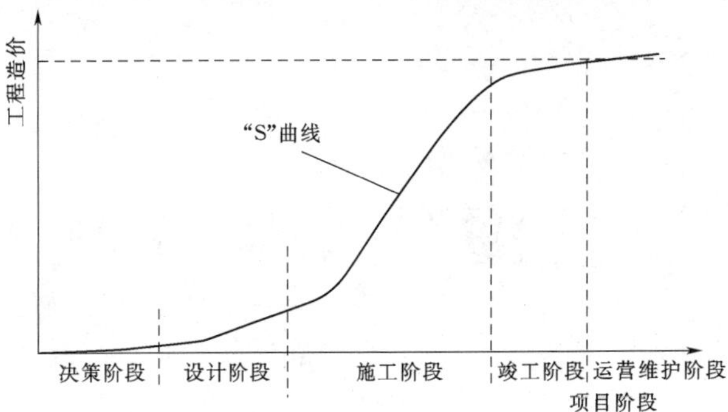

图1 某北方河道综合治理工程造价“S”曲线图

5 结语

当前，河道综合治理作为城镇生态化建设的一个重要组成部分，在防洪排涝和生态景观等主要功能的驱使下，河道综合治理将作为重点民生工程持续发展，各参建方应统一思想，全面采用全过程造价的理念，尽可能规避“三超”风险，切实对总造价实行动态控制，并充分考虑河道周边后续开发规划，用较低的投资创造较好的环境效益、经济效益及社会效益。

参考文献

[1] 许映建，石磊. 城市河道整治若干问题及对策探究[J]. 水利规划与设计，2017（2）：16-18.

[2] 李凛. 河道治理工程存在问题及对策分析[J]. 环球市场，2019（6）：293.

[3] Chen Q, Guo B, Zhao C, et al. A comprehensive ecological management approach for northern mountain rivers in China [J]. Chemosphere, 2019 (234): 25-33.

[4] 单晨，袁立. 城市河道生态现状及环境治理修复对策[J]. 自然科学（全文版），2018（11）：23-24.

[5] 邱学尧，陈潇，徐腮超，等. 河道治理新思路[J]. 有色金属设计，2019，46（1）：91-93.

[6] 周和生，尹贻林. 建设项目全过程造价管理[M]. 天津：天津大学出版社，2008：3-4.

[7] MUNTEANU A, MEHEDINTU G. The importance of facility management in the life cycle costing calculation [J]. Review of General Management, 2016, 23 (1): 65-77.

[8] 中国建设工程造价管理协会. 建设项目全过程造价咨询规程：CECA/GC 4—2017[S]. 北京：中国计划出版社，2017.

[9] 朱益兵，徐海燕. 建设工程项目全过程造价管理研究及应用分析[J]. 价值工程，2016（4）：40-41.

[10] 冷悦霞. 水利建设项目全过程造价管理研究[D]. 北京：清华大学，2015：24.

浅析海外水电站项目合同终止及索赔管理

谢东兵/中国水利水电第十一工程局有限公司

【摘　要】近年，随着中国企业海外工程的不断增多，在项目履约和实施中暴露出许多问题，尤其是在项目合同管理工作中。项目合同管理工作的成功与否，直接决定项目的成败，决定业主与承包商的利益是否能得到有效保障。本文以中美洲洪都拉斯阿瓜萨尔卡水电站为例，介绍了在一个未建交国家的项目实施过程中，利用合同条件终止合同的过程，以此剖析承包商如何利用最后一次机会，来维护自身合同利益。这也为有关企业在海外施工中处理类似事件，积累了相关的合同管理经验。

【关键词】合同终止　同期记录　索赔　补偿

1　引言

在全球经济一体化的大背景下，中国企业与世界经济融合的进程加快，促使越来越多的企业走出去谋发展，同时也面临着一个比国内市场更加复杂的生态环境，特别是在一个还未与中国建交的国家中，因为合同纠纷，最终不得不终止合同，处理起来的难道也将更加复杂。

本文通过介绍洪都拉斯阿瓜萨尔卡水电站项目合同终止的案例，来解析承包商如何在一个未建交国家，利用合同终止的机会，维护自身合同利益。为企业在海外施工中处理类似事件，积累了相关的合同管理经验。

2　工程概况

洪都拉斯是中美洲的一个多山国家，位于太平洋和加勒比海之间，属于中美洲最不发达国家之一，目前尚未与我国建交。2012 年 11 月 22 日，中国电力建设集团有限公司成功签约阿瓜萨尔卡水电站项目（Proyecto Hidroeléctrico Agua Zarca）（以下简称该电站）。

该电站主要包括一座坝顶长 93m、坝高 27m 的混凝土重力坝，一条 3.2km 长的导流洞，以及溢洪道、调压井和发电厂房等工程项目。该电站总装机为 21.3MW，工期 24 月，签约额为 3228 万美元，单价合同；合同条件是以 FIDIC 1999 版红皮书为范本修改的特殊版本，无合同争端解决机制；合同语言为英语与西班牙。业主（Desarrollos Energéticos S. A.）是当地一家为实施该电站工程而成立的私人项目公司。

该电站于 2013 年 1 月 18 日开工，开工 73 天后，即从 2013 年 4 月 1 日起，当地社区一些群众在当地一个以反对大坝修建为己任的组织（以下简称反大坝组织）的带领下开始阻挡施工道路，最终发展成为攻击和破坏财产并抵制项目施工的恶性事件，严重威胁到了该电站项目施工人员的人身财产安全，项目部被迫于 2013 年 7 月 15 日撤离现场。在业主无法解决这些问题的情况下，2013 年 8 月 24 日，双方达成共识，签订了友好终止合同协议，正式终止合同关系。该项目总历时 219 天。

3　影响电站项目走向终止的事件

业主在该项目立项阶段，承诺给项目附近的社区一系列的优惠条件。但该电站工程开工建设后，业主却未兑现承诺，社区多次找业主督催兑现相关承诺，可是业主并无兑现的实际行动。2013 年 4 月 1 日，一些社区群众封堵了从该电站施工营地至大坝区域的道路；4 月 6 日，又封堵了营地至厂房区域的道路。最终所有进入施工现场的道路都被封堵，所有施工人员都无法进入施工现场，电站工程施工被迫中断。

社区群众最初的想法是通过堵路，逼业主兑现承诺。而业主为防止社区群众狮子大张口、加大筹码，采取了不闻不问、听之任之的策略，任其堵路，想再拖一段时间，等到社区群众疲惫的时候再来处理，从而降低当初承诺的条件，进而降低工程建设成本。

但事情发展并未如业主所愿，反大坝组织趁机介入，堵路事件逐渐升级成为一场有组织、有预谋、有破坏力的超级事件：堵路行为变成围攻项目营地、破坏施工设备的事件，且破坏程度一次比一次厉害。此时，业主发现事态已失控，开始主动和当地社区协商兑现当初的承诺，但为时已晚，一些社区群众已经被反大坝组织彻底洗脑，只想让该电站项目立刻停工。业主请总统出面来解决这件事情，但仍然无法改变社区群众的想法，业主所有的努力都化为乌有。在6月的一次围攻营地过程中，闹事的社区群众在反大坝组织的组织下，不但放火焚烧了现场设备，还鸣枪恐吓。为了保证项目部人员安全，业主请当地警察和军人入驻营地，负责营地安保工作。2013年7月15日，闹事群众又一次在反大坝组织的带领下围攻项目营地，并与负责安保的军人发生冲突，军人在紧急情况下开枪，造成闹事群众一死一伤，事态完全失控，闹事群众冲破军警的防线，对营地内的设施和车辆进行了大规模的报复性破坏，所幸再无人伤亡。当夜，在军警的协助下，项目部所有人员连夜撤离营地，生活物资、施工物资和设备均滞留在营地。

4 合同索赔

4.1 索赔一：坝区施工道路被堵

2013年4月1日，该电站工程道路被堵后，项目部立即开始收集各种原始资料，包括照片、影音资料，致函业主汇报现场最新情况及堵路对现场工作的影响；每天找业主现场代表签认施工日报。同时根据合同条件2.1条“现场进驻权”发出索赔通知书。随后严格按照合同条件约定的时间节点，按期提交了承包商索赔报告。截至7月15日撤离现场前，项目部就此事件累计索赔工期205天（含错过汛期导致的工期延误），费用3685569.73美元。

对于项目部的索赔，业主开始直接拒绝，指出承包商应承担由此造成的所有损失以及业主的损失。但此事件影响面非常大，洪都拉斯所有的主流媒体都进行了跟踪报道，所有的证据都不利于业主，且承包商引用的合同条款和证据合情合理，在这种情况下，业主又以一些莫须有的理由来拒绝承包商索赔。

4.2 索赔二：合同终止索赔

2013年7月15日，项目部人员连夜撤离营地后，闹事群众又多次闯进只有警察和军人看守的营地，破坏了整个营地设施。项目部经过综合分析，认为项目已经无法继续执行合同条款，在征得总部的同意的情况下，以合同条件19条“不可抗力”中的19.1条“不可抗力的定义”和19.6条“不可抗力的通知”为依据，提出终止合同的意向。业主也明白，在没有办法解决现场社区问题的情况下，时间拖得越久，承包商人员、设备闲置，将会索赔更多的费用；与承包商终止合同，降低社区的注意力，待事件平息后，再想办法实施项目，可能是最好的选择。在此情况下，业主被迫同意了项目部的终止合同意向。项目部随后以合同条件19.6条中“自主选择终止、付款和接触”为依据，报出了最后一份索赔报告《终止合同索赔》，索赔费用3338995.38美元。

5 索赔成果

综上所述，项目部总共报出了两份索赔，汇总见表1。

表1 洪都拉斯阿瓜萨尔卡水电站项目终止合同索赔表

序号	项目说明	金额/美元	工期/天	备注
1	索赔一：现场道路被堵索赔	3685569.73	205	
2	索赔二：项目终止合同索赔	3338995.38		
总计		7024565.11	205	

对于承包商的这两项索赔，业主找了多名索赔专家，想办法拒绝，但由于项目部提交的索赔资料完善、翔实、齐全且及时，引用合同条款准确，业主无法找到真正能反驳承包商的证据，只能承认。但是业主私下指出，如果全部承认了这第一项索赔，那就承认了业主在管理上存在很大的漏洞，他们将无法给董事会和投资人交代，恳请项目部降低第一项的索赔额度，而愿将赔偿纳入第二项终止索赔事件中，进行一揽子赔偿支付。项目部同意了业主的请求。

经过与业主的多轮谈判，双方最终在2013年8月17日达成了一致共识，业主一次性支付3252122.91美元，一揽子解决所有的问题（见表2）。

表2 洪都拉斯阿瓜萨尔卡水电站项目终止合同索赔支付表

序号	项目名称	金额/美元	备注
1	事件一索赔款	708448.71	合同终止，将导致一些原来索赔的费用不再发生，比如工期延误导致的汛期改变而增加的费用，这也是导致最终赔偿较索赔额低的一个原因
2	事件二索赔款	2543674.20	
合计		3252122.91	

虽然最终业主赔偿金额比项目部索赔的金额较少，但已涵盖了项目部的各项损失，同时还有一定的盈余。

6 结果分析

洪都拉斯阿瓜萨尔卡水电站项目索赔，发生在法律体系、合同制度非常健全的中美洲地区，也是中国企业认为工程建设的高端区域；业主为私人公司，而且合同中并未约定争端解决机制，这对承包商来说是非常不利；最终谈判过程中，对方参与人员基本上都是欧美著名的律师，谈判过程非常艰难。但最终还是取得了满意的结果，索赔能成功，大致有以下几点原因：

(1) 承包商积极的态度。在索赔事件发生后，现场已经不具备施工的条件，但是项目部还一直积极主动想办法解决问题；遵循业主不停工的指令，在现场开展力所能及的工作，虽然这些工作最终都没有持续下去，但这也让业主知道了承包商的各种努力，清楚了承包商积极主动解决问题的态度。毕竟出现这种事情，非双方所愿，承包商也是受害者。

(2) 翔实有力的支撑文件。索赔事件发生以后，项目部就收集了大量的证据作为索赔支持性文件，并选择了正确的合同条件，按照合同约定的时效及时给业主发出索赔通知书和索赔报告，并及时告知业主事件的发展状况，所有的这些信函都成了索赔的强有力的证据。而且每次事件发生以后，项目部都收集了大量相关视频、照片以及网站网页截图和报纸报道，来佐证索赔报告。基础资料充足翔实，这是索赔成功最重要的一点。

(3) 换位思考很重要。洪都拉斯阿瓜萨尔卡水电站项目是一个私人投资项目，合同条件中也无争端解决机制，这导致索赔难度很大，而又遇到了终止合同索赔，难度再次加大。毕竟合同终止以后，合同双方就基本上不再来往了，而业主却承担着更大的损失（投资可能血本无归）。此外，洪都拉斯尚未与中国建交，也不受双方国家商务往来方面经贸政策的保护，索赔难度可想而知。所以除了有翔实的支持材料以外，积极的态度，揣摩业主的心理也很重要，在最终终止谈判时，项目部从各方了解到，现阶段项目虽然已经终止，但是业主将来还想重启该项目，这就有了能进行谈判的可能。若业主在承包商索赔证据如此充分的情况下，依然拒绝索赔，罔顾合同条件，这将会直接影响其下一次重启项目的招标工作；但是作为承包商，也不能狮子大张嘴，漫天要价，揣摩业主能接受的心理价位尤为重要。这是最终赔偿额较索赔额度差异大的另外一个原因，但也是最终索赔能成功的最大因素。

7 结语

合同索赔管理是国际各类项目中常见的一种合同管理内容，同时也是规范合同行为的一种约束力和保障措施，是完善和发展社会主义市场经济法律体系在国内外项目活动中的集中体现。洪都拉斯阿瓜萨尔卡水电站项目终止合同及索赔，是中国电力建设集团有限公司在海外施工中首次遇到的未建交国家的工程项目，无合同争端解决机制，且业主是私人公司的情况下进行的合同终止索赔成功案例。项目合同的成功终止和索赔经验可供类似项目参考。

浅谈波兰防洪项目冬季施工技术

肖风成/中国水利水电第十三工程局有限公司

【摘　要】波兰弗罗茨瓦夫防洪项目，因欧盟在质量、环境、安全上的高标准要求，且恰值冬季施工，面临较大的挑战。承建该项目的中国公司立足新市场、新环境，不等不靠，创新思路，最终圆满完成了工程建设任务，为中国公司立足欧洲市场打下了坚实的基础。本文主要阐述面对欧盟高标准市场，如何做好项目冬季施工技术的措施，以为今后进入欧洲市场的其他中国公司提供借鉴与参考。

【关键词】冬季施工　电热器　砂浆材料

1　工程简介

波兰弗罗茨瓦夫防洪项目位于波兰共和国弗罗茨瓦夫市，其主要目的是增加城市运河的河道泄水能力和提高堤岸的防洪能力，工程主要内容为河道的清淤和河道两岸的支护措施。该工程为城市运河工程建设，主要是在弗罗茨瓦夫奥得河的分支上进行施工，河道宽约1km、长3.7km。城市运河工程防洪项目右岸为抛石护坡、左岸为T形混凝土墙施工防护，混凝土墙体正常水位以上为贴砖防护。

2　气候条件

弗罗茨瓦夫的气候类型属海洋性向大陆性过渡的温带阔叶林气候。总体而言，气候温和，但是冬季偏于寒冷，阴天较多，夏季较为潮湿。每年最冷的月份是1月，平均气温为－1.8℃，平均最低气温为－5.3℃；最热的月份是7月，平均气温为17.7℃，平均最高气温为23.4℃。年降水量约1000mm，每月的降雨（日降雨量不少于1mm）天数为7～10天。

3　冬季施工的原因

按照该项目工程进度计划及工期要求，2014年3月为该项目工程的砌砖施工，但由于前期设计、业主等原因，该项目工程于9月中旬开工。为了追赶原进度计划，保证项目按期完工，砌砖施工必须在冬季实施。而此时，砌砖施工已经成为影响项目施工的瓶颈，只有完成砌砖工程才能进行挡墙后的道路施工，整个工程建设才能如期竣工。

4　冬期施工生产准备工作

4.1　精心组织准备

由于以上原因，项目部做了提前准备。由项目部统一协调组织冬季工程施工的生产、技术质量、安全管理和冬季施工物资供应等，明确责任，确保冬季施工中各项工作及时有效进行，避免由于冬季施工组织不力给生产进度、工程质量、安全施工造成影响。

根据波兰当地规范，当室外日平均气温连续5天稳定低于5℃即进入冬期施工。进入冬期施工前应采取一定的措施以满足施工要求，防止突然的霜降、寒流等对砂浆、砌砖工程造成的影响。

进入冬季施工，项目部设置专人测量温度，明确专职测温人员，并迅速完成冬季施工测温人员的培训。测温人员应了解和掌握如何进行测温操作及测温注意事项，了解砂浆、砖等主要材料测温的重要性、真实性及对工程质量的影响等。测温施工人员必须保证测量数据的准确性和及时性，为施工提供重要参考数据，及时解决施工中存在的问题。

此外，项目部根据国内冬季施工的经验，结合波兰当地的实际情况，和分包商进行协商达成一致，抓好现场各方面的准备工作，保证冬季施工顺利进行，并明确责任，确保冬季施工中各项工作顺利进行，避免由于冬季施工组织不力给进度、工程质量、安全施工造成影响。

4.2　合理选用材料

该工程砂浆采用分包商自拌的方式进行，而材料采购由项目部负责。为了满足冬季施工，项目部安排了专业人员进行外加剂和抗冻剂的采购，经过工程师认可的实验室，进行两次试验，满足要求后方可运输到现场进行施工。

同时，外加剂进场后，也有专业的人员和工程师共同进行外加剂的资质证明及试验报告等文件的再次检查。砂浆外加剂必须有出厂质量证明书，其内容包括产品名称、型号、出厂日期、主要特性和成分、适用范围和适宜掺量、性能检验合格指标、存储条件及有效期、使用方法说明书等。

砂浆抗冻剂生产厂家必须具备有关部门批准的生产资格，材料应有当年的检验报告和合格证明。抗冻剂还应进行进场复试，合格后方可使用。

除了以上材料，红砖的选用也如此。

4.3 冬季施工材料物资准备

测温仪器：密切关注天气变化，防止突然来袭的寒流对结构混凝土强度的影响。

保温材料：保温棚所选的为波兰市场通用、性价比较高的材料，材料厚度为 8～15mm，经过现场使用密实性和保温性均很好。

加热器材：从成本考虑，计划用现场砍伐的树木燃烧来保温，但一来影响当地的环境，二来不安全，后经协商，采用电热器进行加热防护保暖。根据现场实际情况，2 块挡墙长 15m，用 2 台 20kW 加热器，能在一定时间内热度达到要求，因此项目部初期采购了 6 台设备进行现场施工，根据施工情况再做进一步计划。

测温材料：加工测温管，温度计及高低温度测量计，保证砂浆测温和大气温度测温要求。

5 砌砖冬季施工主要技术措施

5.1 砌砖施工步骤

(1) 为了保证红砖和墙体的黏结强度，根据规范要求，在墙体砌砖前，首先用高压水枪对墙体进行清洗和凿毛，保持砌砖面比较粗糙。

(2) 测量放线，定点定位。分包商根据测量基准点，进行水平线及垂直线的标记，以便施工。

(3) 为了保证砖和墙体的黏结，根据规范要求，首先需要进行锚筋的施工。施工顺序为：垂直墙体 45°～60°用冲击钻凿孔，孔深 60mm，每平方米至少 7 孔，然后插入型号 KL A4（直径为 4mm），长度为 1m 的不锈钢筋，钢筋另外一段镶嵌在砖缝间，用树脂 FIS VS 300 T 锚固。

(4) 施工之前在即将施工的混凝土墙面刷一层环氧树脂，保证墙体和砂浆的黏结。

(5) 根据规范要求，水平缝为 10mm，垂直缝为 10mm，墙体与墙体之间的施工缝为 20mm。

(6) 砌砖按图纸和规范要求施工，完成砌砖后，在用同样类型的砂浆 SOPRO KMT M10 砂浆进行勾缝。

(7) 在完成勾缝等施工后，砌砖表面需要涂刷一层防涂、防划材料，即 SIKAGARD 778。

5.2 主材加温措施

为了保证砌砖施工的质量达到技术要求，所有的材料都放在封闭的仓库进行存储。需要第二天施工的材料当天晚上必须放在保温棚。第二天早上 5：00 开始对红砖、砂浆等材料进行加温，措施为每 15m 的保温棚里面放 2 台 20kW 的加热器，对所有材料进行加温，一般需要 3～4h，具体时间根据测量材料的温度而定，当材料的温度达到规范和厂家要求后，则可开始施工。

保温棚覆盖在 2 块挡墙上面，前后上下全部密实固定稳定，施工面预留一定的空间施工。

5.3 施工期间措施

(1) 砂浆的搅拌和运输。为了保证施工质量，采购的砂浆为已经配合好的成品砂浆，只需要加水即可。搅拌时间比常温季节延长 50%。运输采用小推车进行运输，并且在保温棚内进行，根据工作面情况，随时移动搅拌机，始终让料和工作面的距离最短，减少热量的损失。

(2) 砌砖的防护。砌砖施工完成一部分时，立即采用现场配备的防护毯进行覆盖，边施工边覆盖，以防止热量过快散发，延缓砂浆冷却速度，使砂浆在正温条件下达到的强度不小于“临界强度”。并且保持砖和砂浆直接的黏结度，保证工程质量。

防护毯覆盖完成后再在表面包一层塑料薄膜，及时作好保温覆盖，各层互相搭接严密，防止透风。

(3) 温度测定。室外气温和环境温度每昼夜定时测定 4 次。添加防冻剂的砂浆在强度未达到 4MPa 前，每隔 2h 测定一次，达到 4MPa 以后每隔 6h 测量一次。

(4) 现场抽检试验。在完成部分砌砖工程后，项目部邀请了当地有资质的试验室人员对砂浆的强度及砖和砂浆直接的黏结度做了抽检试验，大约 200m^3 进行一次抽检，抽检结果全部合格。每天安排人员不定时对砌砖水平度、垂直度，采用水平尺进行检查。

6 质量控制要求

水平垂直缝允许误差，±5mm；水平度允许误差，±5mm；勾缝厚度允许误差，±5mm。

7 施工安全、环境措施

(1) 加强劳动保护。施工人员必须佩戴手套、穿胶底鞋，增加防滑措施，严禁穿硬底鞋，带防噪耳机。

（2）脚手架严格按照厂家要求进行搭设，并且安排专职人员进行检查验收。

（3）每天使用的施工垃圾必须严格按照环保要求，放在现场安装的垃圾桶里，由项目部联系环保人员进行清理。

（4）工程运输车辆行驶注意安全，应遵照小心慢行，严格进行限速的原则，车辆离开现场必须进行清扫方可进入市区街道。

8 结语

由于季候条件的影响，冬季施工一直是工程施工的难题，同时质量也受到很大的影响。项目部统一协调，责任落实，技术措施到位，在冬季施工期间，砌砖工程约完成了工程总量的1/4，为项目的顺利完工奠定了坚实的基础。同时，抽检的试验结果全部符合规范要求，没有一处因为质量不合格而返工，再次证明了项目部所采取的保温措施是合理、正确的。

浅析水利水电施工企业项目分包管理的问题及对策

李朝晖/中国水电建设集团十五工程局有限公司

【摘　要】随着建筑行业的迅猛发展，水利水电施工项目不断增加。在此背景下，工程分包形式的出现与不断完善实现了对行业组织结构的优化，进而为有效控制水利水电工程施工成本、提高水利水电施工企业经济效益与综合竞争实力奠定了基础。而要想充分发挥出水利水电工程施工分包的优势作用，就需要给予相应的管理工作以充分重视。本文结合当前水利水电施工项目分包管理实际，对项目分包管理中存在的问题进行分析，并提出了相应的措施和对策。

【关键词】水利水电　工程分包　管理

伴随着建筑企业的快速发展，工程项目管理模式也发生了重大变化，总承包企业已经由过去的自己组织、自有专业队伍施工的传统项目管理模式转变为专业分包和劳务分包为主的管理型施工模式。但项目（劳务）分包带来的风险已成为建筑施工总承包企业最大的风险之一。水利水电工程有自身独特的施工特点，决定了分包管理的难度大、风险大。总承包企业找到有实力、有能力、诚信履约的分包队伍，并签订分包合同的质量和履行分包合同的质量，是规避分包风险、确保项目履约的关键。

1　水利水电工程的施工特点

水利水电工程有自身独特的施工特点，决定了分包管理的难度大、风险大。

水利水电工程投资大、工期长、对环境影响大、社会关注度高，受地质、水文、气象、地形等自然条件影响大，施工强度高，技术工种多，施工环境复杂。水利水电工程这些不同于一般的土木建筑工程的独特特点，决定了工程分包不同于一般建筑工程的特点：

（1）水利水电工程的施工条件较为恶劣。目前，很多水利水电工程都位于非常偏远落后的山区，交通很不便利，施工条件恶劣，安全隐患多，导致施工难度较大，施工成本增加，当地社会化的分包资源缺乏。

（2）水利水电工程施工的区域跨度较大，工程量大，施工周期长，施工中受自然条件如水文、地质、环境、水土流失等因素影响较大，不可预见因素多，加大了分包履约的不确定性。

（3）水利水电工程包含比较复杂的分部分项工程，不同的项目施工条件差异很大，工程之间的重现性差。与建筑、市政、交通等工程相比，水利水电工程包含的建筑群体种类多，涉及专业面广，专业要求高，因此对分包对伍的素质和资质具有更高的要求。

（4）水利水电工程隐蔽工程多。许多隐蔽工程具有不可逆和不可见的特点，加之水利水电工程社会影响大，所以施工过程质量要求高。因此，必须对水利水电工程施工质量进行有效把控。

综上所述，水利水电工程这些突出特点，决定了水利水电工程施工的影响因素较多，社会化配置优秀的分包商资源难度较大，施工成本受市场波动影响大，加大了分包履约的难度和不确定性，增大了分包管理的风险。

2　水利水电工程分包中常见的问题

近年来，伴随着水利水电施工企业的快速发展，施工领域不断拓展，施工规模快速扩张。社会化的分包资源也在迅速壮大，大型施工企业都在走技术管理型的道路。但是，分包履约的质量直接影响着项目的效益和企业的形象，分包的风险已经成为总承包施工企业经营管理过程中的主要风险。目前，水利水电施工行业普遍的存在以下问题：

(1) 专业化市场未有效形成，分包管理机制不健全。目前大部分水利水电施工企业的分包专业化市场还没有完全建立，合格供方名册还不完善，优秀的分包队伍还很匮乏。在分包单位的选择上往往还依赖于熟队伍、熟人介绍等，没有完善和严格的选择标准和制度；加之在施工过程中管理粗放，以致总承包企业管理部分失控，促使经营风险加大。

(2) 合同意识不强、分包合同条款内容不全不合理。分包队伍提前进场，合同管理混乱。工程项目内容较多，尤其一些大型工程，由于规模大、单位工程较多、在专业工程分包过程中涵盖范围难以准确，形成分包合同工程内容与分包结算工程内容不一致；在签订分包合同时，定价比较随意、分包合同主要条款不准确，分包合同的计价标准及依据与总包合同不一致；合同管理人员匮乏、能力经验不足，导致合同管理比较混乱、台账不全，重复计价、超额结算、提前支付等现象时有发生；一些项目急于开工，分包队伍提前进场，造成工程量形成既定事实，事后补签分包合同时往往被动地位。以上诸多分包管理问题，给总承包企业带来经济损失的同时，还常常引起各种纠纷，从而加大了工程项目顺利履约的风险。

(3) 分包商质量意识欠缺，只顾自身利益，忽视工程质量，甚至偷工减料，给总包工程企业造成了致命的名誉损失。大部分总承包企业由于各种原因的不慎，难免遇到劣质分包商。这些分包队伍质量意识欠缺，为了节约施工成本，往往在材料质量方面，以次充优，致使施工质量不能满足规范标准，也给总承包企业带来严重的经济损失。更有部分分包商道德品质低劣，只顾及自身利益，在总承包企业过程监控不到位的情况下，施工过程中偷工减料，给工程质量埋下严重隐患，工程建设后期以此威胁总承包企业，甚至自己举报自己，以达到自身不可告人的目的，给总承包企业带来致命的名誉损失。

(4) 分包商现场管理人员和技术工人素质达不到水利水电工程施工要求。部分分包商缺乏同类工程的施工和管理经验，以前分包的建筑、市政工程项目相对简单，专业化程度低，缺乏有经验的专业管理人员，技术工人队伍素质偏低，在分包水利水电工程技术含量相对较高的项目时，其管理与技术劣势就会凸显，不仅自身工程质量和进度难以保证，还会影响总承包企业的总体管理目标。

(5) 分包商实力不足，资源投入够，导致不能按期履约，造成工期拖延。部分分包方由于自身实力不足，在材料、设备、管理人员和劳力上投入不足，致使工期拖延；或者缺乏整体观念，对自身的义务不履行，甚至逃避责任，不服从总承包企业的管理和安排，影响总承包企业整体管理水平的提升。

3 水利水电施工总承包企业工程分包必须关注的重点

水利水电施工企业应当以问题为导向，采取有效对策，与有实力、有能力、诚信履约的分包队伍签订分包合同质量和履行分包合同质量，从而有效防范和化解分包风险。

(1) 总承包企业以问题为导向，制定《工程项目分包管理办法》，从制度建设入手，规范分包招标和管理，确保在建项目进度、质量、安全受控，提高在建项目履约能力，维护企业利益和社会形象。

1) 企业和分包商应当建立互利共赢、风险共担的合作关系。工程分包应树立诚信守诺、合作共赢的经营理念，积极倡导建立新型友好的合作关系，通过市场培育整合社会资源，将资信好、有实力、契约精神及履约能力强的分包商发展成为长期合作伙伴。

2) 坚持公开、公正、公平竞争的原则，择优选择工程分包商。总承包企业各级管理人员，应严格遵守有关工程分包的岗位规范和个人行为准则，严格执行国家和企业的有关规定，不得在工程分包中搞暗箱操作和人情分包，不得为特定关系人在本企业工程分包中提供便利条件。各级纪检、监察和财务、审计部门应对分包管理的全过程进行监督检查。

3) 工程分包必须依法合规、有效管控。工程分包必须依法合规。不论工程规模大小，工程项目一律不得转包，不得违法违规分包，严禁自然人分包。

4) 工程分包应按照立项审批、组织招标、签订合同的程序进行。分包合同必须采用统一的合同范本。分包工程的进度、质量、安全、技术、环保、节能减排标准不得低于总承包合同的相关约定，不低于企业“三合一”标准体系的要求。

5) 工程分包必须及时结算、格式统一。所有工程分包结算必须严格执行企业《项目结算管理办法》的规定，按期办理工程结算；分包工程完工后必须进行最终清算，签订清算协议。

(2) 总承包企业制定分包合同范本，明确双方的权利和义务，统一分包项目的计量依据和计价原则，增强合同范本执行的刚性，提高签订分包合同的质量。总承包企业总部主管部门全程指导项目的分包合同管理工作。

1) 规范分包合同格式及条款。分包合同采用统一制式，明确承包方式、双方的权利和义务；明确分包方的主要工作内容和工程实施范围，同时还要对分包方的质量、工期以及安全生产和文明施工等方面的管理目标提出明确的要求；明确材料验收、资金拨付等流程和要求；避免责任不能界定，各方面要求落空。

2) 统一分包项目的计量依据和计价原则。分包合同的计价标准及依据应与总包合同一致，便于项目计价和成本控制，同时规范分包结算审核审批程序，对照各项分包项目完成情况，避免漏项和重复计价，使计量、结算工作客观真实。

3）严格结算制度和工程款拨付程序。严格按照分包合同约定的工程结算办法，对分包方完成的合格工程量按约定的时间段进行验收计价；工程款的拨付严格按照流程进行。签字审批手续完善方可拨款，不得补办手续。在结算工程款时，及时扣除分包单位领用的材料费和总包方代付的各项费用。

4）限制给分包方的授权。除合同约定的范围外，分包方不得以总包方的名义进行劳务招聘和材料设备采购，以防止因此，给总承包企业可能带来的风险。

（3）项目必须严把分包队伍准入关和资质关，通过竞标公开择优选择合格分包商，确保履行分包合同的质量。

1）必须首先对分包商进行资质审查和信用评价，并做好记录。参与投标的分包商必须具备招标文件规定的能力、资质和信誉，无不良信用记录。分包商必须提供以下资质文件，并进行查询验证：企业法人营业执照；法人代表证书或法人委托授权书；建筑业企业资质证书；安全生产许可证；纳税人资格证等。

2）必须准确了解和掌握分包商的业绩、实力情况。应要求分包商提供以下资料，并进行查询验证：分包商企业简介，财务、设备及人力资源情况；近三年已完工程项目情况及主要业绩；质量管理和安全保证体系情况；近三年安全生产情况等。

3）工程分包应首先在企业优秀分包商中选取，其次可在企业、集团分包商资源库中选择合格分包商。严禁选用集团、企业列入黑名单的分包商。凡在承建项目履约信用评价中有不良信用记录的分包商不得选用。

4）企业如果无可用分包商或确需引进分包商的，必须对新进分包商进行全面考察，对其提供的主要工程业绩和资源状况进行调查验证，经审查合格进行入库后，方可允许其参与投标。

（4）确定的分包队伍，应规范收取各类保证金，验证实力，确保履约。

1）履约保证金：履约保证金必须在签订合同前交纳，原则上采用银行保函担保，若分包商无法提供保函的可采用现金保证金，数额一般为分包总价的5%，并不低于总承包企业与业主签订的承包合同的比例；劳务分包最高不超过100万元。

2）质量保证金：一般不应低于主承包合同的比例，最低为结算额的3%，可采用银行保函或在进度结算中扣除。采用在结算中扣除的劳务分包质量保证金可在单项工序完成验收合格后，按季度滚动式返还。

3）农民工工资保证金：按结算额不低于2%的比例暂扣，可以按季度考核滚动式返还。

（5）加强与分包商沟通和教育，使其建立起与总承包企业互为利益共同体及合作共赢的理念，切实履行合同责任，承担己方的义务。对于恶意违约等行为建立黑名单制度。

1）加强与分包商沟通和教育，使其建立起与总承包企业互为利益共同体，合作共赢的理念，切实履行合同责任，承担己方的义务。

2）加强分包履约工程管理。在施工过程中，加强分包方的过程检查和控制，及时检查、督促、指导；创造条件，让分包商顺利履约。

3）当分包商在执行分包合同中有下列重大违约情况之一的，按合同约定及有关规定办理合同解除手续，并取消其合格分包商资格：对于恶意违约等行为者纳入黑名单，终身不得在企业内承揽分包任务；情节严重造成重大损失的进入司法程序：恶意低价中标，资料造假的；以行贿等不正当手段谋取分包工程合同的；分包商将分包工程再次转包的；分包商人员素质、技术水平、装备能力达不到合同要求的；谎报、拖延报告工程质量事故和安全事故或者破坏事故现场、阻碍对事故调查或隐瞒的；由于分包商原因不能按合同工期完工的；实质性违反双方之间合同规定的；恶意窝工、停工、阻工、索赔、诉讼等严重损害发包方利益的行为；恶意欠薪造成群体上访事件等。

4 结语

随着水利水电建筑市场的开放和成熟，专业化分包体系会越来越完善。解决好了以上问题，全面加强工程分包管理是防范水利水电施工总承包企业分包风险的有效举措。分包管理工作做到有法可依、有章可循，确保分包管理制度在项目的全面落地。同时，总承包企业的业务部门还要加强分包管理工作的监督和指导，及时发现和纠正项目分包管理中存在的问题，强化分包管理制度执行力，使工程分包工作日趋规范，有效规避分包风险，使总包分包实现双赢，实现分包市场健康良性发展。

浅析国内外水电工程技术标准的应用

狄 峥/中国电建集团中南勘测设计研究院有限公司

【摘 要】中国水电企业积极参与国际竞争，在国际水电项目领域目前已占市场70%以上的份额。国际水电市场中，除了资本和技术的竞争外，工程技术标准已成为市场准入的隐形门槛和获取最大利益的技术保护壁垒，也已成为制约中国水电企业成功投标和履约的重要因素之一。本文结合中国电建集团中南勘测设计研究院有限公司在国际水电项目中的实践经验，总结分析了国外水电工程采用国内外技术标准情况及执行标准过程中存在的主要问题，对国际水电项目中工程技术标准的采用及执行具有借鉴作用。

【关键词】技术标准 国际标准 中国标准 国外水电工程 走出去

1 引言

在国家实施“走出去”战略和“一带一路”倡议的大背景下，随着国家经济实力的日益增强，承接国际工程的宏观环境得到进一步改善，中国水电企业正以积极主动的姿态融入到全球经济一体化的热潮中。走出国门、走向世界、参与国际竞争、开展国际经营已经成为国内水电企业持续、科学发展的必由之路。中国水电企业顺势而为，持续加大国际市场开拓力度，国际业务得到了快速发展，国际水电项目业务态势已实现从单一化到多元化的转变，涵盖了河流规划、勘测设计、工程咨询、设备成套供货、工程监理、工程总承包和电站运营等多个领域，标志着中国水电企业“走出去”的层次、水平、领域有了较为显著的提升。

在国际水电项目领域，资本和技术日益成为市场竞争的关键，市场竞争不仅体现在质量、价格、服务方面，还包括到品牌竞争与标准竞争方面。工程技术标准已成为市场准入的隐形门槛和获取最大利益的技术保护壁垒。

国际水电项目分布在不同的国家和地区，由于地域、经济发展水平和风俗习惯等差异，对工程规划设计及建设施工的要求不尽相同。欧美发达国家凭借其地缘和历史优势、产业链上游端优势、国际标准推广优势以及复合型人才优势等，使美国标准、欧洲标准、国际标准等国外通用标准成为工程项目业主优先选择的技术标准。而我国目前水电工程技术标准国际化程度还不高，水电技术人员对欧、美等国际通用标准不甚熟悉，对各国水电建设开发的相关法律法规及习惯做法不太了解等，已成为制约我国水电企业成功投标和履约的重要因素之一。

2 国外水电工程采用技术标准情况

通过对国内多家水电勘测设计及施工企业承接的国际水电项目进行调研统计，总体来看，中国水电企业参建的国际水电项目中工程技术标准的采用主要表现为中外标准结合（A）、完全采用中国标准（B）和完全采用欧美标准或国际通用标准（C）三种形式，见表1。

表1 部分国外水电工程采用技术标准情况汇总表

国 别	工 程 名 称	技术标准采用形式		业 务 类 型
		代号	形式	
埃塞俄比亚	GD-3水电站	A	以中美标准为主	EPC
埃塞俄比亚	KESEM水电站	B	中国标准	EPC
埃塞俄比亚	FAN水电站	A	以中美标准为主	EPC
埃塞俄比亚	TEKEZE工程	C	美英标准	专业劳务分包
塞拉利昂	坡特洛科水电站	B	中国标准	援建项目、勘测设计

续表

国别	工程名称	技术标准采用形式		业务类型
		代号	形式	
布隆迪	胡济巴济水电站	A	中外标准结合	勘察设计、监理、建设管理
赤道几内亚	毕科莫水电站	B	中国标准	管理、现场监理
多哥	阿贾哈拉水电站	A	中外标准结合	EPC
刚果（布）	利韦索水电站	A	中外标准结合	EPC
刚果（金）	因加引水渠项目	A	以中法标准为主	单价施工合同
安哥拉	卡卡水电站	A	中外标准结合	EPC
洪都拉斯	斯帕图卡Ⅲ水电站	A	中外标准结合	EPC
阿根廷	基塞项目	A	中外标准结合	单价与总价混合合同
哥伦比亚	马格达莱纳河综合规划	A	中外标准结合	技术援助，流域规划
厄瓜多尔	索普拉多拉水电站	A	中外标准结合	单价与总价混合合同
缅甸	哈吉水电站	B	中国标准	勘测设计
老挝	芭莱水电站	A	中国标准及少量老挝标准	勘测设计
老挝	南坎2水电站	A	中国标准及少量老挝标准	EPC
老挝	南涧水电站	A	中国标准及少量老挝标准	EPC
老挝	会兰庞雅项目	A	中国标准及少量老挝标准	EPC
越南	小中河水电站	B	中国标准	勘测设计
越南	莱州（Lai Chau）水电站	A	中外标准结合	机电设备设计与成套供货
越南	山萝（SONLA）水电站	A	中外标准结合	机电设备设计与成套供货
越南	中宋水电站	A	中外标准结合	机电设备设计与成套供货
印度尼西亚	拉苏洛水电站	A	中外标准结合	勘测设计
斯里兰卡	Kalu Ganga 首部水库	A	中外标准结合	施工详图设计
斯里兰卡	Moragahakanda 首部水库	A	中外标准结合	施工详图设计
巴基斯坦	JABORI&KARORA 水电站	A	中外标准结合	EPC
巴基斯坦	NJ 水电站	A	中外标准结合	EPC
巴基斯坦	Karot 水电站	A	中国、巴基斯坦标准	EPC
巴基斯坦	SK 水电站	A	中外标准结合	EPC
尼泊尔	波迪科西水电站修复	B	中国标准	EPC
尼泊尔	上崔树里3A水电站	A	中国标准为主	EPC
柬埔寨	达岱水电站	B	中国标准	EPC
柬埔寨	桑河二级水电站	B	中国标准	投资
柬埔寨	额勒赛下游水电站	B	中国标准	EPC
伊朗	鲁德巴水电站	A	中国标准为主	EPC

注　A为中外标准结合，B为完全采用中国标准，C为完全采用欧美标准或国际通用标准。

2.1　中外标准结合

中外标准结合是指国际通用标准、所在国标准和中国标准相结合。随着中国企业在国际工程实践中已完建的工程越来越多，各工程在建设过程中或多或少的使用了中国标准，业主已部分接受了中国标准。一般在合同中明确要求，所有设计和施工工作，包括工程所使用的材料和实施中采用的方法等，均应符合当前通行的国际标准和规范，若承包商要求采用其他替代标准（如中国标准），则相关标准须经业主批准后方可使用。针对这一要求，国内承包商需对照上述国际标准或规范的主要条目与中国标准进行比对分析，并将中、外标准偏差对比表提交给业主审查，一般经沟通后多数能获得业主的认可。

一些中国援建项目的受援国，国民经济和技术比较落后，对于中国强制性规范和标准中明显脱离受援国社会经济发展水平的超前技术要求以及涉及舒适性等条款难以强制推行，实施中通常将中国工程设计规范和技术标准与受援国当地实际相结合，合理选用受援国当地通用规范或习惯做法。

2.2 完全采用中国标准

对于中国对外的援助工程项目，通常采用中国标准。由中国援助建设、中国出资出力的工程，在合同中明确采用中国标准，由于设计文件的审查单位以及项目监理单位、施工单位均为中国企业，因此，执行中国标准较为顺利；对于毗邻中国的一些东南亚国家，因对中国技术标准及水平相对较为了解，在一些中小型项目中一般同意采用中国标准；对于非洲、南美洲国家的一些项目，虽然合同中明确采用中国标准，但在实施中对其他国籍业主工程师的审查意见往往需要耗费大量精力进行中美、中欧标准的对照说明。

2.3 完全采用欧美标准或国际通用标准

对于一些欧美公司的工程，因其进行了前期规划，切入点较早，业主聘请的咨询顾问大多为欧美工程师，其接受的标准即为欧美标准和国际通用标准；有的工程业主对中国标准不了解，要求所有设计和施工工作，包括工程设备材料和所采用的方法等均应执行当前通行的国际标准。

3 执行标准时存在的主要问题

中国企业承接的国际水电工程项目，主要分布于亚、非、拉等不发达或欠发达地区，各国国情不同，经济发展水平和科技水平不同，在实际工程设计和施工中遇到的问题各不相同，在采用工程建设及标准时遇到的共性问题主要如下：

(1) 中国和工程所在国的设计理念及习惯不同。在设计过程中双方磨合期较长，合作过程中需要逐步说服对方接受中国标准。大多数中国标准无英文版本，制约了中国标准的使用。

(2) 有的国外水电工程在设计过程中，设计基本资料的收集及设计文件的提交受建设方制约，尤其地质勘探资料严重不足，需要开展补勘工作，给设计工作带来阻力和风险。对一些规模较小的工程，部分工程参建方质量意识差，致使工程存在一些质量隐患。

(3) 国外水电工程业主对于中国标准的总体认可度不高，中国标准的国际化道路还很漫长，国际项目以EPC项目为主，设计工作受总承包商制约大，总承包商往往从自身利益出发，不严格遵守标准，弱化甚至违背标准，使中国标准国际化进程更为艰难。

(4) 国外水电工程的参建方一般较多，项目参建单位来自不同国家的不同公司，各单位的工作习惯和管理方法不同，项目沟通协调难度较大。

(5) 从国外标准应用情况的总体分析来看，相对而言，完全采用欧美标准或国际标准对于勘测设计较容易实现，而对于现场施工工艺、质量控制、设备安装水平和设备厂家的材料、制造工艺等则较为困难。

4 方法与措施

(1) 加强对国外先进标准的学习，国外项目设计应力求与国际接轨，采用国际普遍接受的作业流程和规范标准，减少沟通解释，以利于项目推进。

(2) 随着中国公司在国际业务实践完成的项目越来越多，在工程中或多或少地采用了中国标准，一些工程业主已部分接受了中国标准，因此，在签订合同时应注重强调采用中国标准及有效性。项目实施中应加强与业主方的沟通，充分了解业主意图，取得业主信任和理解，少走弯路，节约时间和费用。

(3) 由于每个国家均有各自的一些行业规定，完全采用欧美标准、国际通用标准也不一定能满足全部要求，工程承建单位宜聘请有经验的熟悉中外技术标准体系和差异的咨询工程师作顾问，做好现场工程师与业主工程师的有效沟通。

(4) 项目施工阶段的设计标准与前期设计标准应保持一致，避免设计文件出现与合同条款、前期设计成果及设计标准矛盾的问题。水文规划、地质、土建、施工、试验、材料应采用同一套标准或规范，避免出现生搬硬套导致设计成果偏差过大等问题。

(5) 对于中国投资、融资贷款的项目应争取采用中国标准，因为设备采购、加工制造主要在国内完成，且项目评估及投标报价多数是按国内设备价格考虑的，若采用厂家不熟悉的标准，不利于工期和成本控制，加大了合同风险。

(6) 加强对国内外标准进行对照研究，了解欧美和国际上主要的技术标准体系，积极培养一批熟悉国际标准研究应用翻译及熟悉理解中外技术标准体系和差异的综合型技术人才。

(7) 加强中国标准的英语或其他外国语的翻译，积极推动中国标准“走出去”，让更多的国家和地区或工程项目接受中国标准，助力中国企业在国际市场的竞争力，为国际工程建设和整个产业链带来效益。

5 结语

综上所述，随着我国水利水电“走出去”目标的逐步实现，我们在国外承接的水利水电总包工程项目日渐增多。国际水电市场竞争除了资本和技术的竞争外，工程技术标准已成为市场准入的隐形门槛和获取最大利益的技术保护壁垒，也已成为制约中国水电企业成功投标和履约的重要因素之一。因此，加强对国外先进标准的学习、更多地采用国外标准进行设计是很有必要的。同时我们欣喜地看到，中国的各类标准已经更多地在国外项目中被使用，也被更多的国家接受，中国标准的国际化势在必行。将中国标准与国外标准融会贯通，在合同执行过程中也可以避免由于标准采用而造成的诸多麻烦，也将大大推进中国企业“走出去”进程，全面提升国际工程建设水平。

刍议公路建设项目档案管理中的预立卷工作

陈　培/中国水利水电第十四工程局有限公司

【摘　要】一条能长时间良好运行的公路工程对百姓日常生活、出行，促进国民经济的发展具有重要的意义。因此，一套准确、完整的公路工程档案能够为公路项目管理、使用、维护、改（扩）建提供依据和凭证，意义重大。本文就公路项目档案工作中预立卷工作方法和注意事项进行探讨，并就预立卷工作提出工作原则，供大家参考。

【关键词】工程档案　预立卷

公路工程建设开发管理阶段、项目管理阶段、运营维护管理阶段形成的有保存、查考和利用价值的文字、图表、声像等各种形式和载体的历史记录就是工程档案。它能够全面反映公路工程建设历程，为项目管理、使用、维护、改（扩）建提供依据和凭证。工程档案如果不完整、不准确，将会在工程管理、使用、维护、改（扩）建中对工程项目造成损害，产生损失。只有完整、准确的档案才能发挥工程档案依据和凭证作为，才能更好地为工程服务。

工程档案预立卷是项目建设单位按照档案管理、接收部门提出的项目档案收集归档要求，按项目形成的规律在正式归档、移交前预先进行组卷的一项工作。

1　工程档案预立卷主要工作

预立卷工作应在工程项目建设初期，由各参建单位具有丰富的施工经验和档案管理经验的人员根据《公路工程竣（交）工验收办法》（交通部令 2004 年第 3 号）、《公路工程竣（交）工验收办法实施细则》（交公路发〔2010〕65 号）和《公路建设项目文件材料立卷归档管理办法》（交通运输部办公厅办发〔2010〕382 号）编制详细的预立卷目录并请档案管理、接收单位给予指导、检查。

工程建设中应由建设单位主导，对文件材料的收集、整理、立卷归档进行部署和组织培训，统一收集、整理、立卷、归档的工作。各参建单位按照各自收集文件材料的范围，明确分工、建立责任制，按照预立卷目录内容和单位、分部、分项工程划分，将建设过程不同阶段的文件材料做好收集整理和归档工作。过程中形成的文件材料，按照交通运输部关于文件材料系统化排列的要求和“谁形成谁负责”的原则，及时按预立卷目录收集、整理归档。

在资料收集整理基本完成后，完善预立卷目录，对分册进行调整，落实卷的卷号。报监理单位、建设单位审核合格后，拟定案卷目录。

一套完整的公路工程档案应收集的资料包括（不限于）以下内容：

（1）综合类文件，主要包括立项审批文件、设计及审批文件、设计文件、工程准备文件、工程招投标及合同文件、工程管理文件、竣工工程总体说明及交接表、单项工程验收文件、交（竣）工验收文件、工程管理照片、音像资料等。

（2）决算和审计文件，决算是指由建设单位编制的反映建设项目实际造价和投资效果的文件。其内容应包括从项目策划到竣工投产全过程的全部实际费用。

审计是指工程审计是指审计机构依据国家的法令和财务制度、企业的经营方针、管理标准和规章制度，对工程项目的工作，用科学的方法和程序进行审核检查，判断其是否合法、合理和有效，以期发现错误、纠正弊端、防止舞弊、改善管理，保证工程项目目标顺利实现的活动。其主要包括支付报表、决算及台账资料、项目审计文件、其他文件。

（3）监理资料，是指监理单位在工程监理过程中形成的所有文件材料。主要包括监理管理文件、工程质量控制文件、工程材料独立抽检试验资料、配合比及标准试验平行或验证资料、各单位工程检验评定资料、单项工程检验评定资料、工程合同、进度、安全、环保、水保管理文件、监理日志、巡视记录和旁站记录、会议记录、纪要、备忘录、工程照片、缺陷期监理资料、其他原始资料。

（4）施工资料，是指施工单位在工程施工过程中形成的所有文件材料。其主要包括路线竣工图表、各单位工程竣工工图表、工程管理文件、工程质量文件、材料及标准试验、各单位工程自检评定资料、施工进度、安全、环保、水保管理文件、合同管理文件、施工原始记录、缺陷责任期资料、其他原始资料

（5）科研、新技术资料，主要包括科研资料、新技术应用资料

（6）变更设计与竣工图对照表。

2 工程档案预立卷工作需注意几个方面

（1）建设单位的领导作用。《质量管理体系 要求》（GB/T 19001—2016）中强调领导的作用。体系标准中，形象地将领导作用表示为系统核心。可见，领导作用的重要性。建设单位作为项目法人，是建设工程第一责任人，负责整个项目文件材料立卷归档的管理工作。对外负责联系档案管理、接收部门明确各项工作要求，对内统一组织并督促、检查各单位档案工作。

在档案文件材料收集、整理和预立卷工作中，建设单位负责组织对各参建单位档案人员进行指导培训，详细说明工作的要求和方法，起到领头羊的作用。

（2）重视归档文件材料的收集、分析。公路工程建设、运行周期较长，工程活动中形成的各类文件较多，不是所有的文件都有归档的价值。只有能全面、准确地反映工程建设的实际过程的文件才有归档价值。

预立卷档案的收集就是随时或定期将办理完毕的文件材料收集上来连同相关材料一起根据需要对其进行鉴别取舍。根据立卷要求进行的，按项目形成规律分阶段进行将收集整理好的文件材料归入拟定的案卷类目中，并按顺序排号以便查找。

（3）归档文件材料的质量应符合要求。原则上收集归档的项目文件材料应为原件。对有机联系的同一问题的请示与批复、函与复函等应合在一起预立卷；卷内排列顺序是批复在前，请示在后；复函在前，函在后；正本在前，底稿在后，底稿上的拟稿、校核、签发人要签全名，底稿、正本盖红章。特殊情况归复印件应加盖红章，并在备考表中说明。热敏纸传真件，需复印保存，复印件应清晰。同时应检查资料有无缺页和缺附件情况，如有应技术补充。

竣工图要加盖竣工章，由编制单位、监理单位主要负责人员签字认可：文件、图纸上不得有圆珠笔和铅笔的字迹，更改图纸杠改、叉改要清楚，要有更改记录。

（4）归档文件材料应及时组卷。对上一年度办理完毕预立卷的文件、报告、图纸、函件等，卷盒内要补全卷内目录、备考表，案卷盒要贴上案卷封面和背脊。

施工过程中，对已办理分项工程中间交工验收的，应及时将资料整理后，按预立卷的要求分类存放，做到每完工一项，就同步完成资料的收集整理归档工作。

（5）案卷格式应符合标准化要求。案卷内纸张的材质、案卷内（外）封面、脊背、卷内目录、备考表及案卷目录等组成内容、格式、页边距、字体字号、页码、边框等都应有详细的规定，什么内容手写，什么内容机打，长期保留什么，暂时保存什么，都要详细说明，并在内部检查时对不合格项目限期整改，养成良好的工作习惯。

（6）电子文件和纸质文件同步收集。随着各类智能电子产品的普及，高带宽、高速率通信技术、大容量存储技术和智能云存储技术的发展，电子档案存储效率高、安全性好、易检索、成本低等特点，工程档案也将随着科技的进步而进入数字化时代。电子文件或纸质文件的扫描件也应同步归档。

3 工程档案预立卷工作的原则及意义

在项目日常档案文件材料的收集和整理方法应体现全程跟踪收集和管理的原则，主要有以下三个原则：

（1）全面归档的原则。记载项目建设历程，经分析鉴别后具有保存价值的各种文件材料均应进行预立卷后归档。

（2）“三同步”原则。为保证项目文件材料收集、整理、立卷归档的及时、准确、完整、系统和安全，归档的文件材料与工程建设应做到“三同步”，即同步收集、同步整理、同步归档。

（3）定期总结的原则。由于建设工程周期长，预立卷档案文件材料的内容与实际形成的文件材料会有出入，在预立卷工作中应根据实际情况，每年末应对归档文件材料的分类方法和归档范围进行检查和总结，为次年和最终的档案归集和预立卷工作夯实基础。

只有一个企业对建设工程熟悉、了解，具有一定的技术能力和建设经验才能做好单位、分部、分项工程划分和预立卷目录。同时，做好预立卷工作又能促进企业技术储备和经验积累，工作意义主要体现在以下几个方面：

（1）有利于提升档案意识。将预立卷作为工程验收前置条件之一，将促使各参建单位主动学习与档案相关的法律、法规，有助于转变思想观念，认识到预立卷工作重要性，自觉支持预立卷相关工作。提高建设工程领域档案意识。

（2）提高参建单位对工程档案的重视。在工程建设领域普遍存在重建设，轻视、忽视档案收集、整编的现象。有些项目虽然重视对工程档案的收集、整编工作，

存在对文件材料系统化排列的要求和“谁形成谁负责”的原则认识不到位，未能及时按预立卷目录收集、整理归档。建设单位为顺利通过验收，早日获取收益，就会重视预立卷工作。

（3）有利于建立健全项目档案预立卷工作管理制度，完善项目档案管理办法。在制定和完善项目档案管理办法和规范的过程中要加入档案预立卷工作的内容。项目档案管理制度、办法中应包括预立卷档案工作管理制度。项目档案管理制度中要详细规定项目档案预立卷的收集范围、质量要求、档案验收要求和档案移交制度，并结合项目的特点，细化档案收集立卷办法。

（4）有利于培养一批既熟悉档案工作，又具备一定工程管理能力的复合型人才。

（5）项目档案文件材料收集是否齐全、完整，案卷整理是否符合规范，反映了项目的管理水平。

（6）有助于企业积累经验、储备技术。

4 结语

项目档案管理中预立卷工作是一项十分重要内容。要从公路工程项目起点做好档案收集和预立卷工作，并不断加以完善、改进预立卷工作，不断提高档案管理水平。

参考文献

［1］ 云南省交通运输厅，云南省公路学会. 云南省公路工程竣工文件编制及立卷归档实用范本［M］. 昆明：云南科技出版社，2013.

［2］ 白志毅. 浅谈项目档案预立卷工作［J］. 机电兵船档案，2013（2）：35－37.

［3］ 张陶，刘振东. 建筑施工项目部质量管理基础工作［J］. 云南水力发电，2017（6）：163－165.

［4］ 陈艳. 建设项目档案的管理要从加强收集工作开始［J］. 北京档案，2010（5）：21－22.

［5］ 李英华. 从档案的利用价值谈档案与公路工程的同步建设［J］. 科技创新导报，2011（14）：101.

［6］ 李滔. 高速公路竣工资料管理系统研究［D］. 重庆：重庆交通大学，2014.

［7］ 戴晶晶. 港口建设项目档案管理制度建设研究［D］. 南京：南京大学，2011.

［8］ 吴娟. 高速公路竣工资料编制要点［J］. 黑龙江交通科技，2015（3）：199.

建筑企业开展基础设施 REITs 的作用和问题初探

李　莹/中国电力建设股份有限公司

【摘　要】近年来，建筑企业在基础设施领域的投资业务快速增长，投资形成的存量资产规模不断扩大，亟待通过资产盘活实现滚动发展。REITs 作为一种资产盘活金融工具，被越来越多地运用到基础设施领域。本文在阐述 REITs 基本概念、国内外基础设施 REITs 发展情况的基础上，通过分析国内基础设施 REITs 运作模式案例，研究了建筑企业开展基础设施 REITs 的作用和存在的问题。

【关键词】REITs　基础设施　作用　问题

建筑类企业基于自身的工程建设业绩优势、国内传统工程项目减少现状以及投资拉动总承包业务的现实需求，成为国内基础设施投资项目的主要社会资本方。近年来，建筑企业基础设施投资业务快速增长，在拉动总承包、获取施工利润的同时，投资形成的存量资产规模也在不断扩大，亟待通过资产盘活释放投资空间，实现基础设施投资滚动发展。在股权（资产）转让、让渡控股权、资产证券化等多种盘活方式中，REITs 作为一种资产盘活金融工具，在国家相关政策的支持下，逐渐从商业性不动产领域被运用到基础设施领域。

1　基础设施 REITs 概况

1.1　REITs 的内涵和特征

REITs 是 Real Estate Investment Trusts（不动产投资信托基金）的缩写，通过发行收益凭证汇集多数投资者的资金，交由专门投资机构进行不动产投资经营管理，并将投资综合收益按比例分配给投资者。REITs 是不动产证券化的重要手段，起源于房地产，主要投资于写字楼、购物中心、酒店等可带来稳定收入的商业性房地产项目，后期扩展到铁路、高速公路、污水处理等具有稳定现金流的基础设施项目。

1.2　国外基础设施 REITs 发展情况

美国的基础设施 REITs 发展较为成熟，铁路公路、微波收发系统、输变电系统、天然气储存及输送管线、固定储气罐等均被美国税务局确认为 REITs 可投资的基础设施领域。澳大利亚是最早开创 REITs 的国家之一，投资资产种类从出租型物业逐步覆盖到了基础设施领域。日本是亚洲首个推出 REITs 的国家，2000 年 11 月修订了《投资信托及投资公司法》，在法律层面认可了日本不动产投资信托（J－REITs），并于 2016 年将基础设施 REITs 企业的税收优惠由 10 年延长至 20 年。印度于 2014 年推出 REITs 法案，允许开展房地产投资信托和基础设施投资信托业务。

1.3　国内基础设施 REITs 发展情况

2016 年 12 月，国家发展改革委、中国证监会印发《关于推进传统基础设施领域政府和社会资本合作（PPP）项目资产证券化相关工作的通知》（发改投资〔2016〕2698 号），明确国家相关部门将共同推动不动产投资信托基金（REITs），进一步支持传统基础设施项目建设。目前，我国 REITs 相关法律政策尚未出台，实践中依托资产证券化业务开展私募 REITs 试点（即“类 REITs”），主要投资于写字楼、购物中心等传统商业物业。基础设施类 REITs 产品于 2019 年实现零突破，截至目前，已成功发行两单基础设施类 REITs 产品，具体如表 1 所示。

2　基础设施 REITs 运作模式

从国内已发行的两单基础设施 REITs 产品来看，底层资产都是高速公路，交易结构、退出路径等也基本相似，这两单产品的成功发行，为今后积极利用 REITs 盘活基础设施存量资产积累了经验，奠定了基础，具有一定的示范和借鉴价值。

表 1　　基础设施类 REITs 产品发行表

发行时间	名　　称	原始权益人	底层资产	发行规模/亿元	发行利率/%	发行场所
2019 年 9 月	中联基金-浙商资管-沪杭甬徽杭高速资产支持专项计划	浙江省交通投资集团所属浙江沪杭甬高速公路股份有限公司	徽杭高速公路（安徽段）	20.13	3.7	上交所
2019 年 12 月	华泰—四川高速隆纳高速公路资产支持专项计划	四川省交通投资集团所属南方公司	隆纳高速（隆昌—纳溪）	19.77	3.68	深交所

已发行的两单基础设施 REITs 产品交易构架均为资产支持计划＋私募基金。推广机构设立资产支持专项计划，通过收购基金管理人设立的契约型私募投资基金的份额，间接持有项目公司股权，以信托契约为依据发行收益凭证向投资人筹集资金，向项目公司发放股东借款或者收购项目公司债权，底层资产的现金流以还本付息方式支付给投资人。

基础设施 REITs 的退出路径安排主要包括以下几种：一是公募 REITs，若专项计划存续期内，国内公募 REITs 政策被推出，同时产品满足公募 REITs 要求，可通过发行公募 REITs 实现资产支持计划的退出；二是优先收购，优先收购权人（通常为原始权益人）或其指定机构行使优先收购权，回购全部优先级资产支持证券份额或私募基金份额；三是资产处置，若优先收购权人不行使优先收购权，底层资产将进入处置期，基金管理人或计划管理人以市场化方式处置底层资产。

3　建筑企业开展基础设施 REITs 的作用

建筑企业基础设施投资业务快速增长的同时，随着项目的陆续建成投运，投资形成的存量资产规模也在不断扩大，直接影响建筑企业的再投资能力、资产负债水平和财务结构。建筑企业开展基础设施 REITs，将在盘活存量资产、降低企业资产负债率、完善社会资本退出渠道等方面发挥积极作用。

（1）盘活存量资产，加快资金回收。基础设施项目具有投资大、投资回收期长的特点，社会资本在建设期投入的大量资金，需要在长达 10～30 年的运营期内逐步实现回收。近年来，建筑企业基础设施投资项目不断增加，投资形成的存量资产规模也快速扩大，大量资金长期沉淀在基础设施存量资产中，直接影响建筑企业的再投资能力。

建筑企业通过开展基础设施 REITs，可实现基础设施存量资产的盘活，快速回笼资金，实现基础设施投资的良性循环和滚动发展。

（2）降低资产负债率，改善财务结构。长期以来，建筑企业资产负债率一直偏高。近年来，基础设施 PPP 项目对施工任务的带动效果吸引了大批建筑企业参与其中，但 PPP 项目较长的回款周期和对资本金的长期占用，也给建筑企业带来了财务压力。

通过基础设施 REITs，可以实现资产在原持有报表层面的真实出售和会计出表。此外，REITs 募集资金不属于债务融资，可以降低资产负债率，改善财务结构。

（3）突破股权转让限制，完善退出机制。以基础设施常见的 PPP 项目为例，为保持项目建设和运营的稳定性，PPP 特许经营合同通常约定了社会资本股权锁定期，通常为项目运营后的 3～5 年，在锁定期内社会资本不能对外转让项目公司股权。

基础设施 REITs 操作模式中，私募基金可以通过增资扩股方式，持有项目公司股权，突破了特许经营合同对社会资本股权变更的限制，为社会资本提供一种更加完全的退出渠道。

（4）提高项目运营水平，实现高质量发展。REITs 更加重视通过项目的持续运营管理，提升资产运营收益和资产本身价值。通过发行基础设施 REITs，有助于促使建筑企业转换经营理念，倒逼建筑企业进行基础设施运营管理改革，提高基础设施运营效率。

4　建筑企业开展基础设施 REITs 存在的问题

4.1　外部增信问题

基础设施 REITs 中，投资者投资回收资金来源主要是底层资产经营现金流；但从目前的实际操作看，投资者为确保现金流的稳定性，在对底层资产本身的质量要求之外，投资者往往要求原始权益人提供流动性支持、差额补足等增信措施。

4.2　成本负担问题

资产的原始权益人通过 REITs 出售资产后，一方面，项目经营收入沉淀在项目公司并转入指定账户，原始权益人不再享有营业收入现金流支配权；另一方面，底层资产的运营仍有原始权益人负责，资产运营费用、成本、税费、保险费等全部由原始权益人承担，原始权益人在现金流上易形成负担。

4.3　真实出售问题

目前，国内基础设施类 REITs 大多设置有优先收购权条款，资产的原始权益人或其指定的第三方为优先收购人；专项计划存续届满前的开放期内，若未能通过公募REITs退出、类REITs再发行退出等其他方式实现退出的，原始权益人或其指定第三方对项目公司的股权、债权、标的资产或私募基金全部份额有优先收购权利。因此，若不能通过公募REITs等方式退出，原始权益人须行使优先购买权进行回购，在上述情形下REITs仅实现了阶段性出表，不是真实出售。

4.4 出表实现问题

虽然REITs属于股权型金融工具，但从国内已发行的基础设施类REITs产品来看，债务融资属性明显，主要表现在以下两个方面：一是没有打破“刚性兑付”，均有固定收益承诺或最低回报承诺；二是类REITs没有脱离主体信用，往往要求原始权益人提供差额补足、收益担保或回购保证，机构投资者也往往更关注原始权益人信用而非底层资产本身的质量，背离了REITs股权投资初衷。目前，基础设施类REIT存在的固定收益、最低回报、收益担保等债务融资特点，可能会影响对会计出表的判断。

5 结语

近年来，建筑类企业在基础设施投资业务快速增长的同时，投资形成资产规模也在不断扩大，亟待通过资产盘活实现滚动发展，REITs作为一种资产盘活金融工具越来越多地运用到基础设施领域。本文在阐述国内外基础设施REITs发展情况的基础上，通过对国内已成功发行的基础设施REITs案例的交易结构的研究，分析了建筑企业开展基础设施REIT的作用和存在的问题，对建筑类企业利用REITs工具盘活基础设施存量资产具有一定的参考价值。

征　稿　启　事

各网员单位、联络员：

广大热心作者、读者：

《水利水电施工》是全国水利水电施工技术信息网的网刊，是全国水利水电施工行业内刊载水利水电工程施工前沿技术、创新科技成果、科技情报资讯和工程建设管理经验的综合性技术刊物。本刊宗旨是：总结水利水电工程前沿施工技术，推广应用创新科技成果，促进科技情报交流，推动中国水电施工技术和品牌走向世界。《水利水电施工》编辑部于 2008 年 1 月从宜昌迁入北京后，由全国水利水电施工技术信息网和中国电力建设集团有限公司联合主办，并在北京以双月刊出版、发行。截至 2019 年年底，已累计发行 72 期（其中正刊 48 期，增刊和专辑 24 期）。

自 2009 年以来，本刊发行数量已增至 2000 册，发行和交流范围现已扩大到 120 个单位，深受行业内广大工程技术人员特别是青年工程技术人员的欢迎和有关部门的认可。为进一步增强刊物的学术性、可读性、价值性，自 2017 年起，对刊物进行了版式调整，由杂志型调整为丛书型。调整后的刊物继承和保留了原刊物国际流行大 16 开本，每辑刊载精美彩页 6～12 页，内文黑白印刷的原貌。本刊真诚欢迎广大读者、作者踊跃投稿；真诚欢迎企业管理人员、行业内知名专家和高级工程技术人员撰写文章，深度解析企业经营与项目管理方略、介绍水利水电前沿施工技术和创新科技成果，同时也热烈欢迎各网员单位、联络员积极为本刊组织和选送优质稿件。

投稿要求和注意事项如下：

（1）文章标题力求简洁、题意确切，言简意赅，字数不超过 20 字。标题下列作者姓名与所在单位名称。

（2）文章篇幅一般以 3000～5000 字为宜（特殊情况除外）。论文需论点明确，逻辑严密，文字精练，数据准确；论文内容不得涉及国家秘密或泄露企业商业秘密，文责自负。

（3）文章应附 150 字以内的摘要，3～5 个关键词。

（4）正文采用西式体例，即例“1”“1.1”“1.1.1”，并一律左顶格。如文章层次较多，在“1.1.1”下，条目内容可依次用“（1）”“①”连续编号。

（5）正文采用宋体、五号字、Word 文档录入，1.5 倍行距，单栏排版。

（6）文章须采用法定计量单位，并符合国家标准《量和单位》的相关规定。

（7）图、表设置应简明、清晰，每篇文章以不超过 8 幅插图为宜。插图用 CAD 绘制时，要求线条、文字清楚，图中单位、数字标注规范。

（8）来稿请注明作者姓名、职称、职务、工作单位、邮政编码、联系电话、电子邮箱等信息。

（9）本刊发表的文章均被录入《中国知识资源总库》和《中文科技期刊数据库》。文章一经采用严禁他投或重复投稿。为此，《水利水电施工》编委会办公室慎重敬告作者：为强化对学术不端行为的抑制，中国学术期刊（光盘版）电子杂志社设立了“学术不端文献检测中心”。该中心将采用“学术不端文献检测系统”（简称 AMLC）对本刊发表的科技论文和有关文献资料进行全文比对检测。凡未能通过该系统检测的文章，录入《中国知识资源总库》的资格将被自动取消；作者除文责自负、承担与之相关联的民事责任外，还应在本刊载文向社会公众致歉。

（10）发表在企业内部刊物上的优秀文章，欢迎推荐本刊选用。

（11）来稿一经录用，即按 2008 年国家制定的标准支付稿酬（稿酬只发放到各单位，原则上不直接面对作者，非网员单位作者不支付稿酬）。

来稿请按以下地址和方式联系。

联系地址：北京市海淀区车公庄西路 22 号 A 座
投稿单位：《水利水电施工》编委会办公室
邮编：100048
编委会办公室：杜永昌
联系电话：010－58368849
E－mail：kanwu201506@powerchina.cn

全国水利水电施工技术信息网秘书处
《水利水电施工》编委会办公室
2020 年 4 月 30 日